U0263059

“十二五”普通高等教育本科国家级规划教材

线 性 代 数

（第三版）

孟昭为 孙锦萍
赵文玲 徐 峰 张永凤 编著

科 学 出 版 社
北 京

内 容 简 介

本书是根据高等教育本科线性代数课程的教学基本要求编写而成的.主要内容有:n阶行列式、矩阵与向量、矩阵的运算、线性方程组、相似矩阵与二次型、线性空间与线性变换、矩阵理论与方法的应用. 书后附有部分习题参考答案. 书末的附录中选编了2010～2015年全国硕士研究生入学考试线性代数的部分试题.

本书是为普通高等院校非数学专业本科生编写的,也可作为专科院校和成人教育的教学参考书.

图书在版编目(CIP)数据

线性代数/孟昭为等编著. —3版. —北京:科学出版社,2015.7
"十二五"普通高等教育本科国家级规划教材
ISBN 978-7-03-045228-3

Ⅰ.①线… Ⅱ.①孟… Ⅲ.①线性代数-高等学校-教材 Ⅳ.①O151.2

中国版本图书馆CIP数据核字(2015)第166783号

责任编辑:胡华强 李鹏奇 王 静/责任校对:张凤琴
责任印制:师艳茹/封面设计:陈 敬

科学出版社 出版
北京东黄城根北街16号
邮政编码:100717
http://www.sciencep.com
天津文林印务有限公司 印刷
科学出版社发行 各地新华书店经销
*
2004年2月第 一 版 开本:720×1000 1/16
2015年7月第 三 版 印张:14
2022年1月第三十三次印刷 字数:282 000

定价:29.00元
(如有印装质量问题,我社负责调换)

第三版前言

本书自 2004 年出版以来，被多所院校选作本科生教材. 得到专家与同行的充分肯定.

本次再版，在满足教学基本要求的前提下，对部分章节的内容作了适当增加或删减；补充和更换了部分例题；重视了习题的设计与选配，除了选取巩固课程内容的基本题目外，还增补了部分技巧性高的题目，供学有余力的学生选用；选编了 2010～2015 年全国硕士研究生入学考试线性代数的部分试题，以满足进一步学习学生的要求.

与此同时，也对配套出版的《线性代数学习指导》作了相应的修订再版. 该书中设有基本要求、内容提要、典型例题解析、习题选解等板块，每章后有自测题，对教材中选编的全国硕士研究生入学考试线性代数试题作了详细的分析与解答. 相信会对教师教学和学生深入学习提供指导.

本书被列入“十二五”普通高等教育本科国家级规划教材，并得到科学出版社、山东理工大学的领导和教师们的大力支持与帮助，在此深表感谢.

参加本书编写的有孟昭为、孙锦萍、赵文玲、徐峰、张永凤等. 朱训芝、张超也参加了再版工作.

感谢多年来使用过本书的同仁们，本书的再版离不开他们的帮助.

编著者

2015 年 6 月

第一版前言

线性代数是理工科院校学生的一门重要基础课，它的理论与方法已成为科学研究及处理工程技术各领域问题的有力工具. 由于线性代数理论性强，概念抽象，教学时数又较少，所以如何科学地处理教材内容，一直是我们近年来研究和探索的问题. 我们于1996年编写了《线性代数》一书并一直在我校教学中使用. 在广泛听取了使用过此书的教师们意见的基础上，对教材内容作了完善和修订而形成了本书. 为保持教材内容的系统性，增加了线性空间与线性变换的内容，精选和增加了例题与习题，为准备考研的同学选编了1988年至2003年硕士研究生入学考试题中线性代数的全部题目.

本书内容包括：n阶行列式、矩阵与向量、矩阵的运算、线性方程组、相似矩阵与二次型、线性空间与线性变换、矩阵理论与方法的应用. 最后的附录摘编了1988～2003年全国硕士研究生入学考试题中线性代数的全部题目.

在内容编排上，本书力求做到科学性与通俗性相结合，由浅入深、逐步提高. 全书以解线性方程组为主线，以矩阵的初等变换为工具对各章内容展开讨论. 对于理论的应用本书给予了足够重视，增加了矩阵方法在微积分中的应用与投入产出数学模型等内容.

参加本书编写的有张永凤、孙锦萍、赵文玲、徐峰、孟昭为. 在编写过程中得到山东理工大学教材科、数学与信息科学学院的领导、老师的支持与帮助. 许多老师提出了很好的建议，对本书的修订给予了热情帮助与极大关怀，在此深表谢意.

由于编者水平有限，书中不妥之处难免，恳请读者不吝指正.

编　者

2003年12月

目　　录

第 1 章　n 阶行列式

行列式是线性代数中的重要概念之一，在数学的许多分支和工程技术中有着广泛的应用. 本章主要介绍 n 阶行列式的概念、性质、计算方法以及利用行列式来求解一类特殊线性方程组的克拉默法则.

1.1　n 阶行列式的概念

行列式的概念起源于用消元法解线性方程组. 设有二元一次方程组

$$\begin{cases} a_{11}x_1 + a_{12}x_2 = b_1, \\ a_{21}x_1 + a_{22}x_2 = b_2. \end{cases} \tag{1.1}$$

用加减消元法得

$$(a_{11}a_{22} - a_{12}a_{21})x_1 = b_1a_{22} - a_{12}b_2,$$
$$(a_{11}a_{22} - a_{12}a_{21})x_2 = a_{11}b_2 - b_1a_{21},$$

当 $a_{11}a_{22} - a_{12}a_{21} \neq 0$ 时，方程组(1.1) 有唯一解

$$x_1 = \frac{b_1a_{22} - a_{12}b_2}{a_{11}a_{22} - a_{12}a_{21}}, \quad x_2 = \frac{a_{11}b_2 - b_1a_{21}}{a_{11}a_{22} - a_{12}a_{21}}.$$

为了进一步讨论方程组的解与未知量的系数和常数项之间的关系，引入下面记号：

$$\begin{vmatrix} a_{11} & a_{12} \\ a_{21} & a_{22} \end{vmatrix},$$

并称之为**二阶行列式**，它表示数值 $a_{11}a_{22} - a_{12}a_{21}$，即

$$\begin{vmatrix} a_{11} & a_{12} \\ a_{21} & a_{22} \end{vmatrix} = a_{11}a_{22} - a_{12}a_{21}.$$

行列式中横排的叫做**行**，纵排的叫做**列**，数 a_{ij} ($i,j = 1,2$) 称为行列式的**元素**，i 为 **行标**，j 为**列标**.

由上述定义得

$$\begin{vmatrix} b_1 & a_{12} \\ b_2 & a_{22} \end{vmatrix} = b_1a_{22} - a_{12}b_2, \quad \begin{vmatrix} a_{11} & b_1 \\ a_{21} & b_2 \end{vmatrix} = a_{11}b_2 - b_1a_{21}.$$

若记

$$D = \begin{vmatrix} a_{11} & a_{12} \\ a_{21} & a_{22} \end{vmatrix}, \quad D_1 = \begin{vmatrix} b_1 & a_{12} \\ b_2 & a_{22} \end{vmatrix}, \quad D_2 = \begin{vmatrix} a_{11} & b_1 \\ a_{21} & b_2 \end{vmatrix},$$

则方程组(1.1)的解可用二阶行列式表示为

$$x_1=\frac{D_1}{D},\quad x_2=\frac{D_2}{D}\ (D\neq 0).$$

对于三元一次方程组

$$\begin{cases}a_{11}x_1+a_{12}x_2+a_{13}x_3=b_1,\\a_{21}x_1+a_{22}x_2+a_{23}x_3=b_2,\\a_{31}x_1+a_{32}x_2+a_{33}x_3=b_3.\end{cases}\tag{1.2}$$

如果满足一定条件,则其解也可通过加减消元法求出,但解的表达式较为复杂,难于看出解与系数、常数项之间的规律性联系.为寻求这种联系,下面引入三阶行列式的概念.

我们称记号

$$\begin{vmatrix}a_{11}&a_{12}&a_{13}\\a_{21}&a_{22}&a_{23}\\a_{31}&a_{32}&a_{33}\end{vmatrix}$$

为**三阶行列式**,它由三行三列共9个元素组成,表示数值

$$a_{11}a_{22}a_{33}+a_{13}a_{21}a_{32}+a_{12}a_{23}a_{31}-a_{13}a_{22}a_{31}-a_{11}a_{23}a_{32}-a_{12}a_{21}a_{33},\tag{1.3}$$

即

$$\begin{vmatrix}a_{11}&a_{12}&a_{13}\\a_{21}&a_{22}&a_{23}\\a_{31}&a_{32}&a_{33}\end{vmatrix}$$

$$=a_{11}a_{22}a_{33}+a_{13}a_{21}a_{32}+a_{12}a_{23}a_{31}-a_{13}a_{22}a_{31}-a_{11}a_{23}a_{32}-a_{12}a_{21}a_{33}.\tag{1.4}$$

这种方法称为计算行列式的对角线法则.

例1　求下列行列式的值:

(1) $\begin{vmatrix}1&-1&2\\0&3&-1\\-2&2&-4\end{vmatrix}$; (2) $\begin{vmatrix}a&b&c\\b&c&a\\c&a&b\end{vmatrix}$.

解　(1) $$\begin{vmatrix}1&-1&2\\0&3&-1\\-2&2&-4\end{vmatrix}=1\times3\times(-4)+0\times2\times2$$

$$+(-1)\times(-1)\times(-2)-(-2)\times3\times2$$

$$-2\times(-1)\times1-0\times(-1)\times(-4)$$

$$=-12+0-2+12+2-0=0.$$

(2) $$\begin{vmatrix}a&b&c\\b&c&a\\c&a&b\end{vmatrix}=acb+bac+bac-c^3-b^3-a^3=3abc-c^3-b^3-a^3.$$

若记

$$D=\begin{vmatrix} a_{11} & a_{12} & a_{13} \\ a_{21} & a_{22} & a_{23} \\ a_{31} & a_{32} & a_{33} \end{vmatrix},\quad D_1=\begin{vmatrix} b_1 & a_{12} & a_{13} \\ b_2 & a_{22} & a_{23} \\ b_3 & a_{32} & a_{33} \end{vmatrix},$$

$$D_2=\begin{vmatrix} a_{11} & b_1 & a_{13} \\ a_{21} & b_2 & a_{23} \\ a_{31} & b_3 & a_{33} \end{vmatrix},\quad D_3=\begin{vmatrix} a_{11} & a_{12} & b_1 \\ a_{21} & a_{22} & b_2 \\ a_{31} & a_{32} & b_3 \end{vmatrix},$$

则容易验证，方程组(1.2)的解可表示为

$$x_1=\frac{D_1}{D},\quad x_2=\frac{D_2}{D},\quad x_3=\frac{D_3}{D}\quad (D\neq 0).$$

引入了二阶、三阶行列式的概念之后，二元、三元线性方程组的解可以很方便地由二阶、三阶行列式表示出来. 那么对于 n 元线性方程组

$$\begin{cases} a_{11}x_1+a_{12}x_2+\cdots+a_{1n}x_n=b_1, \\ a_{21}x_1+a_{22}x_2+\cdots+a_{2n}x_n=b_2, \\ \cdots\cdots\cdots\cdots \\ a_{n1}x_1+a_{n2}x_2+\cdots+a_{nn}x_n=b_n. \end{cases} \tag{1.5}$$

在一定条件下它的解能否有类似的结论?这里首先要解决的问题是定义 n 阶行列式. 为此，我们观察方程组(1.1)、(1.2)的系数与对应的二阶、三阶行列式的元素的位置关系，暂且把记号

$$\begin{vmatrix} a_{11} & a_{12} & \cdots & a_{1n} \\ a_{21} & a_{22} & \cdots & a_{2n} \\ \vdots & \vdots & & \vdots \\ a_{n1} & a_{n2} & \cdots & a_{nn} \end{vmatrix} \tag{1.6}$$

称为 n **阶行列式**(简记为 $\Delta(a_{ij})$)，它是由 n 行 n 列共 n^2 个元素组成. 在明确(1.6)式的意义之前，我们先来定义 n 阶行列式中元素 a_{ij} ($i,j=1,2,\cdots,n$) 的余子式、代数余子式.

定义 1.1.1　把 n 阶行列式(1.6)中元素 a_{ij} 所在的第 i 行和第 j 列删去后留下的 $n-1$ 阶行列式称为元素 a_{ij} 的**余子式**，记作 M_{ij}，即

$$M_{ij}=\begin{vmatrix} a_{11} & \cdots & a_{1\,j-1} & a_{1\,j+1} & \cdots & a_{1n} \\ \vdots & & \vdots & \vdots & & \vdots \\ a_{i-1\,1} & \cdots & a_{i-1\,j-1} & a_{i-1\,j+1} & \cdots & a_{i-1\,n} \\ a_{i+1\,1} & \cdots & a_{i+1\,j-1} & a_{i+1\,j+1} & \cdots & a_{i+1\,n} \\ \vdots & & \vdots & \vdots & & \vdots \\ a_{n1} & \cdots & a_{n\,j-1} & a_{n\,j+1} & \cdots & a_{nn} \end{vmatrix}.$$

并称

$$A_{ij}=(-1)^{i+j}M_{ij} \tag{1.7}$$

为元素 a_{ij} 的**代数余子式**.

例如,对于三阶行列式

$$\begin{vmatrix} a_{11} & a_{12} & a_{13} \\ a_{21} & a_{22} & a_{23} \\ a_{31} & a_{32} & a_{33} \end{vmatrix},$$

第一行元素 a_{11},a_{12},a_{13} 的代数余子式分别为

$$A_{11}=(-1)^{1+1}\begin{vmatrix} a_{22} & a_{23} \\ a_{32} & a_{33} \end{vmatrix},$$

$$A_{12}=(-1)^{1+2}\begin{vmatrix} a_{21} & a_{23} \\ a_{31} & a_{33} \end{vmatrix},$$

$$A_{13}=(-1)^{1+3}\begin{vmatrix} a_{21} & a_{22} \\ a_{31} & a_{32} \end{vmatrix}.$$

利用以上结果可将(1.4)式化简为

$$\begin{vmatrix} a_{11} & a_{12} & a_{13} \\ a_{21} & a_{22} & a_{23} \\ a_{31} & a_{32} & a_{33} \end{vmatrix}=a_{11}A_{11}+a_{12}A_{12}+a_{13}A_{13}. \tag{1.8}$$

此式表明,三阶行列式的值等于它的第一行元素 a_{11},a_{12},a_{13} 与所对应的代数余子式 A_{11},A_{12},A_{13} 乘积的和. 这与(1.4)式的定义是一致的,这种用低阶行列式定义高一阶行列式的方法具有一般意义. 按照这一思想我们给出 n 阶行列式(1.6)的归纳法定义.

定义 1.1.2　n 阶行列式(1.6)是由 n^2 个元素 $a_{ij}(i,j=1,2,\cdots,n)$ 所决定的一个数.

当 $n=2$ 时,定义

$$\begin{vmatrix} a_{11} & a_{12} \\ a_{21} & a_{22} \end{vmatrix}=a_{11}a_{22}-a_{12}a_{21}.$$

假设 $n-1$ 阶行列式已经定义,则定义 n 阶行列式

$$\begin{vmatrix} a_{11} & a_{12} & \cdots & a_{1n} \\ a_{21} & a_{22} & \cdots & a_{2n} \\ \vdots & \vdots & & \vdots \\ a_{n1} & a_{n2} & \cdots & a_{nn} \end{vmatrix}=a_{11}A_{11}+a_{12}A_{12}+\cdots+a_{1n}A_{1n}, \tag{1.9}$$

其中 $A_{1j}(j=1,2,\cdots,n)$ 是 n 阶行列式中元素 $a_{1j}(j=1,2,\cdots,n)$ 的代数余子式.

显然,对任意自然数 n,由此归纳定义可求 n 阶行列式的值. 特别地,当 $n=1$ 时,行列式 $|a_{11}|=a_{11}$,不能与数的绝对值相混淆.

例 2 求下列行列式的值：

(1) $\begin{vmatrix} 2 & -1 & 0 \\ -1 & 1 & 3 \\ 2 & 3 & 5 \end{vmatrix}$； (2) $\begin{vmatrix} a_1 & 0 & 0 & b_1 \\ 0 & a_2 & b_2 & 0 \\ 0 & b_3 & a_3 & 0 \\ b_4 & 0 & 0 & a_4 \end{vmatrix}$.

解 (1) $$\begin{vmatrix} 2 & -1 & 0 \\ -1 & 1 & 3 \\ 2 & 3 & 5 \end{vmatrix} = 2\times(-1)^{1+1}\begin{vmatrix} 1 & 3 \\ 3 & 5 \end{vmatrix} + (-1)\times(-1)^{1+2}\begin{vmatrix} -1 & 3 \\ 2 & 5 \end{vmatrix}$$
$$+0\times(-1)^{1+3}\begin{vmatrix} -1 & 1 \\ 2 & 3 \end{vmatrix}$$
$$= 2\times(5-9)+(-5-6) = -19.$$

(2) $$\begin{vmatrix} a_1 & 0 & 0 & b_1 \\ 0 & a_2 & b_2 & 0 \\ 0 & b_3 & a_3 & 0 \\ b_4 & 0 & 0 & a_4 \end{vmatrix} = a_1\times(-1)^{1+1}\begin{vmatrix} a_2 & b_2 & 0 \\ b_3 & a_3 & 0 \\ 0 & 0 & a_4 \end{vmatrix} + b_1\times(-1)^{1+4}\begin{vmatrix} 0 & a_2 & b_2 \\ 0 & b_3 & a_3 \\ b_4 & 0 & 0 \end{vmatrix}$$
$$= a_1\left(a_2\times(-1)^{1+1}\begin{vmatrix} a_3 & 0 \\ 0 & a_4 \end{vmatrix} + b_2\times(-1)^{1+2}\begin{vmatrix} b_3 & 0 \\ 0 & a_4 \end{vmatrix}\right)$$
$$-b_1\left(a_2\times(-1)^{1+2}\begin{vmatrix} 0 & a_3 \\ b_4 & 0 \end{vmatrix} + b_2\times(-1)^{1+3}\begin{vmatrix} 0 & b_3 \\ b_4 & 0 \end{vmatrix}\right)$$
$$= a_1a_2a_3a_4 - a_1b_2b_3a_4 - a_2b_1b_4a_3 + b_1b_2b_3b_4$$
$$= (a_1a_4 - b_1b_4)(a_2a_3 - b_2b_3).$$

例 3 用行列式的定义计算

$$D = \begin{vmatrix} a_{11} & 0 & \cdots & 0 \\ a_{21} & a_{22} & \cdots & 0 \\ \vdots & \vdots & & \vdots \\ a_{n1} & a_{n2} & \cdots & a_{nn} \end{vmatrix}.$$

这个行列式称为**下三角行列式**，它的特点是当 $i<j$ 时 $a_{ij}=0$ ($i,j=1,2,\cdots,n$).

解 由行列式的定义，得

$$D = a_{11}A_{11} + 0A_{12} + \cdots + 0A_{1n},$$

A_{11} 是一个 $n-1$ 阶下三角行列式，由定义

$$A_{11} = a_{22}\begin{vmatrix} a_{33} & 0 & \cdots & 0 \\ a_{43} & a_{44} & \cdots & 0 \\ \vdots & \vdots & & \vdots \\ a_{n3} & a_{n4} & \cdots & a_{nn} \end{vmatrix}.$$

依次类推,不难求出

$$D = a_{11}a_{22}\cdots a_{nn},$$

即下三角行列式等于主对角线上的诸元素的乘积.

作为下三角行列式的特例,主对角行列式

$$\begin{vmatrix} \lambda_1 & 0 & \cdots & 0 \\ 0 & \lambda_2 & \cdots & 0 \\ \vdots & \vdots & & \vdots \\ 0 & 0 & \cdots & \lambda_n \end{vmatrix} = \lambda_1\lambda_2\cdots\lambda_n.$$

例 4　证明

$$D = \begin{vmatrix} 0 & 0 & \cdots & 0 & a_{1n} \\ 0 & 0 & \cdots & a_{2\,n-1} & a_{2n} \\ \vdots & \vdots & & \vdots & \vdots \\ a_{n1} & a_{n2} & \cdots & a_{n\,n-1} & a_{nn} \end{vmatrix} = (-1)^{\frac{n(n-1)}{2}} a_{1n}a_{2\,n-1}\cdots a_{n1}.$$

证　由行列式的定义

$$D = (-1)^{1+n}a_{1n}\begin{vmatrix} 0 & \cdots & 0 & a_{2\,n-1} \\ 0 & \cdots & a_{3\,n-2} & a_{3\,n-1} \\ \vdots & & \vdots & \vdots \\ a_{n1} & \cdots & a_{n\,n-2} & a_{n\,n-1} \end{vmatrix}$$

$$= (-1)^{n+1}(-1)^{1+(n-1)}a_{1n}a_{2\,n-1}\begin{vmatrix} 0 & \cdots & 0 & a_{3\,n-2} \\ 0 & \cdots & a_{4\,n-3} & a_{4\,n-2} \\ \vdots & & \vdots & \vdots \\ a_{n1} & \cdots & a_{n\,n-3} & a_{n\,n-2} \end{vmatrix}$$

$$= \cdots = (-1)^{n+1}(-1)^{1+(n-1)}\cdots(-1)^{1+2}a_{1n}a_{2\,n-1}\cdots a_{n1}$$

$$= (-1)^{\frac{(n-1)(n+4)}{2}}a_{1n}a_{2n-1}\cdots a_{n1}$$

$$= (-1)^{\frac{n(n-1)}{2}}a_{1n}a_{2\,n-1}\cdots a_{n1}.$$

特别地,次对角行列式

$$\begin{vmatrix} 0 & \cdots & 0 & \lambda_1 \\ 0 & \cdots & \lambda_2 & 0 \\ \vdots & & \vdots & \vdots \\ \lambda_n & \cdots & 0 & 0 \end{vmatrix} = (-1)^{\frac{n(n-1)}{2}}\lambda_1\lambda_2\cdots\lambda_n.$$

例 5 (1) 证明

$$D=\begin{vmatrix} a_{11} & a_{12} & 0 & 0 & 0 \\ a_{21} & a_{22} & 0 & 0 & 0 \\ c_{11} & c_{12} & b_{11} & b_{12} & b_{13} \\ c_{21} & c_{22} & b_{21} & b_{22} & b_{23} \\ c_{31} & c_{32} & b_{31} & b_{32} & b_{33} \end{vmatrix}=\begin{vmatrix} a_{11} & a_{12} \\ a_{21} & a_{22} \end{vmatrix}\cdot\begin{vmatrix} b_{11} & b_{12} & b_{13} \\ b_{21} & b_{22} & b_{23} \\ b_{31} & b_{32} & b_{33} \end{vmatrix};$$

(2) 设

$$D=\begin{vmatrix} a_{11} & \cdots & a_{1k} & 0 & \cdots & 0 \\ \vdots & & \vdots & \vdots & & \vdots \\ a_{k1} & \cdots & a_{kk} & 0 & \cdots & 0 \\ c_{11} & \cdots & c_{1k} & b_{11} & \cdots & b_{1n} \\ \vdots & & \vdots & \vdots & & \vdots \\ c_{n1} & \cdots & c_{nk} & b_{n1} & \cdots & b_{nn} \end{vmatrix}, D_1=\begin{vmatrix} a_{11} & \cdots & a_{1k} \\ \vdots & & \vdots \\ a_{k1} & \cdots & a_{kk} \end{vmatrix}, D_2=\begin{vmatrix} b_{11} & \cdots & b_{1n} \\ \vdots & & \vdots \\ b_{n1} & \cdots & b_{nn} \end{vmatrix},$$

证明 $D=D_1\cdot D_2$.

证 (1) 由行列式定义

$$D=a_{11}A_{11}+a_{12}A_{12}=a_{11}\begin{vmatrix} a_{22} & 0 & 0 & 0 \\ c_{12} & b_{11} & b_{12} & b_{13} \\ c_{22} & b_{21} & b_{22} & b_{23} \\ c_{32} & b_{31} & b_{32} & b_{33} \end{vmatrix}+(-1)^{1+2}a_{12}\begin{vmatrix} a_{21} & 0 & 0 & 0 \\ c_{11} & b_{11} & b_{12} & b_{13} \\ c_{21} & b_{21} & b_{22} & b_{23} \\ c_{31} & b_{31} & b_{32} & b_{33} \end{vmatrix}$$

$$=(a_{11}a_{22}-a_{12}a_{21})\begin{vmatrix} b_{11} & b_{12} & b_{13} \\ b_{21} & b_{22} & b_{23} \\ b_{31} & b_{32} & b_{33} \end{vmatrix}=\begin{vmatrix} a_{11} & a_{12} \\ a_{21} & a_{22} \end{vmatrix}\cdot\begin{vmatrix} b_{11} & b_{12} & b_{13} \\ b_{21} & b_{22} & b_{23} \\ b_{31} & b_{32} & b_{33} \end{vmatrix}.$$

(2) 对 D_1 的阶数使用数学归纳法. 当 D_1 阶数为 1 时,由行列式的定义知

$$D=D_1\cdot D_2.$$

假设当 D_1 的阶数为 $k-1$ 时,结论成立. 当 D_1 的阶数为 k 时,由行列式的定义

$$D=\sum_{j=1}^{k}a_{1j}(-1)^{1+j}\begin{vmatrix} a_{21} & \cdots & a_{2\,j-1} & a_{2\,j+1} & \cdots & a_{2k} & 0 & \cdots & 0 \\ \vdots & & \vdots & \vdots & & \vdots & \vdots & & \vdots \\ a_{k1} & \cdots & a_{k\,j-1} & a_{k\,j+1} & \cdots & a_{kk} & 0 & \cdots & 0 \\ c_{11} & \cdots & c_{1\,j-1} & c_{1\,j+1} & \cdots & c_{1k} & b_{11} & \cdots & b_{1n} \\ \vdots & & \vdots & \vdots & & \vdots & \vdots & & \vdots \\ c_{n1} & \cdots & c_{n\,j-1} & c_{n\,j+1} & \cdots & c_{nk} & b_{n1} & \cdots & b_{nn} \end{vmatrix}.$$

设 D_1 中元素 a_{1j}($j=1,2,\cdots,k$) 的余子式为 M_{1j}，代数余子式为 A_{1j}，由归纳假设

$$\begin{vmatrix} a_{21} & \cdots & a_{2\,j-1} & a_{2\,j+1} & \cdots & a_{2k} & 0 & \cdots & 0 \\ \vdots & & \vdots & \vdots & & \vdots & \vdots & & \vdots \\ a_{k1} & \cdots & a_{k\,j-1} & a_{k\,j+1} & \cdots & a_{kk} & 0 & \cdots & 0 \\ c_{11} & \cdots & c_{1\,j-1} & c_{1\,j+1} & \cdots & c_{1k} & b_{11} & \cdots & b_{1n} \\ \vdots & & \vdots & \vdots & & \vdots & \vdots & & \vdots \\ c_{n1} & \cdots & c_{n\,j-1} & c_{n\,j+1} & \cdots & c_{nk} & b_{n1} & \cdots & b_{nn} \end{vmatrix} = M_{1j}D_2.$$

所以

$$D=\sum_{j=1}^{k}a_{1j}(-1)^{1+j}M_{1j}D_2=D_2\sum_{j=1}^{k}a_{1j}A_{1j}=D_1\cdot D_2.$$

行列式的定义表明，n 阶行列式是通过 n 个 $n-1$ 阶行列式定义的，而每一个 $n-1$ 阶行 列式又可用 $n-1$ 个 $n-2$ 阶行列式来表示. 如此进行下去，最后可将 n 阶行列式表示成 $n!$ 项的代数和. 为给出行列式这一形式的完全表达式，先介绍全排列与逆序数的概念.

把 n 个不同的元素排成一列，叫做 n 个元素的**全排列**. 如 n 个自然数 $1,2,\cdots,n$ 组成的全排列有 $n!$ 种. 在这 $n!$ 个排列中，规定各元素间有一个标准次序(一般按从小到大排列的次序为标准次序)，于是，在任一排列 $p_1p_2\cdots p_n$ 中，当某两个数的先后次序与标准次序不同时，就说有一个**逆序**. 一个排列中所有逆序的总数叫做这个排列的**逆序数**，记作 $\tau(p_1p_2\cdots p_n)$，即

$$\begin{aligned}\tau(p_1p_2\cdots p_n)=&(p_2\text{前面比 }p_2\text{ 大的数的个数})+(p_3\text{ 前面比 }p_3\text{ 大的数的个数})\\&+\cdots+(p_n\text{ 前面比 }p_n\text{ 大的数的个数}).\end{aligned}$$

如果 $\tau(p_1p_2\cdots p_n)$ 是偶数，称 $p_1p_2\cdots p_n$ 为偶排列；如果 $\tau(p_1p_2\cdots p_n)$ 是奇数，称 $p_1p_2\cdots p_n$ 为奇排列.

例 6　计算以下各排列的逆序数，并指出它们的奇偶性：

(1) 524179386；

(2) $n(n-1)\cdots 321$.

解　(1) $\tau(524179386)=1+1+3+0+0+4+1+3=13$，所给排列为奇排列.

(2) $\tau(n(n-1)\cdots 21)=1+2+\cdots+n-1=\dfrac{n(n-1)}{2}$.

当 $n=4k,4k+1$ 时，$\dfrac{n(n-1)}{2}$ 为偶数，所给排列为偶排列；当 $n=4k+2$，$4k+3$ 时，$\dfrac{n(n-1)}{2}$ 为奇数，所给排列为奇排列.

定理 1.1.1 n阶行列式可表示为如下形式

$$D=\begin{vmatrix} a_{11} & a_{12} & \cdots & a_{1n} \\ a_{21} & a_{22} & \cdots & a_{2n} \\ \vdots & \vdots & & \vdots \\ a_{n1} & a_{n2} & \cdots & a_{nn} \end{vmatrix}=\sum_{p_1p_2\cdots p_n}(-1)^{\tau(p_1p_2\cdots p_n)}a_{1p_1}a_{2p_2}\cdots a_{np_n},$$

其中,$p_1p_2\cdots p_n$为自然数$1,2,\cdots,n$的一个排列,$\sum\limits_{p_1p_2\cdots p_n}$表示对$n$个自然数$1,2,\cdots,n$所有排列求和.

证 用数学归纳法. 当$n=1$时,定理显然成立.

假设定理对$n-1$阶行列式成立,对于n阶行列式,由行列式定义

$$D=\sum_{j=1}^{n}a_{1j}A_{1j}=\sum_{j=1}^{n}(-1)^{1+j}a_{1j}M_{1j},$$

由于M_{1j}是$n-1$阶行列式,根据归纳假设,得

$$M_{1j}=\sum_{p_2\cdots p_n}(-1)^{\tau(p_2\cdots p_n)}a_{2p_2}\cdots a_{np_n},$$

其中$p_2\cdots p_n$是$1,2,\cdots,j-1,j+1,\cdots,n$的一个排列. 于是

$$\begin{aligned} D&=\sum_{j=1}^{n}(-1)^{1+j}a_{1j}\sum_{p_2\cdots p_n}(-1)^{\tau(p_2\cdots p_n)}a_{2p_2}\cdots a_{np_n} \\ &=\sum_{j\,p_2\cdots p_n}(-1)^{1+j}(-1)^{\tau(p_2\cdots p_n)}a_{1j}a_{2p_2}\cdots a_{np_n} \\ &=\sum_{j\,p_2\cdots p_n}(-1)^{\tau(p_2\cdots p_n)+(1+j)}a_{1j}a_{2p_2}\cdots a_{np_n}. \end{aligned}$$

又因

$$\tau(p_1p_2\cdots p_n)=\tau(p_2p_3\cdots p_n)+p_1-1,$$

而

$$(-1)^{\tau(p_2\cdots p_n)+(j+1)}=(-1)^{\tau(p_2\cdots p_n)+(j-1)}.$$

记p_1为j,得

$$D=\sum_{p_1p_2\cdots p_n}(-1)^{\tau(p_1p_2\cdots p_n)}a_{1p_1}a_{2p_2}\cdots a_{np_n}.$$

定理 1.1.1 说明n阶行列式是$n!$项的代数和,每一项是位于不同行、不同列的n个元素的乘积,行标按从小到大的标准次序排列,若列标为偶排列,该项前面取正号;列标为奇排列,该项前面取负号.

例 7 在六阶行列式中,项$a_{23}a_{31}a_{42}a_{56}a_{14}a_{65}$应带什么符号?

解 对换项中元素的位置,使行标按从小到大的标准次序排列,即

$$a_{14}a_{23}a_{31}a_{42}a_{56}a_{65},$$

列标所构成的排列为 431265.

$$\tau(431265)=1+2+2+0+1=6,$$

故所给的项在六阶行列式的展开式中应带正号.

例 8　确定

$$f(x)=\begin{vmatrix}2x & -x & 1 & 2\\ -1 & x & 1 & -1\\ 2 & 1 & -5x & 1\\ 1 & -1 & 2 & 3x\end{vmatrix}$$

中 x^4 与 x^3 的系数.

解　由于只有对角线的元素相乘才出现 x^4，而且这一项带正号，即 $a_{11}a_{22}a_{33}a_{44}=2x\cdot x\cdot(-5x)\cdot 3x=-30x^4$. 故 $f(x)$ 中 x^4 的系数为 -30.

同理含 x^3 的项也只有一项,即

$$a_{12}a_{21}a_{33}a_{44}=(-x)\cdot(-1)\cdot(-5x)\cdot 3x=-15x^3.$$

而列标所构成的排列的逆序数

$$\tau(2134)=1+0+0=1,$$

故 $f(x)$ 中含 x^3 的项为 $15x^3$,系数为 15.

由定理 1.1.1 可知,三阶行列式

$$\begin{vmatrix}a_{11} & a_{12} & a_{13}\\ a_{21} & a_{22} & a_{23}\\ a_{31} & a_{32} & a_{33}\end{vmatrix}$$

$$=\sum_{p_1p_2p_3}(-1)^{\tau(p_1p_2p_3)}a_{1p_1}a_{2p_2}a_{3p_3}$$

$$=a_{11}a_{22}a_{33}+a_{12}a_{23}a_{31}+a_{13}a_{21}a_{32}-a_{13}a_{22}a_{31}-a_{11}a_{23}a_{32}-a_{12}a_{21}a_{33}.$$

定理 1.1.1 虽然给出了 n 阶行列式的完全表达式,但在具体应用定理解决问题时比较困难.

1.2　n 阶行列式的性质

利用行列式的定义计算特殊类型的行列式比较简单,但对一般的行列式,特别是高阶行列式,计算量相当大. 为简化行列式的计算,下面我们来讨论行列式的性质. 首先介绍一个重要的定理.

由上节 n 阶行列式的定义(1.9) 式可知,n 阶行列式可表示为第一行的元素与其对应的代数余子式的乘积之和,因此,(1.9) 式又称为行列式按第一行的展开式,事实上,行列式可按任意一行(列) 展开.

定理 1.2.1　n 阶行列式等于它的任意一行(列) 的各元素与其对应的代数余子式的乘积之和,即

$$D=a_{i1}A_{i1}+a_{i2}A_{i2}+\cdots+a_{in}A_{in}\quad(i=1,2,\cdots,n),$$

或

$$D=a_{1j}A_{1j}+a_{2j}A_{2j}+\cdots+a_{nj}A_{nj}\quad(j=1,2,\cdots,n).$$

证明略.

推论　如果 n 阶行列式中第 i 行所有元素除 a_{ij} 外都为零，那么行列式就等于 a_{ij} 与其对应的代数余子式的乘积，即

$$D=a_{ij}A_{ij}.$$

设 n 阶行列式

$$D=\begin{vmatrix} a_{11} & a_{12} & \cdots & a_{1n} \\ a_{21} & a_{22} & \cdots & a_{2n} \\ \vdots & \vdots & & \vdots \\ a_{n1} & a_{n2} & \cdots & a_{nn} \end{vmatrix},$$

若把 D 中每一行元素换成同序数的列元素，则得新行列式

$$D'=\begin{vmatrix} a_{11} & a_{21} & \cdots & a_{n1} \\ a_{12} & a_{22} & \cdots & a_{n2} \\ \vdots & \vdots & & \vdots \\ a_{1n} & a_{2n} & \cdots & a_{nn} \end{vmatrix}.$$

称 D'（或记为 D^{T}）为行列式 D 的**转置行列式**.

性质 1.2.1　行列式与它的转置行列式相等.

证　用数学归纳法.

当 $n=2$ 时，$\begin{vmatrix} a_{11} & a_{12} \\ a_{21} & a_{22} \end{vmatrix}=\begin{vmatrix} a_{11} & a_{21} \\ a_{12} & a_{22} \end{vmatrix}$，结论成立.

假设对 $n-1$ 阶行列式结论成立. 对于 n 阶行列式 D 和 D'，分别按第一行和第一列展开，得

$$D=\sum_{j=1}^{n}a_{1j}(-1)^{1+j}M_{1j}=\sum_{j=1}^{n}a_{1j}(-1)^{1+j}\begin{vmatrix} a_{21} & \cdots & a_{2\,j-1} & a_{2\,j+1} & \cdots & a_{2n} \\ \vdots & & \vdots & \vdots & & \vdots \\ a_{n1} & \cdots & a_{n\,j-1} & a_{n\,j+1} & \cdots & a_{nn} \end{vmatrix},$$

$$D'=\sum_{j=1}^{n}a_{1j}(-1)^{1+j}M'_{1j}=\sum_{j=1}^{n}a_{1j}(-1)^{1+j}\begin{vmatrix} a_{21} & \cdots & a_{i1} & \cdots & a_{n1} \\ \vdots & & \vdots & & \vdots \\ a_{2\,j-1} & \cdots & a_{i\,j-1} & \cdots & a_{n\,j-1} \\ a_{2\,j+1} & \cdots & a_{i\,j+1} & \cdots & a_{n\,j+1} \\ \vdots & & \vdots & & \vdots \\ a_{2n} & \cdots & a_{in} & \cdots & a_{nn} \end{vmatrix}.$$

由于 M_{1j} 和 M'_{1j} 是 $n-1$ 阶行列式，且 M'_{1j} 是 M_{1j} 的转置行列式，根据假设 $M_{1j}=M'_{1j}$，于是 $D=D'$.

例如,上三角行列式

$$D=\begin{vmatrix} a_{11} & a_{12} & \cdots & a_{1n} \\ 0 & a_{22} & \cdots & a_{2n} \\ \vdots & \vdots & & \vdots \\ 0 & 0 & \cdots & a_{nn} \end{vmatrix}.$$

由定理 1.2.1 的推论即得

$$D=D'=\begin{vmatrix} a_{11} & 0 & \cdots & 0 \\ a_{12} & a_{22} & \cdots & 0 \\ \vdots & \vdots & & \vdots \\ a_{1n} & a_{2n} & \cdots & a_{nn} \end{vmatrix}=a_{11}a_{22}\cdots a_{nn}.$$

性质 1.2.1 表明,行列式中行与列具有同等的地位,行列式的性质凡是对行成立的对列也同样成立,反之亦然.

性质 1.2.2　互换行列式两行(列) 的元素,行列式变号.

证　用数学归纳法.

当 $n=2$ 时, $\begin{vmatrix} a_{11} & a_{12} \\ a_{21} & a_{22} \end{vmatrix}=-\begin{vmatrix} a_{21} & a_{22} \\ a_{11} & a_{12} \end{vmatrix}$,结论成立.

假设对于 $n-1$ 阶行列式结论成立,对于 n 阶行列式

$$D=\begin{vmatrix} a_{11} & a_{12} & \cdots & a_{1n} \\ \vdots & \vdots & & \vdots \\ a_{l1} & a_{l2} & \cdots & a_{ln} \\ \vdots & \vdots & & \vdots \\ a_{s1} & a_{s2} & \cdots & a_{sn} \\ \vdots & \vdots & & \vdots \\ a_{n1} & a_{n2} & \cdots & a_{nn} \end{vmatrix},$$

互换 D 中的第 s 行和第 l 行,得

$$D_1=\begin{vmatrix} a_{11} & a_{12} & \cdots & a_{1n} \\ \vdots & \vdots & & \vdots \\ a_{s1} & a_{s2} & \cdots & a_{sn} \\ \vdots & \vdots & & \vdots \\ a_{l1} & a_{l2} & \cdots & a_{ln} \\ \vdots & \vdots & & \vdots \\ a_{n1} & a_{n2} & \cdots & a_{nn} \end{vmatrix}.$$

分别将 D 和 D_1 按第 i 行展开($i\neq s,l$),得

$$D=\sum_{j=1}^{n}a_{ij}(-1)^{i+j}M_{ij},\quad D_1=\sum_{j=1}a_{ij}(-1)^{i+j}N_{ij},$$

其中 M_{ij} 和 N_{ij} 分别为 D 和 D_1 中元素 a_{ij} 的余子式，并且 N_{ij} 是由 M_{ij} 互换两行得到的 $n-1$ 阶行列式，由归纳假设 $M_{ij}=-N_{ij}$，因此 $D=-D_1$.

通常以 r_i 表示行列式的第 i 行，以 c_i 表示行列式第 i 列，交换 i,j 两行记作 $r_i\leftrightarrow r_j$，而交换 i,j 两列记作 $c_i\leftrightarrow c_j$.

推论　行列式中有两行(列)对应元素相等，行列式的值为零.

证　互换行列式 D 中对应元素相等的两行，则 $D=-D$，故 $D=0$.

性质 1.2.3　行列式中某一行(列)的所有元素都乘以同一数 k，等于用数 k 乘此行列式，即

$$\begin{vmatrix} a_{11} & a_{12} & \cdots & a_{1n} \\ \vdots & \vdots & & \vdots \\ ka_{i1} & ka_{i2} & \cdots & ka_{in} \\ \vdots & \vdots & & \vdots \\ a_{n1} & a_{n2} & \cdots & a_{nn} \end{vmatrix} = k\begin{vmatrix} a_{11} & a_{12} & \cdots & a_{1n} \\ \vdots & \vdots & & \vdots \\ a_{i1} & a_{i2} & \cdots & a_{in} \\ \vdots & \vdots & & \vdots \\ a_{n1} & a_{n2} & \cdots & a_{nn} \end{vmatrix}.$$

证　将左边行列式按第 i 行展开即得.

第 i 行(列)乘以 k，记作 $kr_i(kc_i)$.

推论 1　行列式中某一行(列)的所有元素的公因子可以提到行列式符号外面.

推论 2　若行列式中有一行(列)的元素全为零，则行列式为零.

推论 3　若行列式中有两行(列)对应元素成比例，则行列式为零.

性质 1.2.4　若行列式中某一行(列)的元素 a_{ij} 都可分解为两元素 b_{ij} 与 c_{ij} 之和，即 $a_{ij}=b_{ij}+c_{ij}$ ($j=1,2,\cdots,n,1\leqslant i\leqslant n$)，则该行列式可分解为相应的两个行列式之和，即

$$D=\begin{vmatrix} a_{11} & a_{12} & \cdots & a_{1n} \\ \vdots & \vdots & & \vdots \\ b_{i1}+c_{i1} & b_{i2}+c_{i2} & \cdots & b_{in}+c_{in} \\ \vdots & \vdots & & \vdots \\ a_{n1} & a_{n2} & \cdots & a_{nn} \end{vmatrix}$$

$$=\begin{vmatrix} a_{11} & a_{12} & \cdots & a_{1n} \\ \vdots & \vdots & & \vdots \\ b_{i1} & b_{i2} & \cdots & b_{in} \\ \vdots & \vdots & & \vdots \\ a_{n1} & a_{n2} & \cdots & a_{nn} \end{vmatrix}+\begin{vmatrix} a_{11} & a_{12} & \cdots & a_{1n} \\ \vdots & \vdots & & \vdots \\ c_{i1} & c_{i2} & \cdots & c_{in} \\ \vdots & \vdots & & \vdots \\ a_{n1} & a_{n2} & \cdots & a_{nn} \end{vmatrix}.$$

证　将 D 按第 i 行展开：

$$D=\sum_{j=1}^{n}(b_{ij}+c_{ij})A_{ij}=\sum_{j=1}^{n}b_{ij}A_{ij}+\sum_{j=1}^{n}c_{ij}A_{ij}=D_1+D_2,$$

其中 D_1 是上式右边第一个行列式，D_2 是第二个行列式.

例如，行列式

$$\begin{vmatrix} 1 & 0 & 2 \\ 2 & 1+\sqrt{2} & \sqrt{2}-1 \\ 1 & 1 & \sqrt{2} \end{vmatrix} = \begin{vmatrix} 1 & 0 & 2 \\ 1 & 1 & \sqrt{2} \\ 1 & 1 & \sqrt{2} \end{vmatrix} + \begin{vmatrix} 1 & 0 & 2 \\ 1 & \sqrt{2} & -1 \\ 1 & 1 & \sqrt{2} \end{vmatrix}$$

$$= \begin{vmatrix} 1 & 0 & 2 \\ 1 & \sqrt{2} & -1 \\ 1 & 1 & \sqrt{2} \end{vmatrix} = \begin{vmatrix} \sqrt{2} & -1 \\ 1 & \sqrt{2} \end{vmatrix} + 2\begin{vmatrix} 1 & \sqrt{2} \\ 1 & 1 \end{vmatrix} = 5-2\sqrt{2}.$$

性质 1.2.5　把行列式任一行(列)的各元素同乘以一个常数后加到另一行(列)对应的元素上，行列式的值不变，即

$$D = \begin{vmatrix} a_{11} & a_{12} & \cdots & a_{1n} \\ \vdots & \vdots & & \vdots \\ a_{i1} & a_{i2} & \cdots & a_{in} \\ \vdots & \vdots & & \vdots \\ a_{j1} & a_{j2} & \cdots & a_{jn} \\ \vdots & \vdots & & \vdots \\ a_{n1} & a_{n2} & \cdots & a_{nn} \end{vmatrix} = \begin{vmatrix} a_{11} & a_{12} & \cdots & a_{1n} \\ \vdots & \vdots & & \vdots \\ a_{i1}+ka_{j1} & a_{i2}+ka_{j2} & \cdots & a_{in}+ka_{jn} \\ \vdots & \vdots & & \vdots \\ a_{j1} & a_{j2} & \cdots & a_{jn} \\ \vdots & \vdots & & \vdots \\ a_{n1} & a_{n2} & \cdots & a_{nn} \end{vmatrix}.$$

证　由性质 1.2.4 得

$$\begin{vmatrix} a_{11} & a_{12} & \cdots & a_{1n} \\ \vdots & \vdots & & \vdots \\ a_{i1}+ka_{j1} & a_{i2}+ka_{j2} & \cdots & a_{in}+ka_{jn} \\ \vdots & \vdots & & \vdots \\ a_{j1} & a_{j2} & \cdots & a_{jn} \\ \vdots & \vdots & & \vdots \\ a_{n1} & a_{n2} & \cdots & a_{nn} \end{vmatrix}$$

$$= \begin{vmatrix} a_{11} & a_{12} & \cdots & a_{1n} \\ \vdots & \vdots & & \vdots \\ a_{i1} & a_{i2} & \cdots & a_{in} \\ \vdots & \vdots & & \vdots \\ a_{j1} & a_{j2} & \cdots & a_{jn} \\ \vdots & \vdots & & \vdots \\ a_{n1} & a_{n2} & \cdots & a_{nn} \end{vmatrix} + \begin{vmatrix} a_{11} & a_{12} & \cdots & a_{1n} \\ \vdots & \vdots & & \vdots \\ ka_{j1} & ka_{j2} & \cdots & ka_{jn} \\ \vdots & \vdots & & \vdots \\ a_{j1} & a_{j2} & \cdots & a_{jn} \\ \vdots & \vdots & & \vdots \\ a_{n1} & a_{n2} & \cdots & a_{nn} \end{vmatrix}.$$

上式右边第一个行列式为 D，第二个行列式两行成比例，由推论 3 知行列式为零，因此右边等于 D.

性质 1.2.5 是简化行列式的基本方法,若用数 k 乘第 j 行(列)加到第 i 行(列)上,简记为 $r_i + kr_j (c_i + kc_j)$.

由定理 1.2.1 和上述性质,可推出下面的定理.

定理 1.2.2 行列式中某一行(列)的元素与另一行(列)对应元素的代数余子式的乘积之和等于零,即

$$a_{i1}A_{j1} + a_{i2}A_{j2} + \cdots + a_{in}A_{jn} = 0\ (i \neq j),$$

或

$$a_{1i}A_{1j} + a_{2i}A_{2j} + \cdots + a_{ni}A_{nj} = 0\ (i \neq j).$$

证 设

$$D = \begin{vmatrix} a_{11} & a_{12} & \cdots & a_{1n} \\ \vdots & \vdots & & \vdots \\ a_{i1} & a_{i2} & \cdots & a_{in} \\ \vdots & \vdots & & \vdots \\ a_{j1} & a_{j2} & \cdots & a_{jn} \\ \vdots & \vdots & & \vdots \\ a_{n1} & a_{n2} & \cdots & a_{nn} \end{vmatrix},$$

将 D 按第 j 行展开,有

$$D = a_{j1}A_{j1} + a_{j2}A_{j2} + \cdots + a_{jn}A_{jn}.$$

在上式中以 a_{ik} 代换 a_{jk} ($k = 1,2,\cdots,n$),当 $i \neq j$ 时,则由性质 1.2.2 推论知 $D = 0$,于是

$$a_{i1}A_{j1} + a_{i2}A_{j2} + \cdots + a_{in}A_{jn} = 0 \quad (i \neq j).$$

同理可证

$$a_{1i}A_{1j} + a_{2i}A_{2j} + \cdots + a_{ni}A_{nj} = 0 \quad (i \neq j).$$

综合定理 1.2.1 和定理 1.2.2,对于代数余子式有如下重要结论

$$\sum_{k=1}^{n} a_{ik}A_{jk} = D\delta_{ij},$$

或

$$\sum_{k=1}^{n} a_{ki}A_{kj} = D\delta_{ij},$$

其中

$$\delta_{ij} = \begin{cases} 1, & i = j, \\ 0, & i \neq j \end{cases} \quad (i,j = 1,2,\cdots,n).$$

例 1 设 $D = \begin{vmatrix} 2 & 1 & 3 & -5 \\ 4 & 2 & 3 & 1 \\ 1 & 1 & 0 & 2 \\ 0 & 2 & 1 & 0 \end{vmatrix}$,求:(1) $A_{41} + A_{42} + 2A_{44}$;(2) $2A_{41} + 3A_{42} +$

$4A_{44}$，其中 $A_{4j}(j=1,2,3,4)$ 表示元素 $a_{4j}(j=1,2,3,4)$ 的代数余子式.

解　(1) 由于 $A_{41}+A_{42}+2A_{44}=A_{41}+A_{42}+0\cdot A_{43}+2A_{44}$，因此上式中 $A_{4j}(j=1,2,3,4)$ 的系数 1,1,0,2，恰好为行列式 D 的第三行元素，根据定理 1.2.2

$$A_{41}+A_{42}+2A_{44}=0;$$

(2)
$$\begin{aligned}2A_{41}+3A_{42}+4A_{44}&=2A_{41}+2A_{42}+4A_{44}+A_{42}\\&=2(A_{41}+A_{42}+2A_{44})+A_{42}\\&=A_{42}=(-1)^{4+2}\begin{vmatrix}2&3&-5\\4&3&1\\1&0&2\end{vmatrix}=6.\end{aligned}$$

1.3　n 阶行列式的计算

本节将简单介绍利用行列式按行(列)展开的定理和行列式的性质计算行列式的方法.

例 1　计算行列式

$$D=\begin{vmatrix}1&2&-1&3\\2&3&-1&2\\-1&1&1&0\\0&1&-2&1\end{vmatrix}.$$

解

$$D\xlongequal{r_2-2r_1}\begin{vmatrix}1&2&-1&3\\0&-1&1&-4\\-1&1&1&0\\0&1&-2&1\end{vmatrix}\xlongequal{r_3+r_1}\begin{vmatrix}1&2&-1&3\\0&-1&1&-4\\0&3&0&3\\0&1&-2&1\end{vmatrix}$$

$$=\begin{vmatrix}-1&1&-4\\3&0&3\\1&-2&1\end{vmatrix}\xlongequal{c_3-c_1}\begin{vmatrix}-1&1&-3\\3&0&0\\1&-2&0\end{vmatrix}=-3\begin{vmatrix}1&-3\\-2&0\end{vmatrix}$$

$$=18.$$

例 2　计算行列式

$$D=\begin{vmatrix}a&b&c&d\\a&a+b&a+b+c&a+b+c+d\\a&2a+b&3a+2b+c&4a+3b+2c+d\\a&3a+b&6a+3b+c&10a+6b+3c+d\end{vmatrix}.$$

解

$$D\xlongequal[r_2-r_1]{\substack{r_4-r_3\\ r_3-r_2}}\begin{vmatrix} a & b & c & d \\ 0 & a & a+b & a+b+c \\ 0 & a & 2a+b & 3a+2b+c \\ 0 & a & 3a+b & 6a+3b+c \end{vmatrix}=a\begin{vmatrix} a & a+b & a+b+c \\ a & 2a+b & 3a+2b+c \\ a & 3a+b & 6a+3b+c \end{vmatrix}$$

$$\xlongequal[r_2-r_1]{r_3-r_2}a\begin{vmatrix} a & a+b & a+b+c \\ 0 & a & 2a+b \\ 0 & a & 3a+b \end{vmatrix}=a^2\begin{vmatrix} a & 2a+b \\ a & 3a+b \end{vmatrix}=a^4.$$

以上两例都是首先通过性质 1.2.5 将行列式某一行(列)只保留一个非零元素,然后利用定理 1.2.1 的推论降阶计算行列式的值,这是计算行列式常用方法之一.

例 3 计算行列式

$$D=\begin{vmatrix} 4 & 1 & 3 & -1 \\ -2 & -6 & 5 & 3 \\ 1 & 2 & -1 & 0 \\ 3 & 5 & 2 & 4 \end{vmatrix}.$$

解

$$D\xlongequal{r_1\leftrightarrow r_3}-\begin{vmatrix} 1 & 2 & -1 & 0 \\ -2 & -6 & 5 & 3 \\ 4 & 1 & 3 & -1 \\ 3 & 5 & 2 & 4 \end{vmatrix}\xlongequal[r_4-3r_1]{\substack{r_3-4r_1\\ r_2+2r_1}}-\begin{vmatrix} 1 & 2 & -1 & 0 \\ 0 & -2 & 3 & 3 \\ 0 & -7 & 7 & -1 \\ 0 & -1 & 5 & 4 \end{vmatrix}$$

$$\xlongequal{r_2\leftrightarrow r_4}\begin{vmatrix} 1 & 2 & -1 & 0 \\ 0 & -1 & 5 & 4 \\ 0 & -7 & 7 & -1 \\ 0 & -2 & 3 & 3 \end{vmatrix}\xlongequal[r_4-2r_2]{r_3-7r_2}\begin{vmatrix} 1 & 2 & -1 & 0 \\ 0 & -1 & 5 & 4 \\ 0 & 0 & -28 & -29 \\ 0 & 0 & -7 & -5 \end{vmatrix}$$

$$\xlongequal{r_3\leftrightarrow r_4}-\begin{vmatrix} 1 & 2 & -1 & 0 \\ 0 & -1 & 5 & 4 \\ 0 & 0 & -7 & -5 \\ 0 & 0 & -28 & -29 \end{vmatrix}\xlongequal{r_4-4r_3}-\begin{vmatrix} 1 & 2 & -1 & 0 \\ 0 & -1 & 5 & 4 \\ 0 & 0 & -7 & -5 \\ 0 & 0 & 0 & -9 \end{vmatrix}$$

$$=-1\times(-1)\times(-7)\times(-9)=63.$$

例 3 是利用行列式的性质 1.2.2、1.2.5 将行列式主对角线下方的元素全化为零(即化为上三角行列式),行列式的值为主对角线上元素的连乘积. 由于化简过程具有程序化,因此工程技术上,常用计算机编制程序计算高阶行列式的值.

例4 设 $\begin{vmatrix} x & 3 & 1 \\ y & 0 & 1 \\ z & 2 & 1 \end{vmatrix} = 1$,求 $D = \begin{vmatrix} 1-x & 1-y & 1-z \\ 4 & 1 & 3 \\ 1 & 1 & 1 \end{vmatrix}$.

解

$$D = \begin{vmatrix} 1 & 1 & 1 \\ 4 & 1 & 3 \\ 1 & 1 & 1 \end{vmatrix} + \begin{vmatrix} -x & -y & -z \\ 4 & 1 & 3 \\ 1 & 1 & 1 \end{vmatrix}$$

$$= \begin{vmatrix} -x & -y & -z \\ 4 & 1 & 3 \\ 1 & 1 & 1 \end{vmatrix} \xlongequal{r_2 - r_3} - \begin{vmatrix} x & y & z \\ 3 & 0 & 2 \\ 1 & 1 & 1 \end{vmatrix}$$

$$= - \begin{vmatrix} x & 3 & 1 \\ y & 0 & 1 \\ z & 2 & 1 \end{vmatrix} = -1.$$

例5 设多项式

$$f(x) = \begin{vmatrix} 1 & 1 & 2 & 3 \\ 1 & 2-x^2 & 2 & 3 \\ 2 & 3 & 1 & 5 \\ 2 & 3 & 1 & 9-x^2 \end{vmatrix}.$$

试求 $f(x) = 0$ 的根.

解 解法一

$$f(x) = \begin{vmatrix} 1 & 1 & 2 & 3 \\ 1 & 2-x^2 & 2 & 3 \\ 2 & 3 & 1 & 5 \\ 2 & 3 & 1 & 9-x^2 \end{vmatrix}$$

$$\xlongequal[c_4 - 3c_1]{\substack{c_3 - 2c_1 \\ c_2 - c_1}} \begin{vmatrix} 1 & 0 & 0 & 0 \\ 1 & 1-x^2 & 0 & 0 \\ 2 & 1 & -3 & -1 \\ 2 & 1 & -3 & 3-x^2 \end{vmatrix}$$

$$\xlongequal{c_4 - \frac{1}{3}c_3} \begin{vmatrix} 1 & 0 & 0 & 0 \\ 1 & 1-x^2 & 0 & 0 \\ 2 & 1 & -3 & 0 \\ 2 & 1 & -3 & 4-x^2 \end{vmatrix}$$

$$= -3(1-x^2)(4-x^2),$$

由 $f(x) = 0$,即

$$-3(1-x^2)(4-x^2) = 0,$$

求得 $f(x)=0$ 的根为 $x_1=-1, x_2=1, x_3=-2, x_4=2$.

解法二　由性质 1.2.2 推论 3 知,当 $2-x^2=1$ 或 $9-x^2=5$ 时,$f(x)=0$. 故 $x_1=-1, x_2=1, x_3=-2, x_4=2$ 为 $f(x)=0$ 的根. 由于 $f(x)$ 为 x 的 4 次多项式,因此 $f(x)=0$ 只有 4 个根.

例 6　计算行列式

$$D=\begin{vmatrix}1+x & 1 & 1 & 1\\ 1 & 1-x & 1 & 1\\ 1 & 1 & 1+y & 1\\ 1 & 1 & 1 & 1-y\end{vmatrix}.$$

解　由性质 1.2.4,得

$$\begin{aligned}D&=\begin{vmatrix}1 & 1 & 1 & 1\\ 1 & 1-x & 1 & 1\\ 1 & 1 & 1+y & 1\\ 1 & 1 & 1 & 1-y\end{vmatrix}+\begin{vmatrix}x & 1 & 1 & 1\\ 0 & 1-x & 1 & 1\\ 0 & 1 & 1+y & 1\\ 0 & 1 & 1 & 1-y\end{vmatrix}\\
&=\begin{vmatrix}1 & 1 & 1 & 1\\ 0 & -x & 0 & 0\\ 0 & 0 & y & 0\\ 0 & 0 & 0 & -y\end{vmatrix}+x\begin{vmatrix}1-x & 1 & 1\\ 1 & 1+y & 1\\ 1 & 1 & 1-y\end{vmatrix}\\
&=xy^2+x\left(\begin{vmatrix}1 & 1 & 1\\ 1 & 1+y & 1\\ 1 & 1 & 1-y\end{vmatrix}+\begin{vmatrix}-x & 1 & 1\\ 0 & 1+y & 1\\ 0 & 1 & 1-y\end{vmatrix}\right)\\
&=xy^2+x\left(\begin{vmatrix}1 & 1 & 1\\ 0 & y & 0\\ 0 & 0 & -y\end{vmatrix}-x\begin{vmatrix}1+y & 1\\ 1 & 1-y\end{vmatrix}\right)\\
&=xy^2+x(-y^2+xy^2)=x^2y^2.\end{aligned}$$

例 7　计算行列式

$$D_5=\begin{vmatrix}1-a & a & 0 & 0 & 0\\ -1 & 1-a & a & 0 & 0\\ 0 & -1 & 1-a & a & 0\\ 0 & 0 & -1 & 1-a & a\\ 0 & 0 & 0 & -1 & 1-a\end{vmatrix}.$$

解 由于 $D_5 \xlongequal{r_1+r_2+r_3+r_4+r_5} \begin{vmatrix} -a & 0 & 0 & 0 & 1 \\ -1 & 1-a & a & 0 & 0 \\ 0 & -1 & 1-a & a & 0 \\ 0 & 0 & -1 & 1-a & a \\ 0 & 0 & 0 & -1 & 1-a \end{vmatrix}$

$$= -aD_4 + \begin{vmatrix} -1 & 1-a & a & 0 \\ 0 & -1 & 1-a & a \\ 0 & 0 & -1 & 1-a \\ 0 & 0 & 0 & -1 \end{vmatrix}$$

$$= 1 - aD_4,$$

所以

$$\begin{aligned} D_5 &= 1 - aD_4 = 1 - a(1 - aD_3) = 1 - a + a^2(1 - aD_2) \\ &= 1 - a + a^2 - a^3 \begin{vmatrix} 1-a & a \\ -1 & 1-a \end{vmatrix} \\ &= 1 - a + a^2 - a^3 + a^4 - a^5. \end{aligned}$$

n 阶行列式的计算除了利用行列式的展开定理和性质外，有些问题需要递推公式或利用数学归纳法解决.

例 8 计算行列式

$$D_n = \begin{vmatrix} x & a & a & \cdots & a \\ a & x & a & \cdots & a \\ \vdots & \vdots & \vdots & & \vdots \\ a & a & a & \cdots & x \end{vmatrix}.$$

解 行列式 D_n 的特点是每一行的 n 个元素之和相等，均为 $x+(n-1)a$. 因此将行列式 D 的第二列、第三列、…、第 n 列都加到第一列上，再从第一列中提取公因子 $x+(n-1)a$，则有

$$D_n = [x+(n-1)a] \begin{vmatrix} 1 & a & a & \cdots & a & a \\ 1 & x & a & \cdots & a & a \\ \vdots & \vdots & \vdots & & \vdots & \vdots \\ 1 & a & a & \cdots & x & a \\ 1 & a & a & \cdots & a & x \end{vmatrix}$$

$$\xlongequal[(k=2,3,\cdots,n)]{r_k - r_1} [x+(n-1)a] \begin{vmatrix} 1 & a & a & \cdots & a & a & a \\ 0 & x-a & 0 & \cdots & 0 & 0 & 0 \\ \vdots & \vdots & \vdots & & \vdots & \vdots & \vdots \\ 0 & 0 & 0 & \cdots & 0 & x-a & 0 \\ 0 & 0 & 0 & \cdots & 0 & 0 & x-a \end{vmatrix}$$

$$=[x+(n-1)a]\begin{vmatrix} x-a & 0 & \cdots & 0 & 0 \\ 0 & x-a & \cdots & 0 & 0 \\ \vdots & \vdots & & \vdots & \vdots \\ 0 & 0 & \cdots & 0 & x-a \end{vmatrix}$$

$$=(x-a)^{n-1}[x+(n-1)a].$$

例 9 计算行列式

$$D_{2n}=\begin{vmatrix} a & 0 & \cdots & 0 & 0 & \cdots & 0 & b \\ 0 & a & \cdots & 0 & 0 & \cdots & b & 0 \\ \vdots & \vdots & & \vdots & \vdots & & \vdots & \vdots \\ 0 & 0 & \cdots & a & b & \cdots & 0 & 0 \\ 0 & 0 & \cdots & c & d & \cdots & 0 & 0 \\ \vdots & \vdots & & \vdots & \vdots & & \vdots & \vdots \\ 0 & c & \cdots & 0 & 0 & \cdots & d & 0 \\ c & 0 & \cdots & 0 & 0 & \cdots & 0 & d \end{vmatrix}.$$

解 将 D_{2n} 按第一行展开

$$D_{2n}=a\begin{vmatrix} a & 0 & \cdots & 0 & 0 & \cdots & b & 0 \\ \vdots & \vdots & & \vdots & \vdots & & \vdots & \vdots \\ 0 & 0 & \cdots & a & b & \cdots & 0 & 0 \\ 0 & 0 & \cdots & c & d & \cdots & 0 & 0 \\ \vdots & \vdots & & \vdots & \vdots & & \vdots & \vdots \\ c & 0 & \cdots & 0 & 0 & \cdots & d & 0 \\ 0 & 0 & \cdots & 0 & 0 & \cdots & 0 & d \end{vmatrix}$$

$$+b(-1)^{2n+1}\begin{vmatrix} 0 & a & \cdots & 0 & 0 & \cdots & 0 & b \\ \vdots & \vdots & & \vdots & \vdots & & \vdots & \vdots \\ 0 & 0 & \cdots & a & b & \cdots & 0 & 0 \\ 0 & 0 & \cdots & c & d & \cdots & 0 & 0 \\ \vdots & \vdots & & \vdots & \vdots & & \vdots & \vdots \\ 0 & c & \cdots & 0 & 0 & \cdots & 0 & d \\ c & 0 & \cdots & 0 & 0 & \cdots & 0 & 0 \end{vmatrix}$$

$$=ad(-1)^{2n-1+2n-1}D_{2n-2}+bc(-1)^{2n+1}(-1)^{1+2n-1}D_{2n-2}$$

$$=(ad-bc)D_{2n-2},$$

即

$$D_{2n}=(ad-bc)D_{2(n-1)}.$$

所以

$$D_{2n}=(ad-bc)D_{2(n-1)}=(ad-bc)^2D_{2(n-2)}=\cdots$$

$$= (ad-bc)^{n-1}D_2 = (ad-bc)^{n-1}\begin{vmatrix} a & b \\ c & d \end{vmatrix} = (ad-bc)^n.$$

例 10　计算行列式

$$D_n = \begin{vmatrix} 3 & 2 & 0 & \cdots & 0 & 0 \\ 1 & 3 & 2 & \cdots & 0 & 0 \\ \vdots & \vdots & \vdots & & \vdots & \vdots \\ 0 & 0 & 0 & \cdots & 3 & 2 \\ 0 & 0 & 0 & \cdots & 1 & 3 \end{vmatrix}.$$

解　将 D_n 按第一列展开,得

$$D_n = 3\begin{vmatrix} 3 & 2 & 0 & \cdots & 0 & 0 \\ 1 & 3 & 2 & \cdots & 0 & 0 \\ \vdots & \vdots & \vdots & & \vdots & \vdots \\ 0 & 0 & 0 & \cdots & 3 & 2 \\ 0 & 0 & 0 & \cdots & 1 & 3 \end{vmatrix} - \begin{vmatrix} 2 & 0 & 0 & \cdots & 0 & 0 \\ 1 & 3 & 2 & \cdots & 0 & 0 \\ \vdots & \vdots & \vdots & & \vdots & \vdots \\ 0 & 0 & 0 & \cdots & 3 & 2 \\ 0 & 0 & 0 & \cdots & 1 & 3 \end{vmatrix}$$

$$= 3D_{n-1} - 2\begin{vmatrix} 3 & 2 & 0 & \cdots & 0 & 0 \\ 1 & 3 & 2 & \cdots & 0 & 0 \\ \vdots & \vdots & \vdots & & \vdots & \vdots \\ 0 & 0 & 0 & \cdots & 3 & 2 \\ 0 & 0 & 0 & \cdots & 1 & 3 \end{vmatrix}$$

$$= 3D_{n-1} - 2D_{n-2},$$

即

$$D_n = 3D_{n-1} - 2D_{n-2}.$$

由此递推公式得

$$\begin{aligned} D_n - D_{n-1} &= 2(D_{n-1} - D_{n-2}) = 2^2(D_{n-2} - D_{n-3}) = \cdots \\ &= 2^{n-2}(D_2 - D_1) = 2^{n-2}\left(\begin{vmatrix} 3 & 2 \\ 1 & 3 \end{vmatrix} - 3\right) = 2^n, \end{aligned}$$

所以

$$\begin{aligned} D_n &= 2^n + D_{n-1} = 2^n + (2^{n-1} + D_{n-2}) = \cdots \\ &= 2^n + 2^{n-1} + \cdots + 2^2 + D_1 \\ &= 2^n + 2^{n-1} + \cdots + 2^2 + 3 \\ &= 2^n + 2^{n-1} + \cdots + 2^2 + 2 + 1 = 2^{n+1} - 1. \end{aligned}$$

例 11　证明范德蒙德(Vandermonde) 行列式

$$D_n=\begin{vmatrix}1 & 1 & \cdots & 1\\ x_1 & x_2 & \cdots & x_n\\ x_1^2 & x_2^2 & \cdots & x_n^2\\ \vdots & \vdots & & \vdots\\ x_1^{n-1} & x_2^{n-1} & \cdots & x_n^{n-1}\end{vmatrix}=\prod_{n\geqslant i>j\geqslant 1}(x_i-x_j),$$

其中记号“$\prod$”表示(x_i-x_j)的全体同类因子的乘积.

证　用数学归纳法. 因为

$$D_2=\begin{vmatrix}1 & 1\\ x_1 & x_2\end{vmatrix}=x_2-x_1=\prod_{2\geqslant i>j\geqslant 1}(x_i-x_j),$$

所以当$n=2$时结论成立. 假设对$n-1$阶范德蒙德行列式结论成立,下面证明对n阶范德蒙德行列式结论也成立.

为此,设法把D_n降阶,从第n行开始,后行减去前行的x_1倍,得

$$D_n=\begin{vmatrix}1 & 1 & \cdots & 1\\ 0 & x_2-x_1 & \cdots & x_n-x_1\\ 0 & x_2(x_2-x_1) & \cdots & x_n(x_n-x_1)\\ \vdots & \vdots & & \vdots\\ 0 & x_2^{n-2}(x_2-x_1) & \cdots & x_n^{n-2}(x_n-x_1)\end{vmatrix},$$

按第一列展开,并分别提出每一列的公因子(x_i-x_1),得

$$D_n=(x_2-x_1)(x_3-x_1)\cdots(x_n-x_1)\begin{vmatrix}1 & 1 & \cdots & 1\\ x_2 & x_3 & \cdots & x_n\\ \vdots & \vdots & & \vdots\\ x_2^{n-2} & x_3^{n-2} & \cdots & x_n^{n-2}\end{vmatrix},$$

上式右端的行列式是$n-1$阶范德蒙德行列式,由归纳假设得

$$\begin{aligned}D_n&=(x_2-x_1)(x_3-x_1)\cdots(x_n-x_1)\prod_{n\geqslant i>j\geqslant 2}(x_i-x_j)\\&=\prod_{n\geqslant i>j\geqslant 1}(x_i-x_j).\end{aligned}$$

1.4　克拉默法则

前面我们研究了n阶行列式的定义、定理、性质及行列式的计算. 像1.1节所讨论的用二阶、三阶行列式表示二元、三元线性方程组的解一样,现在我们就利用n阶行列式求解n元线性方程组.

对(1.5)式表示的n元线性方程组

$$\begin{cases} a_{11}x_1 + a_{12}x_2 + \cdots + a_{1n}x_n = b_1, \\ a_{21}x_1 + a_{22}x_2 + \cdots + a_{2n}x_n = b_2, \\ \cdots\cdots\cdots\cdots \\ a_{n1}x_1 + a_{n2}x_2 + \cdots + a_{nn}x_n = b_n. \end{cases}$$

其未知量的系数构成的行列式

$$D = \begin{vmatrix} a_{11} & a_{12} & \cdots & a_{1n} \\ a_{21} & a_{22} & \cdots & a_{2n} \\ \vdots & \vdots & & \vdots \\ a_{n1} & a_{n2} & \cdots & a_{nn} \end{vmatrix}$$

称为方程组(1.5)的**系数行列式**.

定理 1.4.1（克拉默法则）　如果线性方程组(1.5)的系数行列式 $D \neq 0$，则方程组(1.5)有唯一的解，且

$$x_1 = \frac{D_1}{D},\ x_2 = \frac{D_2}{D},\ \cdots,\ x_n = \frac{D_n}{D}, \tag{1.10}$$

其中 D_j 是把系数行列式 D 中第 j 列的元素用常数项 $b_1, b_2, \cdots, b_n$ 代替后所得到的 n 阶行列式，即

$$D_j = \begin{vmatrix} a_{11} & \cdots & a_{1\,j-1} & b_1 & a_{1\,j+1} & \cdots & a_{1n} \\ a_{21} & \cdots & a_{2\,j-1} & b_2 & a_{2\,j+1} & \cdots & a_{2n} \\ \vdots & & \vdots & \vdots & \vdots & & \vdots \\ a_{n1} & \cdots & a_{n\,j-1} & b_n & a_{n\,j+1} & \cdots & a_{nn} \end{vmatrix} \quad (j = 1, 2, \cdots, n).$$

证　按通常的方式，先从方程(1.5)推出(1.10)式. 对于方程(1.5)中未知量 $x_j\,(j = 1, 2, \cdots, n)$，由

$$x_j D = x_j \begin{vmatrix} a_{11} & a_{12} & \cdots & a_{1n} \\ a_{21} & a_{22} & \cdots & a_{2n} \\ \vdots & \vdots & & \vdots \\ a_{n1} & a_{n2} & \cdots & a_{nn} \end{vmatrix} = \begin{vmatrix} a_{11} & \cdots & x_j a_{1j} & \cdots & a_{1n} \\ a_{21} & \cdots & x_j a_{2j} & \cdots & a_{2n} \\ \vdots & & \vdots & & \vdots \\ a_{n1} & \cdots & x_j a_{nj} & \cdots & a_{nn} \end{vmatrix}$$

$$\xlongequal[(i = 1, \cdots, j-1, j+1, \cdots, n)]{c_j + x_i c_i} \begin{vmatrix} a_{11} & \cdots & \sum\limits_{j=1}^{n} a_{1j}x_j & \cdots & a_{1n} \\ a_{21} & \cdots & \sum\limits_{j=1}^{n} a_{2j}x_j & \cdots & a_{2n} \\ \vdots & & \vdots & & \vdots \\ a_{n1} & \cdots & \sum\limits_{j=1}^{n} a_{nj}x_j & \cdots & a_{nn} \end{vmatrix}$$

$$= \begin{vmatrix} a_{11} & \cdots & a_{1\,j-1} & b_1 & a_{1\,j+1} & \cdots & a_{1n} \\ a_{21} & \cdots & a_{2\,j-1} & b_2 & a_{2\,j+1} & \cdots & a_{2n} \\ \vdots & & \vdots & \vdots & \vdots & & \vdots \\ a_{n1} & \cdots & a_{nj-1} & b_n & a_{n\,j+1} & \cdots & a_{nn} \end{vmatrix} = D_j,$$

即

$$x_j D = D_j \quad (j = 1,2,\cdots,n). \tag{1.11}$$

当 $D \neq 0$ 时,得(1.11)式的解

$$x_j = \frac{D_j}{D} \quad (j = 1,2,\cdots,n).$$

由于(1.11)式是由方程组(1.5)的系数行列式经行列式的性质运算而得,故方程组(1.5)的解一定是(1.11)式的解,现在(1.11)式仅有一个解(1.10),故方程组(1.5)如果有解,就只能是解(1.10).

下面验证(1.10)式一定是方程组(1.5)的解. 将(1.10)式代入方程组(1.5)中第i个方程的左边并化简

$$\begin{aligned} & a_{i1}x_1 + a_{i2}x_2 + \cdots + a_{in}x_n \\ = {} & a_{i1}\frac{D_1}{D} + a_{i2}\frac{D_2}{D} + \cdots + a_{in}\frac{D_n}{D} \\ = {} & \frac{1}{D}(a_{i1}D_1 + a_{i2}D_2 + \cdots + a_{in}D_n) \\ = {} & \frac{1}{D}[a_{i1}(b_1A_{11} + \cdots + b_nA_{n1}) + a_{i2}(b_1A_{12} + \cdots + b_nA_{n2}) \\ & + \cdots + a_{in}(b_1A_{1n} + \cdots + b_nA_{nn})] \\ = {} & \frac{1}{D}[b_1(a_{i1}A_{11} + \cdots + a_{in}A_{1n}) + \cdots + b_i(a_{i1}A_{i1} + \cdots + a_{in}A_{in}) \\ & + \cdots + b_n(a_{i1}A_{n1} + \cdots + a_{in}A_{nn})] \\ = {} & \frac{1}{D}(0 + \cdots + 0 + b_iD + 0 + \cdots + 0) = b_i. \end{aligned}$$

这说明(1.10)式是方程组(1.5)的解.

例 1 解线性方程组

$$\begin{cases} x_1 + 2x_2 - x_3 + 3x_4 = 2, \\ 2x_1 - x_2 + 3x_3 - 2x_4 = 7, \\ 3x_2 - x_3 + x_4 = 6, \\ x_1 - x_2 + x_3 + 4x_4 = -4. \end{cases}$$

解

$$D=\begin{vmatrix}1&2&-1&3\\2&-1&3&-2\\0&3&-1&1\\1&-1&1&4\end{vmatrix}\xlongequal[r_4-r_1]{r_2-2r_1}\begin{vmatrix}1&2&-1&3\\0&-5&5&-8\\0&3&-1&1\\0&-3&2&1\end{vmatrix}$$

$$=\begin{vmatrix}-5&5&-8\\3&-1&1\\-3&2&1\end{vmatrix}\xlongequal[c_2+c_3]{c_1-3c_3}\begin{vmatrix}19&-3&-8\\0&0&1\\-6&3&1\end{vmatrix}$$

$$=-\begin{vmatrix}19&-3\\-6&3\end{vmatrix}=-39\neq 0.$$

故方程组有唯一解. 又

$$D_1=\begin{vmatrix}2&2&-1&3\\7&-1&3&-2\\6&3&-1&1\\-4&-1&1&4\end{vmatrix}=-39,$$

$$D_2=\begin{vmatrix}1&2&-1&3\\2&7&3&-2\\0&6&-1&1\\1&-4&1&4\end{vmatrix}=-117,$$

$$D_3=\begin{vmatrix}1&2&2&3\\2&-1&7&-2\\0&3&6&1\\1&-1&-4&4\end{vmatrix}=-78,$$

$$D_4=\begin{vmatrix}1&2&-1&2\\2&-1&3&7\\0&3&-1&6\\1&-1&1&-4\end{vmatrix}=39,$$

所以方程组的解为

$$x_1=\frac{D_1}{D}=1,\ x_2=\frac{D_2}{D}=3,$$

$$x_3=\frac{D_3}{D}=2,\ x_4=\frac{D_4}{D}=-1.$$

例 2　解线性方程组

$$\begin{cases}ax_1+ax_2+ax_3+bx_4=a_4,\\ax_1+ax_2+bx_3+ax_4=a_3,\\ax_1+bx_2+ax_3+ax_4=a_2,\\bx_1+ax_2+ax_3+ax_4=a_1,\end{cases}$$

这里 $a\neq b,3a+b\neq 0$.

解　$$D=\begin{vmatrix} a & a & a & b\\ a & a & b & a\\ a & b & a & a\\ b & a & a & a\end{vmatrix}\xlongequal{c_1+c_2+c_3+c_4}\begin{vmatrix} 3a+b & a & a & b\\ 3a+b & a & b & a\\ 3a+b & b & a & a\\ 3a+b & a & a & a\end{vmatrix}$$

$$=(3a+b)\begin{vmatrix} 1 & a & a & b\\ 1 & a & b & a\\ 1 & b & a & a\\ 1 & a & a & a\end{vmatrix}=(3a+b)\begin{vmatrix} 1 & a & a & b\\ 0 & 0 & b-a & a-b\\ 0 & b-a & 0 & a-b\\ 0 & 0 & 0 & a-b\end{vmatrix}$$

$$=(3a+b)(b-a)^3.$$

由已知 $a\neq b,3a+b\neq 0$,则 $D\neq 0$,所以方程组有唯一解.

$$D_1=\begin{vmatrix} a_4 & a & a & b\\ a_3 & a & b & a\\ a_2 & b & a & a\\ a_1 & a & a & a\end{vmatrix}\xlongequal{r_1+r_2+r_3+r_4}\begin{vmatrix} \sum_{i=1}^{4}a_i & 3a+b & 3a+b & 3a+b\\ a_3 & a & b & a\\ a_2 & b & a & a\\ a_1 & a & a & a\end{vmatrix}$$

$$\xlongequal[c_3-c_4]{c_2-c_4}\begin{vmatrix} \sum_{i=1}^{4}a_i & 0 & 0 & 3a+b\\ a_3 & 0 & b-a & a\\ a_2 & b-a & 0 & a\\ a_1 & 0 & 0 & a\end{vmatrix}\xlongequal{\text{按}c_2\text{展开}}(a-b)\begin{vmatrix} \sum_{i=1}^{4}a_i & 0 & 3a+b\\ a_3 & b-a & a\\ a_1 & 0 & a\end{vmatrix}$$

$$=(a-b)^2\left(a_1(3a+b)-a\sum_{i=1}^{4}a_i\right).$$

同理可得

$$D_2=(a-b)^2\left(a_2(3a+b)-a\sum_{i=1}^{4}a_i\right),$$

$$D_3=(a-b)^2\left(a_3(3a+b)-a\sum_{i=1}^{4}a_i\right),$$

$$D_4=(a-b)^2\left(a_4(3a+b)-a\sum_{i=1}^{4}a_i\right).$$

于是,方程组的解

$$x_i=\frac{D_i}{D}=\frac{a_i(3a+b)-a\sum_{i=1}^{4}a_i}{(3a+b)(b-a)},\quad i=1,2,3,4.$$

克拉默法则仅适用于解方程的个数与未知量的个数相等，且系数行列式不为零的线性方程组，它的主要优点在于给出了方程组的解与方程组的系数及常数项之间的关系式，因此具有重要的理论价值.

当方程组(1.5)的右端常数项 $b_1,\cdots,b_n$ 不全为零时，称方程组(1.5)为**非齐次线性方程组**. 当 $b_1,\cdots,b_n$ 全为零时，方程组

$$\begin{cases} a_{11}x_1+a_{12}x_2+\cdots+a_{1n}x_n=0, \\ a_{21}x_1+a_{22}x_2+\cdots+a_{2n}x_n=0, \\ \cdots\cdots\cdots\cdots \\ a_{n1}x_1+a_{n2}x_2+\cdots+a_{nn}x_n=0 \end{cases} \tag{1.12}$$

称为**齐次线性方程组**. 显然，齐次线性方程组一定有解，$x_1=x_2=\cdots=x_n=0$，即为方程组(1.12)的解，这个解叫做方程组(1.12)的**零解**.

对于齐次线性方程组(1.12)，根据克拉默法则得下面推论.

推论　如果齐次线性方程组(1.12)的系数行列式不等于零，则(1.12)只有零解.

换言之，如果齐次线性方程组(1.12)有非零解，则其系数行列式必为零. 反之，如果齐次线性方程组(1.12)的系数行列式为零，则齐次线性方程组(1.12)必有非零解. 于是有下面定理，这将在第2章中给予证明.

定理 1.4.2　齐次线性方程组(1.12)有非零解的充要条件是(1.12)的系数行列式等于零.

例 3　问 λ 取何值时，齐次线性方程组

$$\begin{cases} (1-\lambda)x_1-2x_2+4x_3=0, \\ 2x_1+(3-\lambda)x_2+x_3=0, \\ x_1+x_2+(1-\lambda)x_3=0 \end{cases}$$

有非零解？

解

$$D=\begin{vmatrix} 1-\lambda & -2 & 4 \\ 2 & 3-\lambda & 1 \\ 1 & 1 & 1-\lambda \end{vmatrix}=(3-\lambda)(\lambda-2)\lambda,$$

由 $D=0$ 得 $\lambda=0,2$ 或 3.

不难验证，当 $\lambda=0,2$ 或 3 时，齐次线性方程组确有非零解.

习　题　1

1. 利用对角线法则计算三阶行列式

(1) $\begin{vmatrix} 2 & 0 & 1 \\ 1 & -4 & -1 \\ -1 & 8 & 3 \end{vmatrix}$；　　(2) $\begin{vmatrix} x & y & x+y \\ y & x+y & x \\ x+y & x & y \end{vmatrix}$；

(3) $\begin{vmatrix} 1 & 1 & 1 \\ a & b & c \\ a^2 & b^2 & c^2 \end{vmatrix}$.

2. 写出下列行列式中元素 a_{12}, a_{31}, a_{33} 的余子式和代数余子式.

(1) $\begin{vmatrix} a_{11} & a_{12} & a_{13} \\ a_{21} & a_{22} & a_{23} \\ a_{31} & a_{32} & a_{33} \end{vmatrix}$;　　(2) $\begin{vmatrix} a_{11} & a_{12} & a_{13} & a_{14} \\ a_{21} & a_{22} & a_{23} & a_{24} \\ a_{31} & a_{32} & a_{33} & a_{34} \\ a_{41} & a_{42} & a_{43} & a_{44} \end{vmatrix}$.

3. 用行列式定义计算行列式.

(1) $\begin{vmatrix} 1 & -1 & 2 \\ 0 & 3 & -1 \\ -2 & 2 & -4 \end{vmatrix}$;　　(2) $\begin{vmatrix} 2 & -1 & 1 & 0 \\ 1 & 1 & 0 & 0 \\ -1 & 2 & 1 & 2 \\ 3 & 0 & 0 & -1 \end{vmatrix}$;

(3) $\begin{vmatrix} 0 & -1 & 0 & 0 \\ 3 & 2 & 4 & 1 \\ 2 & 5 & 1 & 1 \\ 0 & 4 & -1 & 3 \end{vmatrix}$;　　(4) $\begin{vmatrix} a_{11} & a_{12} & 0 & 0 & 0 \\ a_{21} & a_{22} & 0 & 0 & 0 \\ a_{31} & a_{32} & 1 & 0 & 0 \\ a_{41} & a_{42} & 0 & 1 & 0 \\ a_{43} & a_{44} & 0 & 0 & 1 \end{vmatrix}$.

4. 证明

(1) $\begin{vmatrix} ax+by & ay+bz & az+bx \\ ay+bz & az+bx & ax+by \\ az+bx & ax+by & ay+bz \end{vmatrix} = (a^3+b^3)\begin{vmatrix} x & y & z \\ y & z & x \\ z & x & y \end{vmatrix}$;

(2) $\begin{vmatrix} 1 & 1 & 1 \\ a & b & c \\ a^3 & b^3 & c^3 \end{vmatrix} = (a+b+c)(a-b)(a-c)(c-b)$;

(3) $\begin{vmatrix} x-2 & x-1 & x-2 & x-3 \\ 2x-2 & 2x-1 & 2x-2 & 2x-3 \\ 3x-3 & 3x-2 & 4x-5 & 3x-5 \\ 4x & 4x-3 & 5x-7 & 4x-3 \end{vmatrix} = x(5x-5)$;

(4) $\begin{vmatrix} a_0 & 1 & 1 & \cdots & 1 \\ 1 & a_1 & 0 & \cdots & 0 \\ \vdots & \vdots & \vdots & & \vdots \\ 1 & 0 & 0 & \cdots & a_n \end{vmatrix} = a_1 a_2 \cdots a_n \left(a_0 - \sum_{i=1}^{n} \frac{1}{a_i}\right)$;

(5) $\begin{vmatrix} x & -1 & 0 & \cdots & 0 & 0 \\ 0 & x & -1 & \cdots & 0 & 0 \\ \vdots & \vdots & \vdots & & \vdots & \vdots \\ 0 & 0 & 0 & \cdots & x & -1 \\ a_n & a_{n-1} & a_{n-2} & \cdots & a_2 & x+a_1 \end{vmatrix} = x^n + a_1x^{n-1} + \cdots + a_{n-1}x + a_n.$

5. 已知 $\begin{vmatrix} x & 3 & 1 \\ y & 0 & -2 \\ z & 2 & -1 \end{vmatrix} = 1$,求 $\begin{vmatrix} x+2 & y-4 & z-2 \\ 3 & 0 & 2 \\ -1 & 2 & 1 \end{vmatrix}$.

6. 在六阶行列式中,$a_{23}a_{31}a_{42}a_{56}a_{14}a_{65}$ 和 $a_{51}a_{32}a_{43}a_{14}a_{25}a_{66}$ 这两项应是什么符号?

7. 已知五阶行列式第一列元素分别为 $-1,1,3,x,4$;第二列元素对应的代数余子式依次为 $3,4,2,5,7$,求 x.

8. 已知

$$D = \begin{vmatrix} 2 & 1 & 3 & -5 \\ 4 & 2 & 3 & 1 \\ 1 & 1 & 1 & 2 \\ 7 & 4 & 9 & 2 \end{vmatrix},$$

求 $A_{41}+A_{42}+A_{43}+A_{44}$.

9. 计算下列行列式的值:

(1) $\begin{vmatrix} \frac{1}{3} & -\frac{5}{2} & \frac{2}{5} \\ \frac{1}{2} & -\frac{9}{2} & \frac{4}{5} \\ -\frac{1}{7} & \frac{5}{7} & -\frac{1}{7} \end{vmatrix}$;　(2) $\begin{vmatrix} 1 & 2 & -1 & 2 \\ 3 & 0 & 1 & 5 \\ 1 & -2 & 0 & 3 \\ -2 & -4 & 1 & 6 \end{vmatrix}$;

(3) $\begin{vmatrix} 3 & 1 & 1 & 1 \\ 1 & 3 & 1 & 1 \\ 1 & 1 & 3 & 1 \\ 1 & 1 & 1 & 3 \end{vmatrix}$;　(4) $\begin{vmatrix} a & 0 & b & 0 \\ 0 & c & 0 & d \\ y & 0 & x & 0 \\ 0 & w & 0 & u \end{vmatrix}$;

(5) $\begin{vmatrix} 1 & -1 & 1 & x-1 \\ 1 & -1 & x+1 & -1 \\ 1 & x-1 & 1 & -1 \\ x+1 & -1 & 1 & -1 \end{vmatrix}$;

(6) $D_n=\begin{vmatrix} a & 0 & 0 & \cdots & 0 & 1 \\ 0 & a & 0 & \cdots & 0 & 0 \\ 0 & 0 & a & \cdots & 0 & 0 \\ \vdots & \vdots & \vdots & & \vdots & \vdots \\ 0 & 0 & 0 & \cdots & a & 0 \\ 1 & 0 & 0 & \cdots & 0 & a \end{vmatrix}$;

(7) $D_n=\begin{vmatrix} 1+a_1 & 1 & \cdots & 1 \\ 1 & 1+a_2 & \cdots & 1 \\ \vdots & \vdots & & \vdots \\ 1 & 1 & \cdots & 1+a_n \end{vmatrix}$, $a_1a_2\cdots a_n\neq 0$;

(8) $D_n=\begin{vmatrix} 0 & a_{12} & a_{13} & \cdots & a_{1\,n-1} & a_{1n} \\ -a_{12} & 0 & a_{23} & \cdots & a_{2\,n-1} & a_{2n} \\ \vdots & \vdots & \vdots & & \vdots & \vdots \\ -a_{1\,n-1} & -a_{2\,n-1} & -a_{3\,n-1} & \cdots & 0 & a_{n-1\,n} \\ -a_{1n} & -a_{2n} & -a_{3n} & \cdots & -a_{n-1\,n} & 0 \end{vmatrix}$ （n 为奇数）;

(9) $D_n=\begin{vmatrix} 2 & 1 & 0 & \cdots & 0 & 0 \\ 1 & 2 & 1 & \cdots & 0 & 0 \\ 0 & 1 & 2 & \cdots & 0 & 0 \\ \vdots & \vdots & \vdots & & \vdots & \vdots \\ 0 & 0 & 0 & \cdots & 2 & 1 \\ 0 & 0 & 0 & \cdots & 1 & 2 \end{vmatrix}$;

(10) $\begin{vmatrix} 0 & 1 & 2 & \cdots & n-2 & n-1 \\ 1 & 0 & 1 & \cdots & n-3 & n-2 \\ 2 & 1 & 0 & \cdots & n-4 & n-3 \\ \vdots & \vdots & \vdots & & \vdots & \vdots \\ n-1 & n-2 & n-3 & \cdots & 1 & 0 \end{vmatrix}$;

(11) $\begin{vmatrix} a & -1 & 0 & \cdots & 0 & 0 \\ ax & a & -1 & \cdots & 0 & 0 \\ \vdots & \vdots & \vdots & & \vdots & \vdots \\ ax^{n-1} & ax^{n-2} & ax^{n-3} & \cdots & a & -1 \\ ax^n & ax^{n-1} & ax^{n-2} & \cdots & ax & a \end{vmatrix}$.

10. 用克拉默法则求解下列方程组：

(1) $\begin{cases} x+y+z=0, \\ 2x-5y-3z=10, \\ 2x+4y+z=2; \end{cases}$

(2) $\begin{cases} 2x_1+x_2-5x_3+x_4=8, \\ x_1-3x_2-6x_4=9, \\ 2x_2-x_3+2x_4=-5, \\ x_1+4x_2-7x_3+6x_4=0; \end{cases}$

(3) $\begin{cases} 2x_1-x_2+3x_3+2x_4=6, \\ 3x_1-3x_2+3x_3+2x_4=5, \\ 3x_1-x_2-x_3+2x_4=3, \\ 3x_1-x_2+3x_3-x_4=4; \end{cases}$

(4) $\begin{cases} x_1+2x_2-2x_3+4x_4-x_5=-1, \\ 2x_1-x_2+3x_3-4x_4+2x_5=8, \\ 3x_1+x_2-x_3+2x_4-x_5=3, \\ 4x_1+3x_2+4x_3+2x_4+2x_5=-2, \\ x_1-x_2-x_3+2x_4-3x_5=-3; \end{cases}$

(5) $\begin{cases} x_1+x_2+\cdots+x_n=1, \\ a_1x_1+a_2x_2+\cdots+a_nx_n=b, \\ a_1^2x_1+a_2^2x_2+\cdots+a_n^2x_n=b^2, \\ \cdots\cdots\cdots\cdots \\ a_1^{n-1}x_1+a_2^{n-1}x_2+\cdots+a_n^{n-1}x_n=b^{n-1}, \end{cases}$

其中 $a_1,\cdots,a_n$ 互不相等.

11. 若三次多项式 $f(x)=a_3x^3+a_2x^2+a_1x+a_0$，当 $x=1,2,3,-1$ 时，其值分别为 $-3,5,35,5$，试求 $f(x)$ 在 $x=4$ 时的值.

12. 某工厂生产甲、乙、丙三种钢制品，已知甲、乙、丙三种产品的钢材利用率分别为60%，70%，80%，年进钢材总吨位为100万吨，年产品总吨位为67万吨，此外甲、乙两种产品必须配套生产，乙产品成品总重量是甲产品总重量的70%，此外还已知生产甲、乙、丙三种产品每吨可获利分别为1万元、1.5万元、2万元，问该工厂本年度可获利润多少元?

13. 问 λ 取何值时，齐次线性方程组

$$\begin{cases} (\lambda+3)x_1+x_2+2x_3=0, \\ \lambda x_1+(\lambda-1)x_2+x_3=0, \\ 3(\lambda+1)x_1+\lambda x_2+(\lambda+3)x_3=0 \end{cases}$$

有非零解?

14. 证明无论 a 取何值,线性方程组

$$\begin{cases}(a^2-2)x_1+x_2-2x_3=0,\\-5x_1+(a^2+3)x_2-3x_3=0,\\x_1+(a^2+2)x_3=0\end{cases}$$

只有零解.

第 2 章　矩阵与向量

向量空间和矩阵的理论组成了线性代数的基本内容. 本章将重点介绍向量组的线性相关性以及矩阵的秩的概念,并通过矩阵的初等变换对这两个基本问题进行讨论.

2.1　消元法与矩阵的初等变换

在中学代数里我们学过用加减消元法解二元及三元线性方程组. 实际上,用消元法比用行列式解线性方程组更具有普遍性. 为了说明这一点,下面我们通过一个例子来考察加减消元法解线性方程组的一般规律.

设有三元线性方程组

$$\begin{cases}2x_1 - x_2 + 2x_3 = 4, \\ x_1 + x_2 + 2x_3 = 1, \\ 4x_1 + x_2 + 4x_3 = 2.\end{cases} \tag{2.1}$$

先将方程组的第一,二两个方程的位置互换,得到

$$\begin{cases}x_1 + x_2 + 2x_3 = 1, \\ 2x_1 - x_2 + 2x_3 = 4, \\ 4x_1 + x_2 + 4x_3 = 2.\end{cases} \tag{2.2}$$

将方程组(2.2)的第一个方程的 -2 倍加到第二个方程上, -4 倍加到第三个方程上,得到

$$\begin{cases}x_1 + x_2 + 2x_3 = 1, \\ -3x_2 - 2x_3 = 2, \\ -3x_2 - 4x_3 = -2.\end{cases} \tag{2.3}$$

将方程组(2.3)的第二个方程的 -1 倍加到第三个方程上,得到

$$\begin{cases}x_1 + x_2 + 2x_3 = 1, \\ -3x_2 - 2x_3 = 2, \\ -2x_3 = -4.\end{cases} \tag{2.4}$$

再将方程组(2.4)的第三个方程的 -1 倍加到第二个方程上, $+1$ 倍加到第一个方程上,得到

$$\begin{cases} x_1 + x_2 = -3, \\ -3x_2 = 6, \\ -2x_3 = -4. \end{cases} \tag{2.5}$$

最后,将方程组(2.5)的第二个方程的$\frac{1}{3}$倍加到第一个方程上,将第二,三个方程分别乘以数$-\frac{1}{3}$,$-\frac{1}{2}$,便得到方程组

$$\begin{cases} x_1 = -1, \\ x_2 = -2, \\ x_3 = 2. \end{cases} \tag{2.6}$$

由初等代数知道,以上各方程组同解,所以由方程组(2.6)得到方程组(2.1)的解为$x_1 = -1$, $x_2 = -2$, $x_3 = 2$.

通过上面的过程不难看出,加减消元法求方程组(2.1)的解,总可以通过对方程组反复实施下列三种变换得到.

(1) 交换两个方程的位置;

(2) 用一非零数乘以某一个方程;

(3) 把某个方程乘以一个常数后加到另一个方程上去.

我们把以上三种变换叫做线性方程组的初等变换.于是,加减消元法解线性方程组就是用初等变换来化简方程组.

由于方程组由未知量的系数和常数项所确定,因此,对方程组的讨论可转化为对这样一些数的研究.

定义 2.1.1 由$m\times n$个数a_{ij}($i=1,2,\cdots,m$; $j=1,2,\cdots,n$)排成的m行n列的数表

$$A = \begin{bmatrix} a_{11} & a_{12} & \cdots & a_{1n} \\ a_{21} & a_{22} & \cdots & a_{2n} \\ \vdots & \vdots & & \vdots \\ a_{m1} & a_{m2} & \cdots & a_{mn} \end{bmatrix} \tag{2.7}$$

叫做m **行**n **列矩阵**,简称$m\times n$ **矩阵**. 这$m\times n$个数叫做矩阵A的**元素**,a_{ij}叫做矩阵A的第i行第j列元素.元素是实数的矩阵称**实矩阵**,元素是复数的矩阵称**复矩阵**.本书中的矩阵除特别说明者外,都指实矩阵.(2.7)式也简记为

$$A = (a_{ij})_{m\times n} \text{或} A = (a_{ij}).$$

$m\times n$矩阵A也记作$A_{m\times n}$.

当$m=n$时,A称为n **阶方阵**.

例如,一般n元线性方程组

$$\begin{cases} a_{11}x_1 + a_{12}x_2 + \cdots + a_{1n}x_n = b_1, \\ a_{21}x_1 + a_{22}x_2 + \cdots + a_{2n}x_n = b_2, \\ \cdots\cdots\cdots\cdots \\ a_{m1}x_1 + a_{m2}x_2 + \cdots + a_{mn}x_n = b_m \end{cases} \tag{2.8}$$

的未知量的系数可以用矩阵 $A=(a_{ij})_{m\times n}$ 来表示，此时称 A 为方程组(2.8) 的**系数矩阵**. 方程组(2.8) 的系数和常数项可以用一个 $m\times(n+1)$ 矩阵

$$\overline{A}=\begin{bmatrix} a_{11} & a_{12} & \cdots & a_{1n} & b_1 \\ a_{21} & a_{22} & \cdots & a_{2n} & b_2 \\ \vdots & \vdots & & \vdots & \vdots \\ a_{m1} & a_{m2} & \cdots & a_{mn} & b_m \end{bmatrix}$$

来表示，并称 $\overline{A}$ 为线性方程组(2.8) 的**增广矩阵**.

增广矩阵完全可表示线性方程组，因此可以利用矩阵来研究线性方程组. 由于对线性方程组作初等变换就相当于对它的增广矩阵的行作相应的变换，于是有下面的定义.

定义 2.1.2　下列三种变换称为矩阵的**初等行变换**：

(1) 对调两行(对调 i,j 两行，记作 $r_i\leftrightarrow r_j$)；

(2) 以非零数 k 乘以某一行的所有元素(第 i 行乘以数 k，记作 $r_i\times k$)；

(3) 把某一行所有元素的 k 倍加到另一行对应元素上去(第 j 行的 k 倍加到第 i 行上去，记作 r_i+kr_j).

由于矩阵的初等行变换对应于线性方程组的初等变换，因此，若线性方程组的增广矩阵 $\overline{A}$ 经过有限次初等行变换变成矩阵 $\overline{B}$，则以 $\overline{B}$ 为增广矩阵的线性方程组与 $\overline{A}$ 对应的线性方程组同解.

把定义 2.1.2 中的“行”换成“列”，即得矩阵的**初等列变换**的定义(所用记号是把“r”换成“c”). 矩阵的初等行变换与矩阵的初等列变换，统称为矩阵的**初等变换**. 今后我们将会看到，矩阵的初等变换是用以揭示线性方程组中各种关系的一个重要方法.

一般来说，一个矩阵经过初等变换后，就变成了另一个矩阵. 如果矩阵 A 经过有限次初等变换变成矩阵 B，就称矩阵 A 与矩阵 B **等价**，记作 $A\sim B$.

例 1　对线性方程组(2.1) 的增广矩阵 $\overline{A}$ 作初等行变换如下：

$$\overline{A}=\begin{bmatrix} 2 & -1 & 2 & 4 \\ 1 & 1 & 2 & 1 \\ 4 & 1 & 4 & 2 \end{bmatrix} \overset{r_1\leftrightarrow r_2}{\sim} \begin{bmatrix} 1 & 1 & 2 & 1 \\ 2 & -1 & 2 & 4 \\ 4 & 1 & 4 & 2 \end{bmatrix}$$

$$\underset{r_3-4r_1}{\overset{r_2-2r_1}{\sim}} \begin{bmatrix} 1 & 1 & 2 & 1 \\ 0 & -3 & -2 & 2 \\ 0 & -3 & -4 & -2 \end{bmatrix} \overset{r_3-r_2}{\sim} \begin{bmatrix} 1 & 1 & 2 & 1 \\ 0 & -3 & -2 & 2 \\ 0 & 0 & -2 & -4 \end{bmatrix}$$

$$\xrightarrow[r_1+r_3]{r_2-r_3}\begin{bmatrix}1&1&0&-3\\0&-3&0&6\\0&0&-2&-4\end{bmatrix}\xrightarrow[\substack{r_2\times(-\frac{1}{3})\\ r_3\times(-\frac{1}{2})}]{r_1+(\frac{1}{3})r_2}\begin{bmatrix}1&0&0&-1\\0&1&0&-2\\0&0&1&2\end{bmatrix}.$$

若将以上每经过一次初等行变换后的矩阵记作 $\overline{B}$,则 $\overline{B}$ 与 $\overline{A}$ 对应的线性方程组同解.

形如

$$\begin{bmatrix}c_{11}&c_{12}&\cdots&c_{1r}&c_{1\,r+1}&\cdots&c_{1n}\\0&c_{22}&\cdots&c_{2r}&c_{2\,r+1}&\cdots&c_{2n}\\\vdots&\vdots&&\vdots&\vdots&&\vdots\\0&0&\cdots&c_{rr}&c_{r\,r+1}&\cdots&c_{rn}\\0&0&\cdots&0&0&\cdots&0\\\vdots&\vdots&&\vdots&\vdots&&\vdots\\0&0&\cdots&0&0&\cdots&0\end{bmatrix}$$

的矩阵称为行阶梯形矩阵,简称**阶梯形矩阵**.其特点为:每个阶梯只有一行;元素不全为零的行(非零行)的第一个非零元素所在列的下标随着行标的增大而严格增大(列标一定不小于行标);元素全为零的行(如果有的话)必在矩阵的最下面几行.例如

$$\begin{bmatrix}1&0&-1\\0&2&1\\0&0&3\end{bmatrix},\quad\begin{bmatrix}1&2&1&-1&2\\0&0&1&0&2\\0&0&0&2&3\end{bmatrix}$$

以及

$$\begin{bmatrix}0&1&2&-1\\0&0&0&1\\0&0&0&0\\0&0&0&0\end{bmatrix}$$

均为阶梯形矩阵.

定理 2.1.1 任一矩阵可经有限次初等行变换化成阶梯形矩阵.

证 设矩阵 $A=(a_{ij})_{m\times n}$.

若 A 中的元素 a_{ij} 都等于零,那么 A 已是阶梯形矩阵了.

若 A 中至少有一元素 a_{ij} 不为零,且不为零的元素在第一列时,不妨设 $a_{11}\neq 0$(否则对 A 进行第一种初等行变换总可将不为零的元素换到 a_{11} 的位置上),用 $-\dfrac{a_{i1}}{a_{11}}$ 乘以第一行各元素加到第 i 行($i=2,3,\cdots,m$)的对应元素上,得矩阵 A_1,即有

$$A \sim A_1 = \begin{bmatrix} a_{11} & a_{12} & a_{13} & \cdots & a_{1n} \\ 0 & a'_{22} & a'_{23} & \cdots & a'_{2n} \\ \vdots & \vdots & \vdots & & \vdots \\ 0 & a'_{m2} & a'_{m3} & \cdots & a'_{mn} \end{bmatrix}.$$

若 A_1 中除第一行外其余各行元素全为零，那么 A_1 即为阶梯形矩阵. 如若不然，不妨设 $a'_{22} \neq 0$，可仿照上面的方法将 A_1 的第三行至第 m 行的第二列元素化为零，即有

$$A_1 \sim \begin{bmatrix} a_{11} & a_{12} & a_{13} & \cdots & a_{1n} \\ 0 & a'_{22} & a'_{23} & \cdots & a'_{2n} \\ 0 & 0 & a''_{33} & \cdots & a''_{3n} \\ \vdots & \vdots & \vdots & & \vdots \\ 0 & 0 & a''_{m3} & \cdots & a''_{mn} \end{bmatrix}.$$

按上述规律及方法继续下去，最后可将 A 化成阶梯形矩阵.

如果 A 的第一列元素全为零，那么依次考虑它的第二列，等等.

在阶梯形矩阵中，若非零行的第一个非零元素全为 1，且非零行的第一个元素 1 所在列的其余元素全为零，就称该矩阵为**行最简形**.

如例 1 中的矩阵

$$\begin{bmatrix} 1 & 0 & 0 & -1 \\ 0 & 1 & 0 & -2 \\ 0 & 0 & 1 & 2 \end{bmatrix}$$

以及矩阵

$$\begin{bmatrix} 1 & 0 \\ 0 & 1 \\ 0 & 0 \end{bmatrix}, \quad \begin{bmatrix} 1 & 0 & 1 \\ 0 & 1 & -1 \end{bmatrix}$$

都是行最简形.

由定理 2.1.1 的证明过程，容易推得以下常用结论.

推论　任一矩阵可经有限次初等行变换化成行最简形.

例 2　用初等行变换化矩阵

$$A = \begin{bmatrix} 1 & 1 & 2 & 2 & 1 \\ 0 & 2 & 1 & 5 & -1 \\ 2 & 0 & 3 & -1 & 3 \\ 1 & 1 & 2 & 4 & -1 \end{bmatrix}$$

为阶梯形矩阵及行最简形.

解

$$A \underset{r_4-r_1}{\overset{r_3-2r_1}{\sim}} \begin{bmatrix} 1 & 1 & 2 & 2 & 1 \\ 0 & 2 & 1 & 5 & -1 \\ 0 & -2 & -1 & -5 & 1 \\ 0 & 0 & 0 & 2 & -2 \end{bmatrix}$$

$$\overset{r_3+r_2}{\sim} \begin{bmatrix} 1 & 1 & 2 & 2 & 1 \\ 0 & 2 & 1 & 5 & -1 \\ 0 & 0 & 0 & 0 & 0 \\ 0 & 0 & 0 & 2 & -2 \end{bmatrix} \overset{r_3 \leftrightarrow r_4}{\sim} \begin{bmatrix} 1 & 1 & 2 & 2 & 1 \\ 0 & 2 & 1 & 5 & -1 \\ 0 & 0 & 0 & 2 & -2 \\ 0 & 0 & 0 & 0 & 0 \end{bmatrix}.$$

继续进行初等行变换，可得

$$A \sim \begin{bmatrix} 1 & 1 & 2 & 2 & 1 \\ 0 & 2 & 1 & 5 & -1 \\ 0 & 0 & 0 & 2 & -2 \\ 0 & 0 & 0 & 0 & 0 \end{bmatrix} \overset{r_3 \times \frac{1}{2}}{\sim} \begin{bmatrix} 1 & 1 & 2 & 2 & 1 \\ 0 & 2 & 1 & 5 & -1 \\ 0 & 0 & 0 & 1 & -1 \\ 0 & 0 & 0 & 0 & 0 \end{bmatrix}$$

$$\underset{r_2-5r_3}{\overset{r_1-2r_3}{\sim}} \begin{bmatrix} 1 & 1 & 2 & 0 & 3 \\ 0 & 2 & 1 & 0 & 4 \\ 0 & 0 & 0 & 1 & -1 \\ 0 & 0 & 0 & 0 & 0 \end{bmatrix} \underset{r_2 \times \frac{1}{2}}{\overset{r_1-\frac{1}{2}r_2}{\sim}} \begin{bmatrix} 1 & 0 & \frac{3}{2} & 0 & 1 \\ 0 & 1 & \frac{1}{2} & 0 & 2 \\ 0 & 0 & 0 & 1 & -1 \\ 0 & 0 & 0 & 0 & 0 \end{bmatrix}.$$

矩阵 $A_{m\times n}$ 经过初等行变换可化为阶梯形矩阵以及行最简形. 若再经过初等列变换，还可化为以下的最简形式：

$$I_{m\times n} = \begin{bmatrix} 1 & 0 & \cdots & 0 & 0 & \cdots & 0 \\ 0 & 1 & \cdots & 0 & 0 & \cdots & 0 \\ \vdots & \vdots & & \vdots & \vdots & & \vdots \\ 0 & 0 & \cdots & 1 & 0 & \cdots & 0 \\ 0 & 0 & \cdots & 0 & 0 & \cdots & 0 \\ \vdots & \vdots & & \vdots & \vdots & & \vdots \\ 0 & 0 & \cdots & 0 & 0 & \cdots & 0 \end{bmatrix}.$$

矩阵 $I_{m\times n}$ 称为矩阵 $A_{m\times n}$ 的**标准形**.

定理 2.1.2 任一矩阵可经有限次初等变换化为标准形.

定理 2.1.2 的证明留给读者来完成.

例 3　求例 2 中矩阵 A 的标准形.

解

$$A\sim\begin{bmatrix}1&0&\frac{3}{2}&0&1\\0&1&\frac{1}{2}&0&2\\0&0&0&1&-1\\0&0&0&0&0\end{bmatrix}\overset{c_3\leftrightarrow c_4}{\sim}\begin{bmatrix}1&0&0&\frac{3}{2}&1\\0&1&0&\frac{1}{2}&2\\0&0&1&0&-1\\0&0&0&0&0\end{bmatrix}$$

$$\underset{c_5-c_1-2c_2+c_3}{\overset{c_4-\frac{3}{2}c_1-\frac{1}{2}c_2}{\sim}}\begin{bmatrix}1&0&0&0&0\\0&1&0&0&0\\0&0&1&0&0\\0&0&0&0&0\end{bmatrix}=I.$$

2.2　向量及其线性运算

定义 2.2.1　n 个有顺序的数 $a_1, a_2, \cdots, a_n$ 组成的有序数组

$$\boldsymbol{\alpha}=(a_1, a_2, \cdots, a_n)$$

叫做 n **维向量**. 数 $a_1, a_2, \cdots, a_n$ 叫做向量 $\boldsymbol{\alpha}$ 的**分量**(或**坐标**), $a_j\ (j=1,2,\cdots,n)$ 叫做 $\boldsymbol{\alpha}$ 的第 j 个分量(或坐标).

若以 $\mathbf{R}$ 表示全体实数的集合,分量 $a_j\in\mathbf{R}(j=1,2,\cdots,n)$ 的向量 $\boldsymbol{\alpha}=(a_1, a_2, \cdots, a_n)$ 称实向量. 本章只讨论定义在 $\mathbf{R}$ 上的向量.

例如, n 元线性方程组(2.8) 中第 $i\ (1\leqslant i\leqslant m)$ 个方程

$$a_{i1}x_1+a_{i2}x_2+\cdots+a_{in}x_n=b_i$$

的系数和常数项对应着一个 $n+1$ 维向量

$$(a_{i1}, a_{i2}, \cdots, a_{in}, b_i).$$

而该方程的一个解 $x_1=c_1, x_2=c_2, \cdots, x_n=c_n$ 可用一个 n 维向量

$$(c_1, c_2, \cdots, c_n)$$

来表示. 方程组(2.8) 的解构成的 n 维向量叫做该方程组的**解向量**.

设 $\boldsymbol{\alpha}=(a_1, a_2, \cdots, a_n)$, $\boldsymbol{\beta}=(b_1, b_2, \cdots, b_n)$ 都是 n 维向量. 当且仅当分量 $a_j=b_j\ (j=1,2,\cdots,n)$ 时,称向量 $\boldsymbol{\alpha}$ 与 $\boldsymbol{\beta}$ **相等**,记作 $\boldsymbol{\alpha}=\boldsymbol{\beta}$.

分量都是 0 的向量叫做**零向量**,记作 $\mathbf{0}$,即

$$\mathbf{0}=(0,0,\cdots,0).$$

注意维数不同的零向量不相等. 如 $\mathbf{0}_1=(0,0)$, $\mathbf{0}_2=(0,0,0)$ 都是零向量,但 $\mathbf{0}_1\neq\mathbf{0}_2$. 因为它们的维数不同.

向量 $(-a_1, -a_2, \cdots, -a_n)$ 称为向量 $\boldsymbol{\alpha}=(a_1, a_2, \cdots, a_n)$ 的**负向量**,记作

$-\boldsymbol{\alpha}$. 显然,向量 $\boldsymbol{\alpha}$ 也可称为向量 $-\boldsymbol{\alpha}$ 的负向量.

定义 2.2.2 设 $\boldsymbol{\alpha}=(a_1,a_2,\cdots,a_n)$, $\boldsymbol{\beta}=(b_1,b_2,\cdots,b_n)$ 都是 n 维向量. 向量 $(a_1+b_1,a_2+b_2,\cdots,a_n+b_n)$ 称为**向量 $\boldsymbol{\alpha}$ 与 $\boldsymbol{\beta}$ 的和**,记作 $\boldsymbol{\alpha}+\boldsymbol{\beta}$,即

$$\boldsymbol{\alpha}+\boldsymbol{\beta}=(a_1+b_1,a_2+b_2,\cdots,a_n+b_n).$$

由负向量即可定义向量的**减法**:

$$\boldsymbol{\alpha}-\boldsymbol{\beta}=\boldsymbol{\alpha}+(-\boldsymbol{\beta})=(a_1-b_1,a_2-b_2,\cdots,a_n-b_n).$$

定义 2.2.3 设 $\boldsymbol{\alpha}=(a_1,a_2,\cdots,a_n)$ 为 n 维向量, $\lambda\in\mathbf{R}$. 向量 $(\lambda a_1,\lambda a_2,\cdots,\lambda a_n)$ 叫做**数 λ 与向量 $\boldsymbol{\alpha}$ 的乘积**,记作 $\lambda\boldsymbol{\alpha}$,即

$$\lambda\boldsymbol{\alpha}=(\lambda a_1,\lambda a_2,\cdots,\lambda a_n).$$

根据定义 2.2.3,有

$$0\boldsymbol{\alpha}=\mathbf{0};$$
$$(-1)\boldsymbol{\alpha}=-\boldsymbol{\alpha};$$
$$\lambda\mathbf{0}=\mathbf{0}.$$

如果 $\lambda\neq 0$, $\boldsymbol{\alpha}\neq\mathbf{0}$,那么 $\lambda\boldsymbol{\alpha}\neq\mathbf{0}$.

向量相加及向量乘数两种运算合起来,统称为**向量的线性运算**. 它满足以下八条运算规律(设 $\boldsymbol{\alpha},\boldsymbol{\beta},\boldsymbol{\gamma}$ 都是 n 维向量, $\lambda,\mu\in\mathbf{R}$):

(1) $\boldsymbol{\alpha}+\boldsymbol{\beta}=\boldsymbol{\beta}+\boldsymbol{\alpha}$;

(2) $(\boldsymbol{\alpha}+\boldsymbol{\beta})+\boldsymbol{\gamma}=\boldsymbol{\alpha}+(\boldsymbol{\beta}+\boldsymbol{\gamma})$;

(3) $\boldsymbol{\alpha}+\mathbf{0}=\boldsymbol{\alpha}$;

(4) $\boldsymbol{\alpha}+(-\boldsymbol{\alpha})=\mathbf{0}$;

(5) $1\boldsymbol{\alpha}=\boldsymbol{\alpha}$;

(6) $\lambda(\mu\boldsymbol{\alpha})=(\lambda\mu)\boldsymbol{\alpha}$;

(7) $\lambda(\boldsymbol{\alpha}+\boldsymbol{\beta})=\lambda\boldsymbol{\alpha}+\lambda\boldsymbol{\beta}$;

(8) $(\lambda+\mu)\boldsymbol{\alpha}=\lambda\boldsymbol{\alpha}+\mu\boldsymbol{\alpha}$.

在数学中,把具有上述八条规律的运算称为**线性运算**. 其中规律(3)与(4)保证加法有逆运算,即:若 $\boldsymbol{\alpha}+\boldsymbol{\beta}=\boldsymbol{\gamma}$,则 $\boldsymbol{\gamma}+(-\boldsymbol{\beta})=\boldsymbol{\alpha}$. 规律(5)与(6)保证乘非零数有逆运算,即:当 $\lambda\neq 0$ 时,若 $\lambda\boldsymbol{\alpha}=\boldsymbol{\gamma}$,则 $\frac{1}{\lambda}\boldsymbol{\gamma}=\boldsymbol{\alpha}$.

例 1 设 $\boldsymbol{\alpha}=(1,3,-2,2)$, $\boldsymbol{\beta}=(5,1,-2,0)$. 若已知 $\boldsymbol{\alpha}+2\boldsymbol{\gamma}=3\boldsymbol{\beta}$,求向量 $\boldsymbol{\gamma}$.

解 由 $\boldsymbol{\alpha}+2\boldsymbol{\gamma}=3\boldsymbol{\beta}$ 得

$$\begin{aligned}\boldsymbol{\gamma}&=\frac{1}{2}(3\boldsymbol{\beta}-\boldsymbol{\alpha})=\frac{1}{2}[(15,3,-6,0)-(1,3,-2,2)]\\&=\frac{1}{2}(14,0,-4,-2)=(7,0,-2,-1).\end{aligned}$$

定义 2.2.1 是将 n 维向量写成行的形式，即 $\boldsymbol{\alpha}=(a_1, a_2, \cdots, a_n)$. 应用中常将向量写成列的形式：

$$\boldsymbol{\alpha}=\begin{bmatrix} a_1 \\ a_2 \\ \vdots \\ a_n \end{bmatrix}.$$

作为向量，$\boldsymbol{\alpha}$ 写成行(行向量)还是写成列(列向量)只是写法上的不同而没有本质的区别.

例 2　已知向量 $\boldsymbol{\alpha}_1=\begin{bmatrix} 5 \\ -1 \\ 3 \\ 2 \\ 4 \end{bmatrix}$，$3\boldsymbol{\alpha}_1-4\boldsymbol{\alpha}_2=\begin{bmatrix} 3 \\ -7 \\ 17 \\ -2 \\ 8 \end{bmatrix}$，求向量 $2\boldsymbol{\alpha}_1+3\boldsymbol{\alpha}_2$.

解　由

$$3\boldsymbol{\alpha}_1-4\boldsymbol{\alpha}_2=\begin{bmatrix} 3 \\ -7 \\ 17 \\ -2 \\ 8 \end{bmatrix}$$

得

$$\boldsymbol{\alpha}_2=\frac{1}{4}\left(3\begin{bmatrix} 5 \\ -1 \\ 3 \\ 2 \\ 4 \end{bmatrix}-\begin{bmatrix} 3 \\ -7 \\ 17 \\ -2 \\ 8 \end{bmatrix}\right)=\frac{1}{4}\begin{bmatrix} 12 \\ 4 \\ -8 \\ 8 \\ 4 \end{bmatrix}=\begin{bmatrix} 3 \\ 1 \\ -2 \\ 2 \\ 1 \end{bmatrix}.$$

所以

$$2\boldsymbol{\alpha}_1+3\boldsymbol{\alpha}_2=\begin{bmatrix} 10 \\ -2 \\ 6 \\ 4 \\ 8 \end{bmatrix}+\begin{bmatrix} 9 \\ 3 \\ -6 \\ 6 \\ 3 \end{bmatrix}=\begin{bmatrix} 19 \\ 1 \\ 0 \\ 10 \\ 11 \end{bmatrix}.$$

定义 2.2.4　设 V 为 n 维向量集合. 如果 V 非空，且 V 对于向量的加法及数与向量的乘法运算封闭，那么就称集合 V 为**向量空间**.

所谓集合 V 对于向量的加法及数与向量的乘法运算封闭是指，若 $\boldsymbol{\alpha}\in V$，$\boldsymbol{\beta}\in V$，则 $\boldsymbol{\alpha}+\boldsymbol{\beta}\in V$，以及若 $\boldsymbol{\alpha}\in V$，$\lambda\in\mathbf{R}$，则 $\lambda\boldsymbol{\alpha}\in V$.

例 3 集合

$$V_1=\{(0,x_2,\cdots,x_n)\mid x_2,\cdots,x_n\in\mathbf{R}\}$$

是一个向量空间. 因为若 $\boldsymbol{\alpha}=(0,a_2,\cdots,a_n)\in V_1$, $\boldsymbol{\beta}=(0,b_2,\cdots,b_n)\in V_1$,则 $\boldsymbol{\alpha}+\boldsymbol{\beta}=(0,a_2+b_2,\cdots,a_n+b_n)\in V_1$, $\lambda\boldsymbol{\alpha}=(0,\lambda a_2,\cdots,\lambda a_n)\in V_1$.

例 4 集合

$$V_2=\{(1,x_2,\cdots,x_n)\mid x_2,\cdots,x_n\in\mathbf{R}\}$$

不是向量空间. 因为若 $\boldsymbol{\alpha}=(1,a_2,\cdots,a_n)\in V_2$,则 $2\boldsymbol{\alpha}=(2,2a_2,\cdots,2a_n)\notin V_2$.

全体 n 维实向量构成的集合记作 $\mathbf{R}^n$,即

$$\mathbf{R}^n=\{(x_1,x_2,\cdots,x_n)\mid x_1,x_2,\cdots,x_n\in\mathbf{R}\}.$$

容易验证,$\mathbf{R}^n$ 是一向量空间.

设有向量空间 V_1 及 V_2,若 $V_1\subset V_2$,则称 V_1 是 V_2 的**子空间**.

例如任何由 n 维向量所组成的向量空间 V,总有 $V\subset\mathbf{R}^n$,所以这样的向量空间总是 $\mathbf{R}^n$ 的子空间.

向量的应用是广泛的. 几何、物理以及国民经济等问题中都经常用到它. 在解析几何中,以坐标原点 O 为起点,以任一点 $P(x,y,z)$ 为终点的有向线段与 3 维向量 $\overrightarrow{OP}=\{x,y,z\}$ 对应. 那时为了分清点 (x,y,z) 与向量 $\{x,y,z\}$,故用两种不同的括号以示区别. n 维向量是 3 维向量的推广,只是当 $n>3$ 时,n 维向量就没有直观的几何意义了.

2.3 向量组的线性相关性

2.3.1 向量组的线性相关性

定义 2.3.1 对于向量 $\boldsymbol{\alpha},\boldsymbol{\alpha}_1,\boldsymbol{\alpha}_2,\cdots,\boldsymbol{\alpha}_m$,如果有一组数 $\lambda_1,\lambda_2,\cdots,\lambda_m$,使

$$\boldsymbol{\alpha}=\lambda_1\boldsymbol{\alpha}_1+\lambda_2\boldsymbol{\alpha}_2+\cdots+\lambda_m\boldsymbol{\alpha}_m,$$

则称向量 $\boldsymbol{\alpha}$ 是向量 $\boldsymbol{\alpha}_1,\boldsymbol{\alpha}_2,\cdots,\boldsymbol{\alpha}_m$ 的**线性组合**,或称 $\boldsymbol{\alpha}$ 可由 $\boldsymbol{\alpha}_1,\boldsymbol{\alpha}_2,\cdots,\boldsymbol{\alpha}_m$ **线性表示**.

向量 $\boldsymbol{\alpha}$ 是向量 $\boldsymbol{\alpha}_1,\boldsymbol{\alpha}_2,\cdots,\boldsymbol{\alpha}_m$ 的线性组合,实际是指 $\boldsymbol{\alpha}$ 可由 $\boldsymbol{\alpha}_1,\boldsymbol{\alpha}_2,\cdots,\boldsymbol{\alpha}_m$ 经线性运算得到. 显然,零向量是任何一组向量 $\boldsymbol{\alpha}_1,\boldsymbol{\alpha}_2,\cdots,\boldsymbol{\alpha}_m$ 的线性组合.

例 1 设 n 维向量

$$\boldsymbol{\varepsilon}_1=\begin{bmatrix}1\\0\\\vdots\\0\end{bmatrix},\boldsymbol{\varepsilon}_2=\begin{bmatrix}0\\1\\\vdots\\0\end{bmatrix},\cdots,\boldsymbol{\varepsilon}_n=\begin{bmatrix}0\\0\\\vdots\\1\end{bmatrix},$$

$\boldsymbol{\alpha}=\begin{bmatrix}a_1\\a_2\\\vdots\\a_n\end{bmatrix}$ 是任意一个 n 维向量. 由于

$$\boldsymbol{\alpha}=a_1\boldsymbol{\varepsilon}_1+a_2\boldsymbol{\varepsilon}_2+\cdots+a_n\boldsymbol{\varepsilon}_n,$$

所以 $\boldsymbol{\alpha}$ 是 $\boldsymbol{\varepsilon}_1,\boldsymbol{\varepsilon}_2,\cdots,\boldsymbol{\varepsilon}_n$ 的线性组合.

同维数的向量所组成的集合称为向量组. 通常称 $\boldsymbol{\varepsilon}_1,\boldsymbol{\varepsilon}_2,\cdots,\boldsymbol{\varepsilon}_n$ 为 **n 维单位坐标向量组**. 例1表明,任何一个 n 维向量必可由 n 维单位坐标向量组线性表示.

例2 证明向量 $\boldsymbol{\alpha}=(0,4,2)$ 是向量 $\boldsymbol{\alpha}_1=(1,2,3)$, $\boldsymbol{\alpha}_2=(2,3,1)$, $\boldsymbol{\alpha}_3=(3,1,2)$ 的线性组合,并将 $\boldsymbol{\alpha}$ 用 $\boldsymbol{\alpha}_1,\boldsymbol{\alpha}_2,\boldsymbol{\alpha}_3$ 线性表示.

解 先假定 $\boldsymbol{\alpha}=\lambda_1\boldsymbol{\alpha}_1+\lambda_2\boldsymbol{\alpha}_2+\lambda_3\boldsymbol{\alpha}_3$,即

$$\begin{aligned}(0,4,2)&=\lambda_1(1,2,3)+\lambda_2(2,3,1)+\lambda_3(3,1,2)\\&=(\lambda_1+2\lambda_2+3\lambda_3,\ 2\lambda_1+3\lambda_2+\lambda_3,\ 3\lambda_1+\lambda_2+2\lambda_3),\end{aligned}$$

因此

$$\begin{cases}\lambda_1+2\lambda_2+3\lambda_3=0,\\2\lambda_1+3\lambda_2+\lambda_3=4,\\3\lambda_1+\lambda_2+2\lambda_3=2.\end{cases}$$

由于该线性方程组的系数行列式

$$\begin{vmatrix}1&2&3\\2&3&1\\3&1&2\end{vmatrix}=-18\neq0,$$

由克拉默法则知,方程组有唯一的解,可以求出 $\lambda_1=1,\lambda_2=1,\lambda_3=-1$. 于是 $\boldsymbol{\alpha}$ 可表示为 $\boldsymbol{\alpha}_1,\boldsymbol{\alpha}_2,\boldsymbol{\alpha}_3$ 的线性组合,且表示式为

$$\boldsymbol{\alpha}=\boldsymbol{\alpha}_1+\boldsymbol{\alpha}_2-\boldsymbol{\alpha}_3.$$

一般地,$\boldsymbol{\alpha}$ 与 $\boldsymbol{\alpha}_1,\boldsymbol{\alpha}_2,\cdots,\boldsymbol{\alpha}_m$ 的关系必为且仅为以下三种情形之一:

1° $\boldsymbol{\alpha}$ 可由 $\boldsymbol{\alpha}_1,\boldsymbol{\alpha}_2,\cdots,\boldsymbol{\alpha}_m$ 线性表示,且表达式唯一;

2° $\boldsymbol{\alpha}$ 由 $\boldsymbol{\alpha}_1,\boldsymbol{\alpha}_2,\cdots,\boldsymbol{\alpha}_m$ 线性表示时,表达式不唯一,如 $(0,0)=(1,-1)+(-1,1)=0(1,-1)+0(-1,1)$;

3° $\boldsymbol{\alpha}$ 不能由 $\boldsymbol{\alpha}_1,\boldsymbol{\alpha}_2,\cdots,\boldsymbol{\alpha}_m$ 线性表示.

对于 n 元线性方程组(2.8),若以 $\boldsymbol{\alpha}_j$ 表示其中第 j 个未知量的系数构成的 m 维列向量,即

$$\boldsymbol{\alpha}_j=\begin{bmatrix}a_{1j}\\a_{2j}\\\vdots\\a_{mj}\end{bmatrix},\ j=1,2,\cdots,n,$$

且令

$$\boldsymbol{\beta}=\begin{bmatrix}b_1\\b_2\\\vdots\\b_m\end{bmatrix},$$

那么，方程组(2.8)可以表示为

$$x_1\boldsymbol{\alpha}_1+x_2\boldsymbol{\alpha}_2+\cdots+x_n\boldsymbol{\alpha}_n=\boldsymbol{\beta}.$$

于是，方程组(2.8)有没有解的问题就转化为向量$\boldsymbol{\beta}$能否由向量$\boldsymbol{\alpha}_1,\boldsymbol{\alpha}_2,\cdots,\boldsymbol{\alpha}_n$线性表示. 当$\boldsymbol{\beta}$能由向量$\boldsymbol{\alpha}_1,\boldsymbol{\alpha}_2,\cdots,\boldsymbol{\alpha}_n$线性表示且表达式唯一时，方程组(2.8)有解且解唯一.

定义 2.3.2　设有n维向量组

$$\boldsymbol{\alpha}_1,\boldsymbol{\alpha}_2,\cdots,\boldsymbol{\alpha}_m,\tag{2.9}$$

如果存在不全为零的m个数$k_1,k_2,\cdots,k_m$，使

$$k_1\boldsymbol{\alpha}_1+k_2\boldsymbol{\alpha}_2+\cdots+k_m\boldsymbol{\alpha}_m=\mathbf{0},$$

则称向量组(2.9)**线性相关**.

如果上式仅当$k_1=k_2=\cdots=k_m=0$时才成立，那么称向量组(2.9)**线性无关**.

换句话说，当零向量$\mathbf{0}$用$\boldsymbol{\alpha}_1,\boldsymbol{\alpha}_2,\cdots,\boldsymbol{\alpha}_m$线性表示，表达式不唯一时，$\boldsymbol{\alpha}_1,\boldsymbol{\alpha}_2,\cdots,\boldsymbol{\alpha}_m$线性相关；而当零向量$\mathbf{0}$用$\boldsymbol{\alpha}_1,\boldsymbol{\alpha}_2,\cdots,\boldsymbol{\alpha}_m$线性表示，且表达式唯一(线性组合系数全为零)时，$\boldsymbol{\alpha}_1,\boldsymbol{\alpha}_2,\cdots,\boldsymbol{\alpha}_m$线性无关.

例如，对$\boldsymbol{\alpha}_1=(1,0),\boldsymbol{\alpha}_2=(2,0)$，当$k_1=k_2=0$时，有$k_1\boldsymbol{\alpha}_1+k_2\boldsymbol{\alpha}_2=\mathbf{0}$成立. 但不能由此推出向量$\boldsymbol{\alpha}_1,\boldsymbol{\alpha}_2$线性无关. 事实上，取$k_1=2,k_2=-1$时，亦有$k_1\boldsymbol{\alpha}_1+k_2\boldsymbol{\alpha}_2=\mathbf{0}$成立. 所以$\boldsymbol{\alpha}_1,\boldsymbol{\alpha}_2$线性相关.

一组向量不是线性相关，就是线性无关. 根据定义 2.3.2，可以直接得到以下结论.

(1) 只有一个向量$\boldsymbol{\alpha}$的向量组线性相关的充分必要条件是$\boldsymbol{\alpha}=\mathbf{0}$；

(2) 如果向量组$\boldsymbol{\alpha}_1,\boldsymbol{\alpha}_2,\cdots,\boldsymbol{\alpha}_m$中有两个向量$\boldsymbol{\alpha}_i,\boldsymbol{\alpha}_j\ (i\neq j)$的对应分量成比例，那么，向量组$\boldsymbol{\alpha}_1,\boldsymbol{\alpha}_2,\cdots,\boldsymbol{\alpha}_m$线性相关；

(3) 含有零向量的向量组必线性相关.

在一个向量组$\boldsymbol{\alpha}_1,\boldsymbol{\alpha}_2,\cdots,\boldsymbol{\alpha}_m$中，任取若干个向量组成的向量组，叫做$\boldsymbol{\alpha}_1,\boldsymbol{\alpha}_2,\cdots,\boldsymbol{\alpha}_m$的部分向量组，简称**部分组**.

(4) 向量组的一个部分组线性相关，那么这向量组线性相关. 其逆否命题是：线性无关向量组的任意一个部分组也是线性无关的.

例 3　讨论n维单位坐标向量组$\boldsymbol{\varepsilon}_1,\boldsymbol{\varepsilon}_2,\cdots,\boldsymbol{\varepsilon}_n$的线性相关性.

解　设n个数$k_1,k_2,\cdots,k_n$使

$$k_1\boldsymbol{\varepsilon}_1+k_2\boldsymbol{\varepsilon}_2+\cdots+k_n\boldsymbol{\varepsilon}_n=\mathbf{0},$$

即

$$\begin{bmatrix}k_1\\k_2\\\vdots\\k_n\end{bmatrix}=\begin{bmatrix}0\\0\\\vdots\\0\end{bmatrix}$$

成立，则必有 $k_1=k_2=\cdots=k_n=0$. 所以向量组 $\boldsymbol{\varepsilon}_1,\boldsymbol{\varepsilon}_2,\cdots,\boldsymbol{\varepsilon}_n$ 线性无关.

例 4　(1) 设向量组 $\boldsymbol{\alpha}_1,\boldsymbol{\alpha}_2,\cdots,\boldsymbol{\alpha}_r$ 线性无关，证明：向量组 $\boldsymbol{\beta}_1=\boldsymbol{\alpha}_1,\boldsymbol{\beta}_2=\boldsymbol{\alpha}_1+\boldsymbol{\alpha}_2,\cdots,\boldsymbol{\beta}_r=\boldsymbol{\alpha}_1+\boldsymbol{\alpha}_2+\cdots+\boldsymbol{\alpha}_r$ 线性无关；

(2) 设 $\boldsymbol{\beta}_1=\boldsymbol{\alpha}_1+\boldsymbol{\alpha}_2,\boldsymbol{\beta}_2=\boldsymbol{\alpha}_2+\boldsymbol{\alpha}_3,\boldsymbol{\beta}_3=\boldsymbol{\alpha}_3+\boldsymbol{\alpha}_4,\boldsymbol{\beta}_4=\boldsymbol{\alpha}_4+\boldsymbol{\alpha}_1$，证明：向量组 $\boldsymbol{\beta}_1,\boldsymbol{\beta}_2,\boldsymbol{\beta}_3,\boldsymbol{\beta}_4$ 线性相关.

证　(1) 设 $k_1\boldsymbol{\beta}_1+k_2\boldsymbol{\beta}_2+\cdots+k_r\boldsymbol{\beta}_r=\mathbf{0}$，则

$$k_1\boldsymbol{\alpha}_1+k_2(\boldsymbol{\alpha}_1+\boldsymbol{\alpha}_2)+\cdots+k_r(\boldsymbol{\alpha}_1+\boldsymbol{\alpha}_2+\cdots+\boldsymbol{\alpha}_r)=\mathbf{0},$$

或写成

$$(k_1+k_2+\cdots+k_r)\boldsymbol{\alpha}_1+(k_2+\cdots+k_r)\boldsymbol{\alpha}_2+\cdots+k_r\boldsymbol{\alpha}_r=\mathbf{0}.$$

由于 $\boldsymbol{\alpha}_1,\boldsymbol{\alpha}_2,\cdots,\boldsymbol{\alpha}_r$ 线性无关，故上式仅当

$$\begin{cases} k_1+k_2+\cdots+k_r=0, \\ \qquad k_2+\cdots+k_r=0, \\ \qquad\qquad \cdots\cdots\cdots\cdots \\ \qquad\qquad\quad k_r=0 \end{cases}$$

时成立. 该齐次线性方程组的系数行列式

$$\begin{vmatrix} 1 & 1 & \cdots & 1 \\ 0 & 1 & \cdots & 1 \\ \vdots & \vdots & & \vdots \\ 0 & 0 & \cdots & 1 \end{vmatrix}=1\neq 0,$$

故方程组仅有零解：$k_1=k_2=\cdots=k_r=0$，从而向量组 $\boldsymbol{\alpha}_1,\boldsymbol{\alpha}_2,\cdots,\boldsymbol{\alpha}_r$ 线性无关.

(2) 事实上，由

$$\boldsymbol{\beta}_1-\boldsymbol{\beta}_2+\boldsymbol{\beta}_3-\boldsymbol{\beta}_4=\mathbf{0}$$

及定义 2.3.2 可知，向量组 $\boldsymbol{\beta}_1,\boldsymbol{\beta}_2,\boldsymbol{\beta}_3,\boldsymbol{\beta}_4$ 线性相关.

例 5　设 r 维向量组

$$\boldsymbol{\alpha}_i=(a_{i1},a_{i2},\cdots,a_{ir}),\quad i=1,2,\cdots,m$$

及 $r+1$ 维向量组

$$\boldsymbol{\alpha}_i^+=(a_{i1},a_{i2},\cdots,a_{ir},a_{i\,r+1}),\quad i=1,2,\cdots,m,$$

即 $\boldsymbol{\alpha}_i^+$ 是由 $\boldsymbol{\alpha}_i$ 加上一个分量而得. 若 r 维向量组 $\boldsymbol{\alpha}_1,\boldsymbol{\alpha}_2,\cdots,\boldsymbol{\alpha}_m$ 线性无关，试证：$r+1$ 维向量组 $\boldsymbol{\alpha}_1^+,\boldsymbol{\alpha}_2^+,\cdots,\boldsymbol{\alpha}_m^+$ 线性无关.

证　用反证法. 若向量组 $\boldsymbol{\alpha}_1^+,\boldsymbol{\alpha}_2^+,\cdots,\boldsymbol{\alpha}_m^+$ 线性相关，即存在 m 个不全为零的数 $k_1,k_2,\cdots,k_m$，使得

$$k_1\boldsymbol{\alpha}_1^++k_2\boldsymbol{\alpha}_2^++\cdots+k_m\boldsymbol{\alpha}_m^+=\mathbf{0}$$

成立. 将上式按分量写出后即得

$$\begin{cases} a_{11}k_1 + a_{21}k_2 + \cdots + a_{m1}k_m = 0, \\ \qquad\cdots\cdots\cdots\cdots \\ a_{1r}k_1 + a_{2r}k_2 + \cdots + a_{mr}k_m = 0, \\ a_{1\,r+1}k_1 + a_{2\,r+1}k_2 + \cdots + a_{m\,r+1}k_m = 0. \end{cases}$$

该方程组的前 r 个方程对应于等式

$$k_1\boldsymbol{\alpha}_1 + k_2\boldsymbol{\alpha}_2 + \cdots + k_m\boldsymbol{\alpha}_m = \mathbf{0}.$$

由于 $k_1, k_2, \cdots, k_m$ 不全为零,由上式必推出向量 $\boldsymbol{\alpha}_1, \boldsymbol{\alpha}_2, \cdots, \boldsymbol{\alpha}_m$ 线性相关. 此与已知矛盾. 所以向量组 $\boldsymbol{\alpha}_1^+, \boldsymbol{\alpha}_2^+, \cdots, \boldsymbol{\alpha}_m^+$ 线性无关.

由以上证明过程不难推知,由向量 $\boldsymbol{\alpha}_i$ 得向量 $\boldsymbol{\alpha}_i^+$ 时,添上的分量无论加在什么位置,例 5 的结论都成立. 此外,该结论可以推广到增加有限个分量的情形.

向量组 $\boldsymbol{\alpha}_1, \boldsymbol{\alpha}_2, \cdots, \boldsymbol{\alpha}_m$ 中有没有某个向量能由其余向量线性表示,是线性相关组与线性无关组的本质的区别. 对此我们有以下定理.

定理 2.3.1 向量组 $\boldsymbol{\alpha}_1, \boldsymbol{\alpha}_2, \cdots, \boldsymbol{\alpha}_m (m \geqslant 2)$ 线性相关的充分必要条件是向量组中至少有一个向量可由其余 $m-1$ 个向量线性表示.

证 充分性 设向量组中有一个向量,例如 $\boldsymbol{\alpha}_m$,能由其余 $m-1$ 个向量线性表示,即有一组数 $\lambda_1, \lambda_2, \cdots, \lambda_{m-1}$,使得

$$\boldsymbol{\alpha}_m = \lambda_1\boldsymbol{\alpha}_1 + \lambda_2\boldsymbol{\alpha}_2 + \cdots + \lambda_{m-1}\boldsymbol{\alpha}_{m-1}.$$

那么就有

$$\lambda_1\boldsymbol{\alpha}_1 + \lambda_2\boldsymbol{\alpha}_2 + \cdots + \lambda_{m-1}\boldsymbol{\alpha}_{m-1} + (-1)\boldsymbol{\alpha}_m = \mathbf{0}.$$

因为 $\lambda_1, \lambda_2, \cdots, \lambda_{m-1}, -1$ 这 m 个数不全为零,所以向量组 $\boldsymbol{\alpha}_1, \boldsymbol{\alpha}_2, \cdots, \boldsymbol{\alpha}_m$ 线性相关.

必要性 设向量组 $\boldsymbol{\alpha}_1, \boldsymbol{\alpha}_2, \cdots, \boldsymbol{\alpha}_m$ 线性相关,即存在 m 个不全为零的数 $k_1, k_2, \cdots, k_m$,使得

$$k_1\boldsymbol{\alpha}_1 + k_2\boldsymbol{\alpha}_2 + \cdots + k_m\boldsymbol{\alpha}_m = \mathbf{0}.$$

因为 $k_1, k_2, \cdots, k_m$ 中至少有一个不为零,不妨设 $k_m \neq 0$,于是

$$\boldsymbol{\alpha}_m = \left(-\frac{k_1}{k_m}\right)\boldsymbol{\alpha}_1 + \left(-\frac{k_2}{k_m}\right)\boldsymbol{\alpha}_2 + \cdots + \left(-\frac{k_{m-1}}{k_m}\right)\boldsymbol{\alpha}_{m-1},$$

即 $\boldsymbol{\alpha}_m$ 能由其余 $m-1$ 个向量线性表示.

定理 2.3.2 设 $\boldsymbol{\alpha}_1, \boldsymbol{\alpha}_2, \cdots, \boldsymbol{\alpha}_m$ 线性无关,而 $\boldsymbol{\alpha}_1, \boldsymbol{\alpha}_2, \cdots, \boldsymbol{\alpha}_m, \boldsymbol{\beta}$ 线性相关,则 $\boldsymbol{\beta}$ 能由 $\boldsymbol{\alpha}_1, \boldsymbol{\alpha}_2, \cdots, \boldsymbol{\alpha}_m$ 线性表示,且表示式是唯一的.

证 因为 $\boldsymbol{\alpha}_1, \boldsymbol{\alpha}_2, \cdots, \boldsymbol{\alpha}_m, \boldsymbol{\beta}$ 线性相关,所以存在不全为零的 $m+1$ 个数 $k_1, k_2, \cdots, k_m, k$,使得

$$k_1\boldsymbol{\alpha}_1 + k_2\boldsymbol{\alpha}_2 + \cdots + k_m\boldsymbol{\alpha}_m + k\boldsymbol{\beta} = \mathbf{0}.$$

如果 $k=0$,则 $k_1, k_2, \cdots, k_m$ 不全为零,且有

$$k_1\boldsymbol{\alpha}_1 + k_2\boldsymbol{\alpha}_2 + \cdots + k_m\boldsymbol{\alpha}_m = \mathbf{0},$$

于是 $\boldsymbol{\alpha}_1, \boldsymbol{\alpha}_2, \cdots, \boldsymbol{\alpha}_m$ 线性相关,这与已知 $\boldsymbol{\alpha}_1, \boldsymbol{\alpha}_2, \cdots, \boldsymbol{\alpha}_m$ 线性无关矛盾. 因此 $k \neq 0$,

从而

$$\boldsymbol{\beta}=-\frac{k_1}{k}\boldsymbol{\alpha}_1-\frac{k_2}{k}\boldsymbol{\alpha}_2-\cdots-\frac{k_m}{k}\boldsymbol{\alpha}_m.$$

再证表示式是唯一的. 设有两个表示式

$$\boldsymbol{\beta}=\lambda_1\boldsymbol{\alpha}_1+\cdots+\lambda_m\boldsymbol{\alpha}_m$$

及

$$\boldsymbol{\beta}=\mu_1\boldsymbol{\alpha}_1+\cdots+\mu_m\boldsymbol{\alpha}_m.$$

两式相减得

$$(\lambda_1-\mu_1)\boldsymbol{\alpha}_1+\cdots+(\lambda_m-\mu_m)\boldsymbol{\alpha}_m=\mathbf{0}.$$

因为 $\boldsymbol{\alpha}_1, \boldsymbol{\alpha}_2, \cdots, \boldsymbol{\alpha}_m$ 线性无关,所以 $\lambda_i-\mu_i=0$, 即有 $\lambda_i=\mu_i \ (i=1, 2,\cdots,m)$.

例 6　设 n 维向量组

$$\boldsymbol{\alpha}_i=(a_{i1}, a_{i2},\cdots, a_{in}),\quad i=1,2,\cdots,m.$$

证明:(1) $m=n$ 时,向量组 $\boldsymbol{\alpha}_1, \boldsymbol{\alpha}_2,\cdots, \boldsymbol{\alpha}_n$ 线性无关的充分必要条件是行列式

$$\begin{vmatrix} a_{11} & a_{12} & \cdots & a_{1n} \\ a_{21} & a_{22} & \cdots & a_{2n} \\ \vdots & \vdots & & \vdots \\ a_{n1} & a_{n2} & \cdots & a_{nn} \end{vmatrix}\neq 0;$$

(2) $m>n$ 时, $\boldsymbol{\alpha}_1, \boldsymbol{\alpha}_2,\cdots, \boldsymbol{\alpha}_m$ 必线性相关.

证　(1) 必要性　若向量组 $\boldsymbol{\alpha}_1, \boldsymbol{\alpha}_2,\cdots, \boldsymbol{\alpha}_n$ 线性无关,则等式

$$k_1\boldsymbol{\alpha}_1+k_2\boldsymbol{\alpha}_2+\cdots+k_n\boldsymbol{\alpha}_n=\mathbf{0}$$

仅当 $k_1=k_2=\cdots=k_n=0$ 时成立,或齐次线性方程组

$$\begin{cases} a_{11}k_1+a_{21}k_2+\cdots+a_{n1}k_n=0, \\ a_{12}k_1+a_{22}k_2+\cdots+a_{n2}k_n=0, \\ \cdots\cdots\cdots\cdots \\ a_{1n}k_1+a_{2n}k_2+\cdots+a_{nn}k_n=0 \end{cases}$$

只有零解. 由定理 1.4.2 知,方程组的系数行列式

$$D=\begin{vmatrix} a_{11} & a_{21} & \cdots & a_{n1} \\ a_{12} & a_{22} & \cdots & a_{n2} \\ \vdots & \vdots & & \vdots \\ a_{1n} & a_{2n} & \cdots & a_{nn} \end{vmatrix}\neq 0.$$

故

$$\begin{vmatrix} a_{11} & a_{12} & \cdots & a_{1n} \\ a_{21} & a_{22} & \cdots & a_{2n} \\ \vdots & \vdots & & \vdots \\ a_{n1} & a_{n2} & \cdots & a_{nn} \end{vmatrix}=D'\neq 0.$$

充分性 由克拉默法则可知,以上过程反之亦然.

(2) $m>n$ 时,若向量组的前 n 个向量 $\boldsymbol{\alpha}_1, \boldsymbol{\alpha}_2, \cdots, \boldsymbol{\alpha}_n$ 线性相关,则原向量组线性相关. 若 $\boldsymbol{\alpha}_1, \boldsymbol{\alpha}_2, \cdots, \boldsymbol{\alpha}_n$ 线性无关,由(1)知,行列式

$$D=\begin{vmatrix} a_{11} & a_{21} & \cdots & a_{n1} \\ a_{12} & a_{22} & \cdots & a_{n2} \\ \vdots & \vdots & & \vdots \\ a_{1n} & a_{2n} & \cdots & a_{nn} \end{vmatrix} \neq 0.$$

而 D 是与 $x_1\boldsymbol{\alpha}_1+x_2\boldsymbol{\alpha}_2+\cdots+x_n\boldsymbol{\alpha}_n=\boldsymbol{\alpha}_{n+1}$ 对应的线性方程组的系数行列式,由克拉默法则知该方程组有唯一的解,从而 $\boldsymbol{\alpha}_{n+1}$ 可由 $\boldsymbol{\alpha}_1, \boldsymbol{\alpha}_2, \cdots, \boldsymbol{\alpha}_n$ 线性表示. 再由定理 2.3.1 知, $\boldsymbol{\alpha}_1, \boldsymbol{\alpha}_2, \cdots, \boldsymbol{\alpha}_n, \boldsymbol{\alpha}_{n+1}$ 线性相关,故原向量组线性相关.

这个结果表明,当向量组中向量的个数大于向量的维数时,向量组必线性相关. 特别地, $n+1$ 个 n 维向量线性相关.

例 7 判断下列向量组的线性相关性:

(1) $\boldsymbol{\alpha}_1=(1,-2,4), \boldsymbol{\alpha}_2=(0,1,2), \boldsymbol{\alpha}_3=(-2,3,c)$;

(2) $\boldsymbol{\alpha}_i=(1,a_i,a_i^2,\cdots,a_i^{n-1}), i=1,2,\cdots,m$,

其中 $a_1,a_2,\cdots,a_m$ 是互不相同的数,且 $m\leqslant n$.

解 (1) 由于行列式

$$\begin{vmatrix} 1 & -2 & 4 \\ 0 & 1 & 2 \\ -2 & 3 & c \end{vmatrix}=10+c,$$

由例 7(1) 可知,当 $10+c=0$,即 $c=-10$ 时, $\boldsymbol{\alpha}_1, \boldsymbol{\alpha}_2, \boldsymbol{\alpha}_3$ 线性相关;当 $c\neq-10$ 时, $\boldsymbol{\alpha}_1, \boldsymbol{\alpha}_2, \boldsymbol{\alpha}_3$ 线性无关.

(2) 去掉每个向量的后 $n-m$ 个分量得到 m 维向量组:

$$(1,a_i,a_i^2,\cdots,a_i^{m-1}), i=1,2,\cdots,m.$$

由于 $a_1,a_2,\cdots,a_m$ 互不相同,范德蒙德行列式

$$\begin{vmatrix} 1 & a_1 & a_1^2 & \cdots & a_1^{m-1} \\ 1 & a_2 & a_2^2 & \cdots & a_2^{m-1} \\ \vdots & \vdots & \vdots & & \vdots \\ 1 & a_m & a_m^2 & \cdots & a_m^{m-1} \end{vmatrix}=\prod_{1\leqslant i<j\leqslant m}(a_j-a_i)\neq 0.$$

因此,向量组 $(1,a_i,a_i^2,\cdots,a_i^{m-1})(i=1,2,\cdots,m)$ 线性无关. 再由例 5 可知,原向量组

$$\alpha_i=(1,a_i,a_i^2,\cdots,a_i^{n-1}), \quad i=1,2,\cdots,m$$

线性无关.

2.3.2 向量组的等价与最大无关组

定义 2.3.3 设有两个 n 维向量组

$$\boldsymbol{\alpha}_1, \boldsymbol{\alpha}_2, \cdots, \boldsymbol{\alpha}_r \tag{2.10}$$

及

$$\boldsymbol{\beta}_1, \boldsymbol{\beta}_2, \cdots, \boldsymbol{\beta}_s, \tag{2.11}$$

如果向量组(2.10)中的每个向量都能由向量组(2.11)中的向量线性表示,则称**向量组(2.10)能由向量组(2.11)线性表示**. 如果向量组(2.10)能由向量组(2.11)线性表示,且向量组(2.11)也能由向量组(2.10)线性表示,则称**向量组(2.10)与向量组(2.11)等价**.

向量组的等价具有以下性质:

(1) 反身性: 向量组与其自身等价;

(2) 对称性: 向量组(2.10)与向量组(2.11)等价,向量组(2.11)亦与向量组(2.10)等价;

(3) 传递性: 向量组(2.10)与向量组(2.11)等价,而(2.11)与第三组向量等价,则向量组(2.10)亦与第三组向量等价.

在数学中,凡具有上述三条性质的关系都称为**等价关系**. 如前面已遇到过的方程组的等价,矩阵的等价,等等.

向量组的等价是向量组线性相关性的又一重要概念,以下是其中关键性的定理.

定理 2.3.3　设向量组 $\boldsymbol{\alpha}_1, \boldsymbol{\alpha}_2, \cdots, \boldsymbol{\alpha}_r$ 能由向量组 $\boldsymbol{\beta}_1, \boldsymbol{\beta}_2, \cdots, \boldsymbol{\beta}_s$ 线性表示,且 $\boldsymbol{\alpha}_1, \boldsymbol{\alpha}_2, \cdots, \boldsymbol{\alpha}_r$ 线性无关,则向量组 $\boldsymbol{\alpha}_1, \boldsymbol{\alpha}_2, \cdots, \boldsymbol{\alpha}_r$ 中向量的个数不大于向量组 $\boldsymbol{\beta}_1, \boldsymbol{\beta}_2, \cdots, \boldsymbol{\beta}_s$ 中向量的个数,即 $r \leqslant s$.

证　因为向量组 $\boldsymbol{\alpha}_1, \boldsymbol{\alpha}_2, \cdots, \boldsymbol{\alpha}_r$ 能由向量组 $\boldsymbol{\beta}_1, \boldsymbol{\beta}_2, \cdots, \boldsymbol{\beta}_s$ 线性表示,故有

$$\begin{cases} \boldsymbol{\alpha}_1 = a_{11}\boldsymbol{\beta}_1 + a_{12}\boldsymbol{\beta}_2 + \cdots + a_{1s}\boldsymbol{\beta}_s, \\ \boldsymbol{\alpha}_2 = a_{21}\boldsymbol{\beta}_1 + a_{22}\boldsymbol{\beta}_2 + \cdots + a_{2s}\boldsymbol{\beta}_s, \\ \cdots\cdots\cdots\cdots \\ \boldsymbol{\alpha}_r = a_{r1}\boldsymbol{\beta}_1 + a_{r2}\boldsymbol{\beta}_2 + \cdots + a_{rs}\boldsymbol{\beta}_s. \end{cases}$$

设向量组

$$\boldsymbol{\gamma}_i = (a_{i1}, a_{i2}, \cdots, a_{is}), \quad i = 1, 2, \cdots, r.$$

要证 $r \leqslant s$. 用反证法. 假设 $r > s$,由例 6(2)知,s 维向量组 $\boldsymbol{\gamma}_1, \boldsymbol{\gamma}_2, \cdots, \boldsymbol{\gamma}_r$ 线性相关,于是存在不全为零的 r 个数 $k_1, k_2, \cdots, k_r$,使得

$$k_1\boldsymbol{\gamma}_1 + k_2\boldsymbol{\gamma}_2 + \cdots + k_r\boldsymbol{\gamma}_r = \mathbf{0}$$

成立,即有

$$\begin{cases} a_{11}k_1 + a_{21}k_2 + \cdots + a_{r1}k_r = 0, \\ a_{12}k_1 + a_{22}k_2 + \cdots + a_{r2}k_r = 0, \\ \cdots\cdots\cdots\cdots \\ a_{1s}k_1 + a_{2s}k_2 + \cdots + a_{rs}k_r = 0. \end{cases}$$

于是

$$\begin{aligned}
&k_1\boldsymbol{\alpha}_1+k_2\boldsymbol{\alpha}_2+\cdots+k_r\boldsymbol{\alpha}_r\\
=&k_1(a_{11}\boldsymbol{\beta}_1+a_{12}\boldsymbol{\beta}_2+\cdots+a_{1s}\boldsymbol{\beta}_s)+k_2(a_{21}\boldsymbol{\beta}_1+a_{22}\boldsymbol{\beta}_2\\
&+\cdots+a_{2s}\boldsymbol{\beta}_s)+\cdots+k_r(a_{r1}\boldsymbol{\beta}_1+a_{r2}\boldsymbol{\beta}_2+\cdots+a_{rs}\boldsymbol{\beta}_s)\\
=&(a_{11}k_1+a_{21}k_2+\cdots+a_{r1}k_r)\boldsymbol{\beta}_1+(a_{12}k_1+a_{22}k_2\\
&+\cdots+a_{r2}k_r)\boldsymbol{\beta}_2+\cdots+(a_{1s}k_1+a_{2s}k_2+\cdots+a_{rs}k_r)\boldsymbol{\beta}_s\\
=&\mathbf{0}.
\end{aligned}$$

由于 $k_1, k_2,\cdots, k_r$ 不全为零，所以 $\boldsymbol{\alpha}_1, \boldsymbol{\alpha}_2,\cdots, \boldsymbol{\alpha}_r$ 线性相关. 这与已知的 $\boldsymbol{\alpha}_1, \boldsymbol{\alpha}_2,\cdots, \boldsymbol{\alpha}_r$ 线性无关矛盾. 因此 $r\leqslant s$.

推论 1 两个等价的线性无关向量组含有相同个数的向量.

证 设 $\boldsymbol{\alpha}_1, \boldsymbol{\alpha}_2,\cdots, \boldsymbol{\alpha}_r$ 与 $\boldsymbol{\beta}_1, \boldsymbol{\beta}_2,\cdots, \boldsymbol{\beta}_s$ 是两个等价的线性无关向量组. 于是，由定理 2.3.3 知，$r\leqslant s$ 且 $s\leqslant r$. 所以 $r=s$.

设 T 是一个 n 维向量组，我们希望从中选出一个与之等价的，并且含有尽可能多个向量的线性无关的部分组来. 具有这样性质的部分组对于许多问题的讨论是十分必要的. 为此，我们引入以下定义.

定义 2.3.4 设有向量组 T，如果：

(1) 在 T 中有 r 个向量 $\boldsymbol{\alpha}_1, \boldsymbol{\alpha}_2,\cdots, \boldsymbol{\alpha}_r$ 线性无关；

(2) T 中任意 $r+1$ 个向量(如果有的话)都线性相关，

那么称部分组 $\boldsymbol{\alpha}_1, \boldsymbol{\alpha}_2,\cdots, \boldsymbol{\alpha}_r$ 是向量组 T 的一个**最大线性无关向量组**，简称**最大无关组**

根据定义 2.3.1，定义 2.3.4 的条件(2) 亦可叙述为：T 中任一向量可由 $\boldsymbol{\alpha}_1, \boldsymbol{\alpha}_2,\cdots,\boldsymbol{\alpha}_r$ 线性表示.

由于 n 维单位坐标向量组 $\boldsymbol{\varepsilon}_1,\boldsymbol{\varepsilon}_2,\cdots\boldsymbol{\varepsilon}_n$ 线性无关，而任一 n 维向量可由该向量组线性表示，因此，$\boldsymbol{\varepsilon}_1,\boldsymbol{\varepsilon}_2,\cdots,\boldsymbol{\varepsilon}_n$ 是向量空间 $\mathbf{R}^n$ 的一个最大无关组.

例 8 求向量组 $\boldsymbol{\alpha}_1=(1,0,0),\boldsymbol{\alpha}_2=(0,1,0),\boldsymbol{\alpha}_3=(1,1,0)$ 的一个最大无关组.

解 由于 $\boldsymbol{\alpha}_1,\boldsymbol{\alpha}_2$ 线性无关，而 $\boldsymbol{\alpha}_1,\boldsymbol{\alpha}_2,\boldsymbol{\alpha}_3$ 线性相关，事实上

$$\begin{vmatrix}1&0&0\\0&1&0\\1&1&0\end{vmatrix}=0.$$

故由定理 2.3.2 知，向量 $\boldsymbol{\alpha}_3$ 可由 $\boldsymbol{\alpha}_1,\boldsymbol{\alpha}_2$ 线性表示，所以 $\boldsymbol{\alpha}_1,\boldsymbol{\alpha}_2$ 是向量组 $\boldsymbol{\alpha}_1,\boldsymbol{\alpha}_2,\boldsymbol{\alpha}_3$ 的一个最大无关组.

容易看出，$\boldsymbol{\alpha}_1,\boldsymbol{\alpha}_3$；$\boldsymbol{\alpha}_2,\boldsymbol{\alpha}_3$ 也是向量组 $\boldsymbol{\alpha}_1,\boldsymbol{\alpha}_2,\boldsymbol{\alpha}_3$ 的最大无关组.

显然，任意一个向量组必与其最大无关组等价.

由等价具有传递性以及推论 1,即得:

推论 2 等价的向量组的最大无关组含有相同个数的向量. 特别地,一个向量组的任意两个最大无关组含有相同个数的向量.

该结论表明,虽然一个向量组的最大无关组可以不唯一,但最大无关组所含向量的个数是唯一确定的.

定义 2.3.5 向量组 T 的最大无关组所含向量的个数 r 称为**向量组的秩**,记作 $\mathrm{R}(T)$,即 $\mathrm{R}(T)=r$.

规定,只含零向量的向量组的秩为零.

由定义 2.3.5 知,向量空间 $\mathbf{R}^n$ 的秩为 n,而例 8 中的向量组 $\boldsymbol{\alpha}_1,\boldsymbol{\alpha}_2,\boldsymbol{\alpha}_3$ 的秩为 2.

推论 3 等价向量组的秩相等.

证明由推论 2 及定义 2.3.5 即得.

由于线性无关向量组本身就是一个最大无关组,于是有以下推论.

推论 4 向量组 $\boldsymbol{\alpha}_1,\boldsymbol{\alpha}_2,\cdots,\boldsymbol{\alpha}_m$ 线性无关的充分必要条件是 $\mathrm{R}(\boldsymbol{\alpha}_1,\boldsymbol{\alpha}_2,\cdots,\boldsymbol{\alpha}_m)=m$.

例 9 设有向量组:

$$(\mathrm{I})\ \boldsymbol{\alpha}_1,\boldsymbol{\alpha}_2,\boldsymbol{\alpha}_3 \quad (\mathrm{II})\ \boldsymbol{\alpha}_1,\boldsymbol{\alpha}_2,\boldsymbol{\alpha}_3,\boldsymbol{\alpha}_4 \quad (\mathrm{III})\ \boldsymbol{\alpha}_1,\boldsymbol{\alpha}_2,\boldsymbol{\alpha}_3,\boldsymbol{\alpha}_5,$$

若 $\mathrm{R}(\mathrm{I})=\mathrm{R}(\mathrm{II})=3$,$\mathrm{R}(\mathrm{III})=4$, 求 $\mathrm{R}(\boldsymbol{\alpha}_1,\boldsymbol{\alpha}_2,\boldsymbol{\alpha}_3,\boldsymbol{\alpha}_4+\boldsymbol{\alpha}_5)$.

解 由 $\mathrm{R}(\mathrm{I})=\mathrm{R}(\mathrm{II})=3$ 可知, 向量组(Ⅱ)线性相关,其中向量 $\boldsymbol{\alpha}_4$ 必定可由线性无关向量组(Ⅰ)线性表示,设 $\boldsymbol{\alpha}_4=k_1\boldsymbol{\alpha}_1+k_2\boldsymbol{\alpha}_2+k_3\boldsymbol{\alpha}_3$.

假设 $\mathrm{R}(\boldsymbol{\alpha}_1,\boldsymbol{\alpha}_2,\boldsymbol{\alpha}_3,\boldsymbol{\alpha}_4+\boldsymbol{\alpha}_5)=3$, 则向量组 $\boldsymbol{\alpha}_1,\boldsymbol{\alpha}_2,\boldsymbol{\alpha}_3,\boldsymbol{\alpha}_4+\boldsymbol{\alpha}_5$ 中向量 $\boldsymbol{\alpha}_4+\boldsymbol{\alpha}_5$ 必定可由向量组(Ⅰ)线性表示,设 $\boldsymbol{\alpha}_4+\boldsymbol{\alpha}_5=l_1\boldsymbol{\alpha}_1+l_2\boldsymbol{\alpha}_2+l_3\boldsymbol{\alpha}_3$, 于是

$$\boldsymbol{\alpha}_5=(l_1-k_1)\boldsymbol{\alpha}_1+(l_2-k_2)\boldsymbol{\alpha}_2+(l_3-k_3)\boldsymbol{\alpha}_3.$$

上式表明,向量组(Ⅲ)中向量 $\boldsymbol{\alpha}_5$ 可由向量组(Ⅰ)线性表示,故 $\mathrm{R}(\mathrm{III})=3$. 此与已知 $\mathrm{R}(\mathrm{III})=4$ 矛盾,于是 $\mathrm{R}(\boldsymbol{\alpha}_1,\boldsymbol{\alpha}_2,\boldsymbol{\alpha}_3,\boldsymbol{\alpha}_4+\boldsymbol{\alpha}_5)=4$.

向量组的秩从数量上刻化了向量组的线性相关性. 把向量空间 V 看做一个向量组,那么, V 的一个最大无关组 $\boldsymbol{\alpha}_1,\boldsymbol{\alpha}_2,\cdots,\boldsymbol{\alpha}_r$ 称为向量空间的一个**基**, r 称为向量空间 V 的**维数**,并称 V 为 r 维向量空间. 由于

$$V=\{\boldsymbol{\alpha}\mid\boldsymbol{\alpha}=\lambda_1\boldsymbol{\alpha}_1+\lambda_2\boldsymbol{\alpha}_2+\cdots+\lambda_r\boldsymbol{\alpha}_r\quad \lambda_1,\lambda_2,\cdots,\lambda_r\in\mathbf{R}\},$$

此时,称 V 为**由向量 $\boldsymbol{\alpha}_1,\boldsymbol{\alpha}_2,\cdots,\boldsymbol{\alpha}_r$ 所生成的向量空间**. 有序数组 $\lambda_1,\lambda_2,\cdots,\lambda_r$ 叫做向量 $\boldsymbol{\alpha}$ 在基 $\boldsymbol{\alpha}_1,\boldsymbol{\alpha}_2,\cdots,\boldsymbol{\alpha}_r$ 下的**坐标**.

由于向量空间 $\mathbf{R}^n$ 的秩为 n,故称 $\mathbf{R}^n$ 为 n 维向量空间. 若取 n 维单位坐标向量组 $\boldsymbol{\varepsilon}_1,\boldsymbol{\varepsilon}_2,\cdots,\boldsymbol{\varepsilon}_n$ 为 $\mathbf{R}^n$ 的一个基,则对任一 n 维向量 $\boldsymbol{x}=(x_1,x_2,\cdots,x_n)$,有

$$\mathbf{R}^n=\{\boldsymbol{x}\mid\boldsymbol{x}=x_1\boldsymbol{\varepsilon}_1+x_2\boldsymbol{\varepsilon}_2+\cdots+x_n\boldsymbol{\varepsilon}_n\quad x_1,x_2,\cdots,x_n\in\mathbf{R}\}.$$

此时,有序数 $x_1,x_2,\cdots,x_n$ 既是向量 $\boldsymbol{x}$ 的分量,又是向量 $\boldsymbol{x}$ 在基 $\boldsymbol{\varepsilon}_1,\boldsymbol{\varepsilon}_2,\cdots,\boldsymbol{\varepsilon}_n$ 下的坐标.

一般情况下,一个向量在不同的基下的坐标是不同的. 例如,由于向量组 $\boldsymbol{\alpha}_1=(1,1,1)$, $\boldsymbol{\alpha}_2=(0,1,1)$, $\boldsymbol{\alpha}_3=(0,0,1)$ 线性无关,所以 $\boldsymbol{\alpha}_1$, $\boldsymbol{\alpha}_2$, $\boldsymbol{\alpha}_3$ 是 $\mathbf{R}^3$ 的一个基. 若取 $\boldsymbol{x}=(1,-1,0)$,由 $\boldsymbol{x}=\boldsymbol{\alpha}_1-2\boldsymbol{\alpha}_2+\boldsymbol{\alpha}_3$ 知, $\boldsymbol{x}$ 在基 $\boldsymbol{\alpha}_1$, $\boldsymbol{\alpha}_2$, $\boldsymbol{\alpha}_3$ 下的坐标是 $(1,-2,1)$. 这与 $\boldsymbol{x}$ 在基 $\boldsymbol{\varepsilon}_1$, $\boldsymbol{\varepsilon}_2$, $\boldsymbol{\varepsilon}_3$ 下的坐标是 $(1,-1,0)$ 不同.

2.4 矩阵的秩

设矩阵

$$A=\begin{bmatrix} a_{11} & a_{12} & \cdots & a_{1n} \\ a_{21} & a_{22} & \cdots & a_{2n} \\ \vdots & \vdots & & \vdots \\ a_{m1} & a_{m2} & \cdots & a_{mn} \end{bmatrix}.$$

n 维向量组

$$\boldsymbol{\alpha}_1=(a_{11},a_{12},\cdots,a_{1n}),\boldsymbol{\alpha}_2=(a_{21},a_{22},\cdots,a_{2n}),\cdots,\boldsymbol{\alpha}_m=(a_{m1},a_{m2},\cdots,a_{mn})$$

称为矩阵 A 的行向量组.

m 维向量组

$$\boldsymbol{\beta}_1=\begin{bmatrix} a_{11} \\ a_{21} \\ \vdots \\ a_{m1} \end{bmatrix},\boldsymbol{\beta}_2=\begin{bmatrix} a_{12} \\ a_{22} \\ \vdots \\ a_{m2} \end{bmatrix},\cdots,\boldsymbol{\beta}_m=\begin{bmatrix} a_{1n} \\ a_{2n} \\ \vdots \\ a_{mn} \end{bmatrix}$$

称为矩阵 A 的列向量组.

定义 2.4.1 设 $m\times n$ 矩阵 A,称 A 的行向量组的秩为 A 的**行秩**,列向量组的秩为 A 的**列秩**.

例 1 求矩阵

$$A=\begin{bmatrix} 1 & 1 & 3 & 1 \\ 0 & 2 & -1 & 4 \\ 0 & 0 & 0 & 5 \end{bmatrix}$$

的行秩和列秩.

解 A 的行向量 $\boldsymbol{\alpha}_1=(1,1,3,1)$, $\boldsymbol{\alpha}_2=(0,2,-1,4)$, $\boldsymbol{\alpha}_3=(0,0,0,5)$. 去掉第三个分量后得向量 $\boldsymbol{\alpha}_1^-=(1,1,1)$, $\boldsymbol{\alpha}_2^-=(0,2,4)$, $\boldsymbol{\alpha}_3^-=(0,0,5)$. 由行列式

$$\begin{vmatrix} 1 & 1 & 1 \\ 0 & 2 & 4 \\ 0 & 0 & 5 \end{vmatrix}=10\neq 0$$

知,向量组 $\boldsymbol{\alpha}_1^-$, $\boldsymbol{\alpha}_2^-$, $\boldsymbol{\alpha}_3^-$ 线性无关. 由 2.3 节例 5 知,向量组 $\boldsymbol{\alpha}_1$, $\boldsymbol{\alpha}_2$, $\boldsymbol{\alpha}_3$ 亦线性无关. 所以 A 的行秩等于 3.

A 的列向量组

$$\boldsymbol{\beta}_1=\begin{bmatrix}1\\0\\0\end{bmatrix},\boldsymbol{\beta}_2=\begin{bmatrix}1\\2\\0\end{bmatrix},\boldsymbol{\beta}_3=\begin{bmatrix}3\\-1\\0\end{bmatrix},\boldsymbol{\beta}_4=\begin{bmatrix}1\\4\\5\end{bmatrix}.$$

4 个三维向量必线性相关，而其中 $\boldsymbol{\beta}_1,\boldsymbol{\beta}_2,\boldsymbol{\beta}_4$ 线性无关，事实上

$$\begin{vmatrix}1&0&0\\1&2&0\\1&4&5\end{vmatrix}=10\neq 0.$$

所以 A 的列秩亦等于 3.

矩阵的行秩等于列秩并非是偶然的. 为了证明这一点，我们有以下两个定理.

定理 2.4.1　初等行(列) 变换不改变矩阵的行(列) 秩.

证　此处只就第三种初等行变换不改变矩阵的行秩证明之，其余两种留给读者自己来完成.

设 $m\times n$ 矩阵 A 的行向量组为 $\boldsymbol{\alpha}_1,\boldsymbol{\alpha}_2,\cdots,\boldsymbol{\alpha}_m$，且

$$A=\begin{bmatrix}\boldsymbol{\alpha}_1\\\vdots\\\boldsymbol{\alpha}_i\\\vdots\\\boldsymbol{\alpha}_j\\\vdots\\\boldsymbol{\alpha}_m\end{bmatrix}\overset{r_i+kr_j}{\sim}\begin{bmatrix}\boldsymbol{\alpha}_1\\\vdots\\\boldsymbol{\alpha}_i+k\boldsymbol{\alpha}_j\\\vdots\\\boldsymbol{\alpha}_j\\\vdots\\\boldsymbol{\alpha}_m\end{bmatrix}=B,$$

由

$$\begin{aligned}&\boldsymbol{\alpha}_1=\boldsymbol{\alpha}_1,\\&\cdots\cdots\cdots\cdots\\&\boldsymbol{\alpha}_i=(\boldsymbol{\alpha}_i+k\boldsymbol{\alpha}_j)-k\boldsymbol{\alpha}_j,\\&\cdots\cdots\cdots\cdots\\&\boldsymbol{\alpha}_m=\boldsymbol{\alpha}_m\end{aligned}$$

可知，矩阵 A 的行向量组可由 B 的行向量组线性表示.

显然，矩阵 B 的行向量组可由 A 的行向量组线性表示. 所以，矩阵 A、B 的行向量组等价. 从而矩阵 A、B 的行向量组的秩相同.

定理 2.4.1 亦可做为初等变换不改变线性方程组中独立方程的个数的理论依据.

定理 2.4.2　初等行(列) 变换不改变矩阵列(行) 向量间的线性关系.

例如，对矩阵 $A=\begin{bmatrix}1&1&3&0\\0&2&-1&5\\6&0&2&4\end{bmatrix}$ 进行初等行变换如下：

$$A\overset{r_3-6r_1}{\sim}\begin{bmatrix}1&1&3&0\\0&2&-1&5\\0&-6&-16&4\end{bmatrix}\overset{r_3+3r_2}{\sim}\begin{bmatrix}1&1&3&0\\0&2&-1&5\\0&0&-19&19\end{bmatrix}$$

$$\overset{r_3\times(-\frac{1}{19})}{\sim}\begin{bmatrix}1&1&3&0\\0&2&-1&5\\0&0&1&-1\end{bmatrix}\underset{r_2+r_3}{\overset{r_1-3r_3}{\sim}}\begin{bmatrix}1&1&0&3\\0&2&0&4\\0&0&1&-1\end{bmatrix}$$

$$\overset{r_2\times\frac{1}{2}}{\sim}\begin{bmatrix}1&1&0&3\\0&1&0&2\\0&0&1&-1\end{bmatrix}\overset{r_1-r_2}{\sim}\begin{bmatrix}1&0&0&1\\0&1&0&2\\0&0&1&-1\end{bmatrix}=B.$$

由于矩阵 B 的前 3 列对应三维单位坐标向量 $\boldsymbol{\varepsilon}_1=\begin{bmatrix}1\\0\\0\end{bmatrix}$，$\boldsymbol{\varepsilon}_2=\begin{bmatrix}0\\1\\0\end{bmatrix}$，$\boldsymbol{\varepsilon}_3=\begin{bmatrix}0\\0\\1\end{bmatrix}$，从而第 4 列的三维向量 $\begin{bmatrix}1\\2\\-1\end{bmatrix}$ 可由 $\boldsymbol{\varepsilon}_1,\boldsymbol{\varepsilon}_2,\boldsymbol{\varepsilon}_3$ 线性表示：$\begin{bmatrix}1\\2\\-1\end{bmatrix}=\boldsymbol{\varepsilon}_1+2\boldsymbol{\varepsilon}_2-\boldsymbol{\varepsilon}_3$.

在上述初等行变换的过程中，若将每个矩阵的列向量依次记作 $\boldsymbol{\beta}_1,\boldsymbol{\beta}_2,\boldsymbol{\beta}_3,\boldsymbol{\beta}$，可以验证，$\boldsymbol{\beta}_1,\boldsymbol{\beta}_2,\boldsymbol{\beta}_3,\boldsymbol{\beta}$ 有着与矩阵 B 的列向量同样的线性关系，即有：$\boldsymbol{\beta}=\boldsymbol{\beta}_1+2\boldsymbol{\beta}_2-\boldsymbol{\beta}_3$.

推论 初等行(列)变换不改变矩阵的列(行)秩.

对于定理 2.4.2 以及推论，在讲了矩阵的运算之后，可以很容易地证明，此处略.

定理 2.4.3 矩阵的行秩等于列秩.

证 由于 $m\times n$ 矩阵 A 总可以经过有限次初等变换化为标准形

$$I=\begin{bmatrix}1&0&\cdots&0&0&\cdots&0\\0&1&\cdots&0&0&\cdots&0\\\vdots&\vdots&&\vdots&\vdots&&\vdots\\0&0&\cdots&1&0&\cdots&0\\0&0&\cdots&0&0&\cdots&0\\\vdots&\vdots&&\vdots&\vdots&&\vdots\\0&0&\cdots&0&0&\cdots&0\end{bmatrix}_{m\times n}\text{第 }r\text{ 行},$$

第 r 列

而矩阵 I 的行秩等于 r，列秩也等于 r，根据定理 2.4.1 及定理 2.4.2 的推论知，对 A

进行初等行变换和初等列变换，它的行秩和列秩都不改变，所以A的行秩和列秩都应等于r，即A的行秩等于列秩.

定义 2.4.2　矩阵A的行秩和列秩，统称为**矩阵A的秩**，记为$R(A)$.

对于$m\times n$矩阵A，显然$R(A)$满足条件：$0\leqslant R(A)\leqslant \min\{m,n\}$. 若$A$为$n$阶方阵，且$R(A)=n$，则称$A$为**满秩矩阵**.

由以上定理及定义 2.4.2 即得：

推论　若矩阵$A\sim B$，则$R(A)=R(B)$.

推论给出了用初等变换求矩阵的秩的方法：将已知矩阵A化为阶梯形矩阵后，阶梯形矩阵的非零行数就是A的秩.

例 2　求下列矩阵的秩：

$$(1)\ A=\begin{bmatrix}1&-2&-1&0&2\\-2&4&2&6&-6\\2&-1&0&2&3\\3&3&3&3&4\end{bmatrix};\qquad (2)\ B=\begin{bmatrix}a&b&b&\cdots&b\\b&a&b&\cdots&b\\b&b&a&\cdots&b\\\vdots&\vdots&\vdots&&\vdots\\b&b&b&\cdots&a\end{bmatrix}.$$

解　(1) $$A\overset{\substack{r_3-2r_1\\r_2+2r_1}}{\underset{r_4-3r_1}{\sim}}\begin{bmatrix}1&-2&-1&0&2\\0&0&0&6&-2\\0&3&2&2&-1\\0&9&6&3&-2\end{bmatrix}\overset{r_4-3r_3}{\underset{r_2\leftrightarrow r_3}{\sim}}\begin{bmatrix}1&-2&-1&0&2\\0&3&2&2&-1\\0&0&0&6&-2\\0&0&0&-3&1\end{bmatrix}$$

$$\overset{r_4+\frac{1}{2}r_3}{\sim}\begin{bmatrix}1&-2&-1&0&2\\0&3&2&2&-1\\0&0&0&6&-2\\0&0&0&0&0\end{bmatrix}.$$

所以$R(A)=3$.

(2) $$B\overset{r_i-r_1}{\underset{i=2,3,\cdots,n}{\sim}}\begin{bmatrix}a&b&b&\cdots&b\\b-a&a-b&0&\cdots&0\\b-a&0&a-b&\cdots&0\\\vdots&\vdots&\vdots&&\vdots\\b-a&0&0&\cdots&a-b\end{bmatrix}$$

$$\overset{c_1+c_i}{\underset{i=2,3,\cdots,n}{\sim}}\begin{bmatrix}a+(n-1)b&b&b&\cdots&b\\0&a-b&0&\cdots&0\\0&0&a-b&\cdots&0\\\vdots&\vdots&\vdots&&\vdots\\0&0&0&\cdots&a-b\end{bmatrix}.$$

于是，当$a=b=0$时，$R(B)=0$；当$a=b\neq 0$时，$R(B)=1$；当$a\neq b$，但$a+(n-$

$1)b=0$ 时，$R(B)=n-1$；当 $a\neq b$，且 $a+(n-1)b\neq 0$ 时，$R(B)=n$.

矩阵的初等变换也可以方便地用来求向量组的秩(判断向量组的线性相关性)并求最大无关组. 常用方法之一是：将已知向量为列向量构成一个矩阵后，用初等行变换将其化为阶梯形矩阵. 此时，阶梯形矩阵的非零行数就是向量组的秩(根据“向量组线性无关的充分必要条件为所含向量个数等于向量组的秩”即可确定向量组的线性相关性)；而每一非零行的第一个非零元素所在的列对应的原向量组中的向量构成了向量组的一个最大无关组.

在例 2(1) 中，由 $R(A)=3$ 可知，矩阵 A 的列向量组

$$\begin{bmatrix}1\\-2\\2\\3\end{bmatrix},\begin{bmatrix}-2\\4\\-1\\3\end{bmatrix},\begin{bmatrix}-1\\2\\0\\3\end{bmatrix},\begin{bmatrix}0\\6\\2\\3\end{bmatrix},\begin{bmatrix}2\\-6\\3\\4\end{bmatrix}$$

线性相关，最大无关组含有 3 个向量，其阶梯形矩阵的 3 个非零行的首个不为零的数所在列对应的向量

$$\begin{bmatrix}1\\-2\\2\\3\end{bmatrix},\begin{bmatrix}-2\\4\\-1\\3\end{bmatrix},\begin{bmatrix}0\\6\\2\\3\end{bmatrix}$$

即可作为 A 的列向量组的一个最大无关组.

矩阵的初等变换不仅可用来判断向量组的线性相关性、求最大无关组，而且当向量组线性相关时，可将剩余向量用最大无关组来表出. 具体做法是：用已知向量作为矩阵的列向量，并用初等行变换将其化为行最简形. 由行最简形矩阵的列向量间的线性关系即可得原向量间的线性关系.

例 3 设 4 维向量组

$$\boldsymbol{\alpha}_1=\begin{bmatrix}1+a\\1\\1\\1\end{bmatrix},\boldsymbol{\alpha}_2=\begin{bmatrix}2\\2+a\\2\\2\end{bmatrix},\boldsymbol{\alpha}_3=\begin{bmatrix}3\\3\\3+a\\3\end{bmatrix},\boldsymbol{\alpha}_4=\begin{bmatrix}4\\4\\4\\4+a\end{bmatrix},$$

问 a 为何值时，$\boldsymbol{\alpha}_1,\boldsymbol{\alpha}_2,\boldsymbol{\alpha}_3,\boldsymbol{\alpha}_4$ 线性相关？当 $\boldsymbol{\alpha}_1,\boldsymbol{\alpha}_2,\boldsymbol{\alpha}_3,\boldsymbol{\alpha}_4$ 线性相关时，求其一个最大无关组，并将剩余向量用该最大无关组线性表出.

解 用向量 $\boldsymbol{\alpha}_1,\boldsymbol{\alpha}_2,\boldsymbol{\alpha}_3,\boldsymbol{\alpha}_4$ 构成矩阵 A，并作初等行变换如下：

$$A=\begin{bmatrix}1+a&2&3&4\\1&2+a&3&4\\1&2&3+a&4\\1&2&3&4+a\end{bmatrix}\overset{r_i-r_1}{\underset{i=2,3,4}{\sim}}\begin{bmatrix}1+a&2&3&4\\-a&a&0&0\\-a&0&a&0\\-a&0&0&a\end{bmatrix}.$$

当 $a=0$ 时，$R(\boldsymbol{\alpha}_1,\boldsymbol{\alpha}_2,\boldsymbol{\alpha}_3,\boldsymbol{\alpha}_4)=1$，向量组 $\boldsymbol{\alpha}_1,\boldsymbol{\alpha}_2,\boldsymbol{\alpha}_3,\boldsymbol{\alpha}_4$ 线性相关，最大无关组仅含一个向量. 若取 $\boldsymbol{\alpha}_1$ 作为一个最大无关组，则有

$$\boldsymbol{\alpha}_2=2\boldsymbol{\alpha}_1,\boldsymbol{\alpha}_3=3\boldsymbol{\alpha}_1,\boldsymbol{\alpha}_4=4\boldsymbol{\alpha}_1.$$

当 $a\neq 0$ 时，继续进行初等行变换：

$$A\sim\begin{bmatrix}1+a&2&3&4\\-a&a&0&0\\-a&0&a&0\\-a&0&0&a\end{bmatrix}\underset{i=2,3,4}{\overset{\frac{1}{a}\times r_i}{\sim}}\begin{bmatrix}1+a&2&3&4\\-1&1&0&0\\-1&0&1&0\\-1&0&0&1\end{bmatrix}\underset{i=2,3,4}{\overset{r_1-ir_i}{\sim}}\begin{bmatrix}10+a&0&0&0\\-1&1&0&0\\-1&0&1&0\\-1&0&0&1\end{bmatrix}.$$

若 $10+a\neq 0$，即 $a\neq -10$，则 $R(\boldsymbol{\alpha}_1,\boldsymbol{\alpha}_2,\boldsymbol{\alpha}_3,\boldsymbol{\alpha}_4)=4$，向量组 $\boldsymbol{\alpha}_1,\boldsymbol{\alpha}_2,\boldsymbol{\alpha}_3,\boldsymbol{\alpha}_4$ 线性无关.

若 $10+a=0$，即 $a=-10$，则 $R(\boldsymbol{\alpha}_1,\boldsymbol{\alpha}_2,\boldsymbol{\alpha}_3,\boldsymbol{\alpha}_4)=3$，向量组 $\boldsymbol{\alpha}_1,\boldsymbol{\alpha}_2,\boldsymbol{\alpha}_3,\boldsymbol{\alpha}_4$ 线性相关，最大无关组含有 3 个向量，取 $\boldsymbol{\alpha}_2,\boldsymbol{\alpha}_3,\boldsymbol{\alpha}_4$ 作为一个最大无关组时，有

$$\boldsymbol{\alpha}_1=-\boldsymbol{\alpha}_2-\boldsymbol{\alpha}_3-\boldsymbol{\alpha}_4.$$

例 4 试证：向量组 $\boldsymbol{\alpha}_1=(1,1,1),\boldsymbol{\alpha}_2=(1,2,4),\boldsymbol{\alpha}_3=(1,3,9)$ 为向量空间 $\mathbf{R}^3$ 的一个基，并求向量 $\boldsymbol{\beta}_1=(1,1,3),\boldsymbol{\beta}_2=(-1,0,5)$ 在该组基下的坐标.

证 将 $\boldsymbol{\alpha}_1,\boldsymbol{\alpha}_2,\boldsymbol{\alpha}_3,\boldsymbol{\beta}_1,\boldsymbol{\beta}_2$ 作为矩阵的列向量，并对矩阵作初等行变换如下：

$$\begin{bmatrix}1&1&1&1&-1\\1&2&3&1&0\\1&4&9&3&5\end{bmatrix}\underset{r_3-r_1}{\overset{r_2-r_1}{\sim}}\begin{bmatrix}1&1&1&1&-1\\0&1&2&0&1\\0&3&8&2&6\end{bmatrix}\overset{r_3-3r_2}{\sim}\begin{bmatrix}1&1&1&1&-1\\0&1&2&0&1\\0&0&2&2&3\end{bmatrix}.$$

由于上述阶梯形矩阵的 3 个非零行的首个不为零的数对应的向量 $\boldsymbol{\alpha}_1,\boldsymbol{\alpha}_2,\boldsymbol{\alpha}_3$ 线性无关，故 $\boldsymbol{\alpha}_1,\boldsymbol{\alpha}_2,\boldsymbol{\alpha}_3$ 可以作为 $\mathbf{R}^3$ 的一个基.

为分别将 $\boldsymbol{\beta}_1,\boldsymbol{\beta}_2$ 用 $\boldsymbol{\alpha}_1,\boldsymbol{\alpha}_2,\boldsymbol{\alpha}_3$ 线性表示，继续对上述阶梯形矩阵进行初等行变换，用 $\frac{1}{2}$ 乘以第三行元素，得：

$$\begin{bmatrix}1&1&1&1&-1\\0&1&2&0&1\\0&0&1&1&\frac{3}{2}\end{bmatrix}\underset{r_1-r_3}{\overset{r_2-2r_3}{\sim}}\begin{bmatrix}1&1&0&0&-\frac{5}{2}\\0&1&0&-2&-2\\0&0&1&1&\frac{3}{2}\end{bmatrix}\overset{r_1-r_2}{\sim}\begin{bmatrix}1&0&0&2&-\frac{1}{2}\\0&1&0&-2&-2\\0&0&1&1&\frac{3}{2}\end{bmatrix}.$$

由以上行最简形矩阵的列向量间的线性关系：

$$\begin{bmatrix}2\\-2\\1\end{bmatrix}=2\begin{bmatrix}1\\0\\0\end{bmatrix}-2\begin{bmatrix}0\\1\\0\end{bmatrix}+\begin{bmatrix}0\\0\\1\end{bmatrix},\quad\begin{bmatrix}-\frac{1}{2}\\-2\\\frac{3}{2}\end{bmatrix}=-\frac{1}{2}\begin{bmatrix}1\\0\\0\end{bmatrix}-2\begin{bmatrix}0\\1\\0\end{bmatrix}+\frac{3}{2}\begin{bmatrix}0\\0\\1\end{bmatrix}$$

可得：

$$\begin{cases}\boldsymbol{\beta}_1 = 2\boldsymbol{\alpha}_1 - 2\boldsymbol{\alpha}_2 + \boldsymbol{\alpha}_3, \\ \boldsymbol{\beta}_2 = -\dfrac{1}{2}\boldsymbol{\alpha}_1 - 2\boldsymbol{\alpha}_2 + \dfrac{3}{2}\boldsymbol{\alpha}_3,\end{cases}$$

即向量 $\boldsymbol{\beta}_1$, $\boldsymbol{\beta}_2$ 在基 $\boldsymbol{\alpha}_1$, $\boldsymbol{\alpha}_2$, $\boldsymbol{\alpha}_3$ 下的坐标分别为$(2,-2,1)$,$\left(-\dfrac{1}{2},-2,\dfrac{3}{2}\right)$.

在 $m\times n$ 矩阵中,任取 k 行与 k 列($k\leqslant\min\{m, n\}$),位于这些行、列交叉处的 k^2 个元素,不改变它们在 A 中所处的位置次序而得到的 k 阶行列式,称为矩阵 A 的 **k 阶子式**.

$m\times n$ 矩阵共有 $C_m^k C_n^k$ 个 k 阶子式. n 阶方阵 $A=(a_{ij})_{n\times n}$ 的最高阶子式只有一个,即 n 阶行列式 $\Delta(a_{ij})$.

与矩阵秩的定义 2.4.2 等价的定义为:矩阵 A 的不为零的最高阶子式的阶数,叫做矩阵 A 的秩.

例 5 求例 2(1) 中矩阵 A 的秩.

解 $A=\begin{bmatrix}1 & -2 & -1 & 0 & 2\\ -2 & 4 & 2 & 6 & -6\\ 2 & -1 & 0 & 2 & 3\\ 3 & 3 & 3 & 3 & 4\end{bmatrix}$的一个 3 阶子式

$$\begin{vmatrix}1 & -1 & 2\\ -2 & 2 & -6\\ 2 & 0 & 3\end{vmatrix}=4\neq 0,$$

故 $R(A)\geqslant 3$. 可以验证,A 所有的 4 阶子式(共 $C_4^4C_5^4=5$ 个):

$$\begin{vmatrix}1 & -2 & -1 & 0\\ -2 & 4 & 2 & 6\\ 2 & -1 & 0 & 2\\ 3 & 3 & 3 & 3\end{vmatrix}, \begin{vmatrix}1 & -2 & -1 & 2\\ -2 & 4 & 2 & -6\\ 2 & -1 & 0 & 3\\ 3 & 3 & 3 & 4\end{vmatrix}, \begin{vmatrix}1 & -2 & 0 & 2\\ -2 & 4 & 6 & -6\\ 2 & -1 & 2 & 3\\ 3 & 3 & 3 & 4\end{vmatrix},$$

$$\begin{vmatrix}1 & -1 & 0 & 2\\ -2 & 2 & 6 & -6\\ 2 & 0 & 2 & 3\\ 3 & 3 & 3 & 4\end{vmatrix}, \begin{vmatrix}-2 & -1 & 0 & 2\\ 4 & 2 & 6 & -6\\ -1 & 0 & 2 & 3\\ 3 & 3 & 3 & 4\end{vmatrix}$$

全为零,故 $R(A)<4$. 所以,$R(A)=3$.

对 n 元齐次线性方程组

$$\begin{cases}a_{11}x_1 + a_{12}x_2 + \cdots + a_{1n}x_n = 0,\\ a_{21}x_1 + a_{22}x_2 + \cdots + a_{2n}x_n = 0,\\ \cdots\cdots\cdots\cdots\\ a_{n1}x_1 + a_{n2}x_2 + \cdots + a_{nn}x_n = 0,\end{cases} \tag{2.12}$$

设向量组

$$\boldsymbol{\alpha}_j=\begin{bmatrix}a_{1j}\\a_{2j}\\\vdots\\a_{nj}\end{bmatrix},\quad j=1,2,\cdots,n,$$

则方程组(2.12)等价于向量方程

$$x_1\boldsymbol{\alpha}_1+x_2\boldsymbol{\alpha}_2+\cdots+x_n\boldsymbol{\alpha}_n=\mathbf{0}. \tag{2.13}$$

若方程组(2.12)的系数行列式等于零,则其系数矩阵

$$A=\begin{bmatrix}a_{11}&a_{12}&\cdots&a_{1n}\\a_{21}&a_{22}&\cdots&a_{2n}\\\vdots&\vdots&&\vdots\\a_{n1}&a_{n2}&\cdots&a_{nn}\end{bmatrix}$$

的秩小于 n,从而 A 的列向量组 $\boldsymbol{\alpha}_1,\boldsymbol{\alpha}_2,\cdots,\boldsymbol{\alpha}_n$ 线性相关. 即存在不全为零的 n 个数 $x_1,x_2,\cdots,x_n$ 使(2.13)式成立. 因此,齐次线性方程组(2.12)有非零解. 这表明,系数行列式等于零也是齐次线性方程组(2.12)有非零解的充分条件. 至此,定理1.4.2便得到证明.

以矩阵不为零的子式的最高阶数给出的矩阵秩的定义,在矩阵理论中具有重要作用. 但以此来求矩阵的秩时,一般说来比较繁琐. 本节介绍的用矩阵的初等变换求矩阵的秩的方法是一种简单实用的方法.

习 题 2

1. 试用初等行变换将下列矩阵化为阶梯形矩阵及行最简形.

(1) $\begin{bmatrix}1&-1&3&0\\-2&1&-2&1\\-1&-1&5&2\end{bmatrix}$; (2) $\begin{bmatrix}0&0&1&2&-1\\1&3&-2&2&-1\\2&6&-4&5&7\\-1&-3&4&0&5\end{bmatrix}$.

2. 设向量 $\boldsymbol{\alpha}=(1,2,0)$, $\boldsymbol{\beta}=(0,1,1)$, $\gamma=(3,4,0)$,求 $\boldsymbol{\alpha}-\boldsymbol{\beta}$ 及 $3\boldsymbol{\alpha}+2\boldsymbol{\beta}-\gamma$.

3. 填空题

(1) 已知 $\boldsymbol{\alpha}=(3,5,7,9)$, $\boldsymbol{\beta}=(-1,5,2,0)$, $\boldsymbol{x}$ 满足 $2\boldsymbol{\alpha}+3\boldsymbol{x}=\boldsymbol{\beta}$,则 $\boldsymbol{x}=$ ________.

(2) 当 $k=$ ________ 时,向量 $\boldsymbol{\beta}=(1,k,5)$ 能由 $\boldsymbol{\alpha}_1=(1,-3,2)$, $\boldsymbol{\alpha}_2=(2,-1,1)$ 线性表示.

(3) 若使向量组 $\left(c,-\frac{1}{2},-\frac{1}{2}\right),\left(-\frac{1}{2},c,-\frac{1}{2}\right),\left(-\frac{1}{2},-\frac{1}{2},c\right)$ 线性相关,则 $c=$ ________.

(4) 已知向量组 $\boldsymbol{\alpha}_1=(1,2,3,4)$，$\boldsymbol{\alpha}_2=(2,3,4,5)$，$\boldsymbol{\alpha}_3=(3,4,5,6)$，$\boldsymbol{\alpha}_4=(4,5,6,t)$，且 $R(\boldsymbol{\alpha}_1,\boldsymbol{\alpha}_2,\boldsymbol{\alpha}_3,\boldsymbol{\alpha}_4)=2$，则 $t=$ ________.

(5) 设有以下向量组

(Ⅰ) $\boldsymbol{\alpha}_1,\boldsymbol{\alpha}_2,\boldsymbol{\alpha}_3$　(Ⅱ) $\boldsymbol{\alpha}_1,\boldsymbol{\alpha}_2,\boldsymbol{\alpha}_3,\boldsymbol{\alpha}_4$　(Ⅲ) $\boldsymbol{\alpha}_1,\boldsymbol{\alpha}_2,\boldsymbol{\alpha}_3,\boldsymbol{\alpha}_5$　(Ⅳ) $\boldsymbol{\alpha}_1,\boldsymbol{\alpha}_2,\boldsymbol{\alpha}_3,\boldsymbol{\alpha}_5-\boldsymbol{\alpha}_4$

若 R(Ⅰ) = R(Ⅱ) = 3，R(Ⅲ) = 4，则 R(Ⅳ) = ________.

4. 试判断下列命题的正确性.

(1) 如果向量组 $\boldsymbol{\alpha}_1,\boldsymbol{\alpha}_2,\cdots,\boldsymbol{\alpha}_r$ 线性无关，向量 $\boldsymbol{\alpha}_{r+1}$ 不能由 $\boldsymbol{\alpha}_1,\boldsymbol{\alpha}_2,\cdots,\boldsymbol{\alpha}_r$ 线性表示，那么，向量组 $\boldsymbol{\alpha}_1,\boldsymbol{\alpha}_2,\cdots,\boldsymbol{\alpha}_r,\boldsymbol{\alpha}_{r+1}$ 线性无关.

(2) 设向量组 $\boldsymbol{\alpha}_1,\boldsymbol{\alpha}_2,\cdots,\boldsymbol{\alpha}_m$ 线性相关，向量组 $\boldsymbol{\beta}_1,\boldsymbol{\beta}_2,\cdots,\boldsymbol{\beta}_m$ 亦线性相关，那么，向量组 $\boldsymbol{\alpha}_1+\boldsymbol{\beta}_1,\boldsymbol{\alpha}_2+\boldsymbol{\beta}_2,\cdots,\boldsymbol{\alpha}_m+\boldsymbol{\beta}_m$ 也线性相关.

(3) 设向量组 $\boldsymbol{\alpha}_1,\boldsymbol{\alpha}_2,\cdots,\boldsymbol{\alpha}_m$ 中任意两个向量组成的部分组线性无关，那么，向量组 $\boldsymbol{\alpha}_1,\boldsymbol{\alpha}_2,\cdots,\boldsymbol{\alpha}_m$ 线性无关.

(4) 线性相关向量组的任意一个部分组必线性相关.

(5) 等价向量组含有相同个数的向量.

(6) 秩相等的两个向量组等价.

(7) 若 n 维单位坐标向量组 $\boldsymbol{\varepsilon}_1,\boldsymbol{\varepsilon}_2,\cdots,\boldsymbol{\varepsilon}_n$ 与 n 维向量组 $\boldsymbol{\alpha}_1,\boldsymbol{\alpha}_2,\cdots,\boldsymbol{\alpha}_n$ 等价，则向量组 $\boldsymbol{\alpha}_1,\boldsymbol{\alpha}_2,\cdots,\boldsymbol{\alpha}_n$ 线性无关.

(8) 设向量 $\boldsymbol{\alpha}$ 可由 $\boldsymbol{\alpha}_1,\boldsymbol{\alpha}_2,\cdots,\boldsymbol{\alpha}_r$ 线性表示，但不能由 $\boldsymbol{\alpha}_1,\boldsymbol{\alpha}_2,\cdots,\boldsymbol{\alpha}_{r-1}$ 线性表示，那么，向量组 $\boldsymbol{\alpha}_1,\boldsymbol{\alpha}_2,\cdots,\boldsymbol{\alpha}_{r-1},\boldsymbol{\alpha}_r$ 与向量组 $\boldsymbol{\alpha}_1,\boldsymbol{\alpha}_2,\cdots,\boldsymbol{\alpha}_{r-1},\boldsymbol{\alpha}$ 等价.

5. 单项选择题

(1) 下列向量组线性无关的是________.

A. $(1,2,3,4),(4,3,2,1),(0,0,0,0)$

B. $(a,b,c,),(b,c,d),(c,d,e),(d,e,f)$

C. $(a,1,b,0,0),(c,0,d,2,3),(e,4,f,5,6)$

D. $(a,1,2,3),(b,1,2,3),(c,4,2,3),(d,0,0,0)$

(2) 设向量组 $\boldsymbol{\alpha}_1,\boldsymbol{\alpha}_2,\boldsymbol{\alpha}_3$ 线性无关，则下列向量组线性相关的是________.

A. $\boldsymbol{\alpha}_1-\boldsymbol{\alpha}_2,\boldsymbol{\alpha}_2-\boldsymbol{\alpha}_3,\boldsymbol{\alpha}_3-\boldsymbol{\alpha}_1$　　B. $\boldsymbol{\alpha}_1+\boldsymbol{\alpha}_2,\boldsymbol{\alpha}_2+\boldsymbol{\alpha}_3,\boldsymbol{\alpha}_3+\boldsymbol{\alpha}_1$

C. $\boldsymbol{\alpha}_1-2\boldsymbol{\alpha}_2,\boldsymbol{\alpha}_2-2\boldsymbol{\alpha}_3,\boldsymbol{\alpha}_3-2\boldsymbol{\alpha}_1$　　D. $\boldsymbol{\alpha}_1+2\boldsymbol{\alpha}_2,\boldsymbol{\alpha}_2+2\boldsymbol{\alpha}_3,\boldsymbol{\alpha}_3+2\boldsymbol{\alpha}_1$

(3) 设 $\boldsymbol{\beta},\boldsymbol{\alpha}_1,\boldsymbol{\alpha}_2$ 线性相关，$\boldsymbol{\beta},\boldsymbol{\alpha}_2,\boldsymbol{\alpha}_3$ 线性无关，则________.

A. $\boldsymbol{\alpha}_1,\boldsymbol{\alpha}_2,\boldsymbol{\alpha}_3$ 线性相关　　B. $\boldsymbol{\alpha}_1,\boldsymbol{\alpha}_2,\boldsymbol{\alpha}_3$ 线性无关

C. $\boldsymbol{\beta}$ 可以用 $\boldsymbol{\alpha}_1,\boldsymbol{\alpha}_2$ 线性表示　　D. $\boldsymbol{\alpha}_1$ 可以用 $\boldsymbol{\beta},\boldsymbol{\alpha}_2,\boldsymbol{\alpha}_3$ 线性表示

(4) 设 $R(\boldsymbol{\alpha}_1,\boldsymbol{\alpha}_2,\cdots,\boldsymbol{\alpha}_s)=r$，则________.

A. 向量组中任意 $r-1$ 个向量均线性无关

B. 向量组中任意 $r+1$ 个向量均线性相关

C. 向量组中任意 r 个向量均线性无关

D. 向量组中向量个数必大于 r

(5) 设向量组(Ⅰ):$\boldsymbol{\alpha}_1,\boldsymbol{\alpha}_2,\cdots,\boldsymbol{\alpha}_r$ 可由向量组(Ⅱ):$\boldsymbol{\beta}_1,\boldsymbol{\beta}_2,\cdots,\boldsymbol{\beta}_s$ 线性表示,则下列命题正确的是__________.

A. 当 $r<s$ 时,向量组(Ⅱ)必线性相关

B. 当 $r>s$ 时,向量组(Ⅱ)必线性相关

C. 当 $r<s$ 时,向量组(Ⅰ)必线性相关

D. 当 $r>s$ 时,向量组(Ⅰ)必线性相关

6. 判定下列向量组的线性相关性.

(1) $(1,2,3,4),(2,1,0,5),(-1,1,2,3)$;

(2) $(-1,3,1),(2,1,0),(1,4,1)$;

(3) $\boldsymbol{\alpha}_1=\begin{bmatrix}1\\0\\2\\3\end{bmatrix},\boldsymbol{\alpha}_2=\begin{bmatrix}1\\1\\3\\5\end{bmatrix},\boldsymbol{\alpha}_3=\begin{bmatrix}1\\-1\\a+2\\1\end{bmatrix},\boldsymbol{\alpha}_4=\begin{bmatrix}1\\2\\4\\a+9\end{bmatrix}$.

7. 已知向量组 $\boldsymbol{\alpha}_1,\boldsymbol{\alpha}_2,\boldsymbol{\alpha}_3$ 线性无关,证明:向量组 $2\boldsymbol{\alpha}_1+3\boldsymbol{\alpha}_2,\boldsymbol{\alpha}_2-\boldsymbol{\alpha}_3,\boldsymbol{\alpha}_1+\boldsymbol{\alpha}_2+\boldsymbol{\alpha}_3$ 线性无关.

8. 求下列矩阵的秩.

(1) $\begin{bmatrix}3&1&0&2\\1&-1&2&-1\\1&3&-4&4\end{bmatrix}$;(2) $\begin{bmatrix}-7&1&2\\3&8&-9\\4&-1&0\end{bmatrix}$;(3) $\begin{bmatrix}3&2&-1&-3&-2\\2&-1&3&1&-3\\7&0&5&-1&-8\end{bmatrix}$.

9. 对于 λ 的不同取值,矩阵 $A=\begin{bmatrix}1&\lambda&-1&2\\2&-1&\lambda&5\\1&10&-6&1\end{bmatrix}$ 的秩为多少?

10. 已知向量组

$$\boldsymbol{\alpha}_1=\begin{bmatrix}1\\2\\-3\end{bmatrix},\boldsymbol{\alpha}_2=\begin{bmatrix}3\\0\\1\end{bmatrix},\boldsymbol{\alpha}_3=\begin{bmatrix}9\\6\\-7\end{bmatrix}$$

与向量组

$$\boldsymbol{\beta}_1=\begin{bmatrix}0\\1\\-1\end{bmatrix},\boldsymbol{\beta}_2=\begin{bmatrix}a\\2\\1\end{bmatrix},\boldsymbol{\beta}_3=\begin{bmatrix}b\\1\\0\end{bmatrix}$$

具有相同的秩,且 $\boldsymbol{\beta}_3$ 可由 $\boldsymbol{\alpha}_1,\boldsymbol{\alpha}_2,\boldsymbol{\alpha}_3$ 线性表示,求 a,b 的值.

11. 设有向量组 $\boldsymbol{\alpha}_1,\boldsymbol{\alpha}_2,\cdots,\boldsymbol{\alpha}_r$ 与 $\boldsymbol{\beta}_1,\boldsymbol{\beta}_2,\cdots,\boldsymbol{\beta}_s$,证明:

$$\mathrm{R}(\boldsymbol{\alpha}_1,\boldsymbol{\alpha}_2,\cdots,\boldsymbol{\alpha}_r,\boldsymbol{\beta}_1,\boldsymbol{\beta}_2,\cdots,\boldsymbol{\beta}_s)\leqslant\mathrm{R}(\boldsymbol{\alpha}_1,\boldsymbol{\alpha}_2,\cdots,\boldsymbol{\alpha}_r)+\mathrm{R}(\boldsymbol{\beta}_1,\boldsymbol{\beta}_2,\cdots,\boldsymbol{\beta}_s).$$

12. 已知向量组 $\boldsymbol{\alpha}_1=(1,1,1),\boldsymbol{\alpha}_2=(1,2,3),\boldsymbol{\alpha}_3=(1,3,t)$.

(1) t 为何值时,向量组线性无关?

(2) t 为何值时,向量组线性相关?求向量组的一个最大无关组.

13. 判断下列各向量组的线性相关性,若线性相关,求向量组的一个最大无关组,并将剩余向量用该最大无关组线性表示.

(1) $\boldsymbol{\alpha}_1=(1,2,3,4),\boldsymbol{\alpha}_2=(2,3,4,5),\boldsymbol{\alpha}_3=(3,4,5,6),\boldsymbol{\alpha}_4=(4,5,6,7)$;

(2) $\boldsymbol{\beta}_1=(1,1,0),\boldsymbol{\beta}_2=(0,2,0),\boldsymbol{\beta}_3=(0,0,3)$;

(3) $\boldsymbol{\gamma}_1=\begin{bmatrix}1\\2\\1\\3\end{bmatrix},\boldsymbol{\gamma}_2=\begin{bmatrix}4\\-1\\-5\\-6\end{bmatrix},\boldsymbol{\gamma}_3=\begin{bmatrix}1\\-3\\-4\\-7\end{bmatrix}$;

(4) $\boldsymbol{\alpha}=\begin{bmatrix}1\\1\\2\\2\\1\end{bmatrix},\boldsymbol{\beta}=\begin{bmatrix}0\\2\\1\\5\\-1\end{bmatrix},\boldsymbol{\gamma}=\begin{bmatrix}2\\0\\3\\-1\\3\end{bmatrix},\boldsymbol{\delta}=\begin{bmatrix}1\\1\\0\\4\\-1\end{bmatrix}$.

14. 设有向量组:

(Ⅰ) $\boldsymbol{\alpha}_1,\boldsymbol{\alpha}_2,\cdots,\boldsymbol{\alpha}_r$ (Ⅱ) $\boldsymbol{\beta}_1,\boldsymbol{\beta}_2,\cdots,\boldsymbol{\beta}_s$ (Ⅲ) $\boldsymbol{\alpha}_1,\boldsymbol{\alpha}_2,\cdots,\boldsymbol{\alpha}_r,\boldsymbol{\beta}_1,\boldsymbol{\beta}_2,\cdots,\boldsymbol{\beta}_s$.

证明:(1) 向量组(Ⅰ)能由(Ⅱ)线性表示的充分必要条件为 R(Ⅱ) = R(Ⅲ);

(2) 向量组(Ⅰ)与(Ⅱ)等价的充分必要条件为 R(Ⅰ) = R(Ⅱ) = R(Ⅲ).

15. 已知向量组

(Ⅰ) $(2,1,1,2),(0,-2,1,1),(4,4,1,3)$

(Ⅱ) $(0,1,2,3),(3,0,1,2),(2,3,0,1)$.

(1) 证明:向量组(Ⅰ)能由(Ⅱ)线性表示,但向量组(Ⅱ)不能由(Ⅰ)线性表示;

(2) 试将向量组(Ⅰ)用(Ⅱ)线性表示.

16. 设向量组 $\boldsymbol{\alpha}_1=\begin{bmatrix}1\\1\\0\\0\end{bmatrix},\boldsymbol{\alpha}_2=\begin{bmatrix}1\\0\\1\\1\end{bmatrix}$ 及 $\boldsymbol{\beta}_1=\begin{bmatrix}2\\-1\\3\\3\end{bmatrix},\boldsymbol{\beta}_2=\begin{bmatrix}0\\1\\-1\\-1\end{bmatrix}$.

(1) 证明 $\boldsymbol{\alpha}_1,\boldsymbol{\alpha}_2$ 与 $\boldsymbol{\beta}_1,\boldsymbol{\beta}_2$ 可作为同一个向量空间的基;

(2) 求向量 $\boldsymbol{\beta}_1,\boldsymbol{\beta}_2$ 在基 $\boldsymbol{\alpha}_1,\boldsymbol{\alpha}_2$ 下的坐标.

第 3 章　矩阵的运算

在矩阵的理论中，矩阵的运算起着重要的作用. 本章将讨论矩阵的一些运算.

3.1　矩阵的运算

矩阵之所以有广泛的应用，主要在于对矩阵可施行一些有实际意义的运算. 下面讨论矩阵的运算.

行数、列数分别相等的矩阵称为**同型矩阵**.

两个同型矩阵 $A=(a_{ij})_{m\times n}$，$B=(b_{ij})_{m\times n}$，如果它们对应的元素相等，即 $a_{ij}=b_{ij}(i=1,2,\cdots,m;\ j=1,2,\cdots,n)$，则称矩阵 A 与矩阵 B 相等，记作 $A=B$.

3.1.1　矩阵的加法

定义 3.1.1　设矩阵 $A=(a_{ij})_{m\times n}$，$B=(b_{ij})_{m\times n}$，称矩阵

$$C=(a_{ij}+b_{ij})_{m\times n}$$

为矩阵 A 与矩阵 B 的**和**，记作 $A+B$，即 $C=A+B$.

由于矩阵的加法就是两个同型矩阵的对应元素相加，不难验证，矩阵的加法满足下列运算规律(设 A,B,C 都是 $m\times n$ 矩阵)：

(1) $A+B=B+A$；

(2) $(A+B)+C=A+(B+C)$.

我们把元素全是零的矩阵称为**零矩阵**，记作 O. 注意，不同型的零矩阵是不相等的.

设矩阵 $A=(a_{ij})_{m\times n}$，称矩阵 $(-a_{ij})_{m\times n}$ 为 A 的**负矩阵**，记作 $-A$，即

$$-A=(-a_{ij})_{m\times n}.$$

零矩阵与负矩阵显然有如下性质：

(1) $A+O=A$；

(2) $A+(-A)=O$.

利用负矩阵，矩阵的减法可定义为

$$A-B=A+(-B).$$

从定义可以看出，只有同型矩阵才能进行加法或减法运算.

例 1　求矩阵 X，使

$$\begin{bmatrix} 1 & 2 & 3 & -1 \\ 2 & 0 & 1 & 2 \\ -1 & 1 & 0 & -1 \end{bmatrix} + X = \begin{bmatrix} 0 & -1 & 2 & 3 \\ 3 & 0 & 1 & -1 \\ 1 & 2 & -2 & 0 \end{bmatrix}.$$

解

$$X = \begin{bmatrix} 0 & -1 & 2 & 3 \\ 3 & 0 & 1 & -1 \\ 1 & 2 & -2 & 0 \end{bmatrix} - \begin{bmatrix} 1 & 2 & 3 & -1 \\ 2 & 0 & 1 & 2 \\ -1 & 1 & 0 & -1 \end{bmatrix}$$

$$= \begin{bmatrix} -1 & -3 & -1 & 4 \\ 1 & 0 & 0 & -3 \\ 2 & 1 & -2 & 1 \end{bmatrix}.$$

3.1.2 数与矩阵的乘法

定义 3.1.2 设矩阵 $A=(a_{ij})_{m\times n}$，λ 是一个数，矩阵 $(\lambda a_{ij})_{m\times n}$ 称为**数 λ 与矩阵 A 的乘积**，记作 λA 或 $A\lambda$，即

$$\lambda A = A\lambda = (\lambda a_{ij})_{m\times n}.$$

由定义 3.1.2 知，数乘矩阵与数乘行列式显然是不同的.

根据定义容易验证，数与矩阵的乘法满足下列运算规律(设 A,B 为 $m\times n$ 矩阵，λ,μ 为数)：

(1) $\lambda(\mu A)=(\lambda\mu)A$；

(2) $(\lambda+\mu)A=\lambda A+\mu A$；

(3) $\lambda(A+B)=\lambda A+\lambda B$.

特别地

$$1A = A;$$
$$0A = O;$$
$$(-1)A = -A.$$

例 2 设

$$A=\begin{bmatrix} 2 & 0 & -1 \\ 1 & 2 & -2 \end{bmatrix},\quad B=\begin{bmatrix} 1 & -1 & 0 \\ -2 & 3 & 1 \end{bmatrix},\quad C=\begin{bmatrix} -3 & 6 & 3 \\ 12 & -6 & 9 \end{bmatrix}.$$

则

$$2A-B+\frac{1}{3}C=\begin{bmatrix} 4 & 0 & -2 \\ 2 & 4 & -4 \end{bmatrix}-\begin{bmatrix} 1 & -1 & 0 \\ -2 & 3 & 1 \end{bmatrix}+\begin{bmatrix} -1 & 2 & 1 \\ 4 & -2 & 3 \end{bmatrix}$$

$$=\begin{bmatrix} 4-1-1 & 0+1+2 & -2-0+1 \\ 2+2+4 & 4-3-2 & -4-1+3 \end{bmatrix}$$

$$=\begin{bmatrix} 2 & 3 & -1 \\ 8 & -1 & -2 \end{bmatrix}.$$

3.1.3　矩阵的乘法

在引入矩阵乘法定义之前,先考察一个具体例子.

设变量 $y_1,y_2,\cdots,y_m$ 能用变量 $x_1,x_2,\cdots,x_n$ 线性表示,即

$$\begin{cases} y_1 = a_{11}x_1 + a_{12}x_2 + \cdots + a_{1n}x_n, \\ y_2 = a_{21}x_1 + a_{22}x_2 + \cdots + a_{2n}x_n, \\ \cdots\cdots\cdots\cdots \\ y_m = a_{m1}x_1 + a_{m2}x_2 + \cdots + a_{mn}x_n, \end{cases}$$

其中系数 a_{ij} ($i=1,2,\cdots,m,j=1,2,\cdots,n$) 为常数. 这种从变量 $x_1,x_2,\cdots,x_n$ 到变量 $y_1,y_2,\cdots,y_m$ 的变换叫做**线性变换**. 此线性变换的系数构成的 $m\times n$ 矩阵

$$\begin{bmatrix} a_{11} & a_{12} & \cdots & a_{1n} \\ a_{21} & a_{22} & \cdots & a_{2n} \\ \vdots & \vdots & & \vdots \\ a_{m1} & a_{m2} & \cdots & a_{mn} \end{bmatrix}$$

称为线性变换的**系数矩阵**.

设两个线性变换

$$\begin{cases} y_1 = a_{11}x_1 + a_{12}x_2 + a_{13}x_3, \\ y_2 = a_{21}x_1 + a_{22}x_2 + a_{23}x_3, \end{cases} \tag{3.1}$$

$$\begin{cases} x_1 = b_{11}t_1 + b_{12}t_2, \\ x_2 = b_{21}t_1 + b_{22}t_2, \\ x_3 = b_{31}t_1 + b_{32}t_2. \end{cases} \tag{3.2}$$

为求出从 t_1,t_2 到 y_1,y_2 的线性变换,可将(3.2) 式代入(3.1) 式得:

$$\begin{cases} y_1 = (a_{11}b_{11} + a_{12}b_{21} + a_{13}b_{31})t_1 + (a_{11}b_{12} + a_{12}b_{22} + a_{13}b_{32})t_2, \\ y_2 = (a_{21}b_{11} + a_{22}b_{21} + a_{23}b_{31})t_1 + (a_{21}b_{12} + a_{22}b_{22} + a_{23}b_{32})t_2. \end{cases} \tag{3.3}$$

线性变换(3.3) 可看成是先作线性变换(3.1) 再作线性变换(3.2) 的结果. 我们把线性变换(3.3) 叫做线性变换(3.1) 与(3.2) 的**乘积**,相应地把(3.3) 所对应的矩阵定义为(3.1) 与(3.2) 所对应的矩阵的乘积,即

$$\begin{bmatrix} a_{11} & a_{12} & a_{13} \\ a_{21} & a_{22} & a_{23} \end{bmatrix} \begin{bmatrix} b_{11} & b_{12} \\ b_{21} & b_{22} \\ b_{31} & b_{32} \end{bmatrix}$$

$$= \begin{bmatrix} a_{11}b_{11} + a_{12}b_{21} + a_{13}b_{31} & a_{11}b_{12} + a_{12}b_{22} + a_{13}b_{32} \\ a_{21}b_{11} + a_{22}b_{21} + a_{23}b_{31} & a_{21}b_{12} + a_{22}b_{22} + a_{23}b_{32} \end{bmatrix}.$$

一般地,我们有:

定义 3.1.3　设 $A=(a_{ij})$ 是一个 $m\times s$ 矩阵, $B=(b_{ij})$ 是一个 $s\times n$ 矩阵,

作 $m\times n$ 矩阵 $C=(c_{ij})$，其中

$$c_{ij}=a_{i1}b_{1j}+a_{i2}b_{2j}+\cdots+a_{is}b_{sj}=\sum_{k=1}^{s}a_{ik}b_{kj}$$
$$(\, i=1,2,\cdots,m;\ j=1,2,\cdots,n\,).$$

矩阵 C 称为矩阵 A 与矩阵 B 的**乘积**，记作 $C=AB$，即

$$\begin{bmatrix} a_{11} & a_{12} & \cdots & a_{1s} \\ a_{21} & a_{22} & \cdots & a_{2s} \\ \vdots & \vdots & & \vdots \\ a_{m1} & a_{m2} & \cdots & a_{ms} \end{bmatrix}\begin{bmatrix} b_{11} & b_{12} & \cdots & b_{1n} \\ b_{21} & b_{22} & \cdots & b_{2n} \\ \vdots & \vdots & & \vdots \\ b_{s1} & b_{s2} & \cdots & b_{sn} \end{bmatrix}$$

$$=\begin{bmatrix} a_{11}b_{11}+\cdots+a_{1s}b_{s1} & \cdots & a_{11}b_{1n}+\cdots+a_{1s}b_{sn} \\ a_{21}b_{11}+\cdots+a_{2s}b_{s1} & \cdots & a_{21}b_{1n}+\cdots+a_{2s}b_{sn} \\ \vdots & & \vdots \\ a_{m1}b_{11}+\cdots+a_{ms}b_{s1} & \cdots & a_{m1}b_{1n}+\cdots+a_{ms}b_{sn} \end{bmatrix}.$$

注意，在矩阵乘积的定义中，只有当左边矩阵 A 的列数等于右边矩阵 B 的行数时，乘积 AB 才有意义，这时矩阵 AB 的行数等于矩阵 A 的行数，AB 的列数等于矩阵 B 的列数，且 AB 的第 i 行第 j 列的元素是 A 的第 i 行与 B 的第 j 列的对应元素乘积之和.

例 3 设

$$A=\begin{bmatrix} 1 & 0 & 2 & -1 \\ 0 & 1 & -1 & 3 \\ -1 & 2 & 0 & 1 \end{bmatrix},\quad B=\begin{bmatrix} 1 & 2 \\ 2 & 1 \\ 0 & 3 \\ 1 & 4 \end{bmatrix},$$

则

$$AB=\begin{bmatrix} 1\times1+0\times2+2\times0-1\times1 & 1\times2+0\times1+2\times3-1\times4 \\ 0\times1+1\times2-1\times0+3\times1 & 0\times2+1\times1-1\times3+3\times4 \\ -1\times1+2\times2+0\times0+1\times1 & -1\times2+2\times1+0\times3+1\times4 \end{bmatrix}$$

$$=\begin{bmatrix} 0 & 4 \\ 5 & 10 \\ 4 & 4 \end{bmatrix}.$$

例 3 中矩阵 B 的列数为 2，A 的行数为 3，所以 B 与 A 不能相乘，即 BA 无意义.

例 4 设

$$A=\begin{bmatrix} a_1 \\ a_2 \\ \vdots \\ a_n \end{bmatrix},\quad B=[b_1\ \ b_2\ \ \cdots\ \ b_n],$$

则

$$AB=\begin{bmatrix} a_1b_1 & a_1b_2 & \cdots & a_1b_n \\ a_2b_1 & a_2b_2 & \cdots & a_2b_n \\ \vdots & \vdots & & \vdots \\ a_nb_1 & a_nb_2 & \cdots & a_nb_n \end{bmatrix},$$

而 B 与 A 的乘积是一个 1 阶矩阵：

$$BA=\begin{bmatrix} b_1 & b_2 & \cdots & b_n \end{bmatrix}\begin{bmatrix} a_1 \\ a_2 \\ \vdots \\ a_n \end{bmatrix}=a_1b_1+a_2b_2+\cdots+a_nb_n.$$

此例说明，即使 AB 与 BA 都有意义，但两者却不是同型矩阵.

例 5　设

$$A=\begin{bmatrix} -2 & 4 \\ 1 & -2 \end{bmatrix},\quad B=\begin{bmatrix} 2 & 4 \\ -3 & -6 \end{bmatrix},$$

求 AB 与 BA.

解

$$AB=\begin{bmatrix} -2 & 4 \\ 1 & -2 \end{bmatrix}\begin{bmatrix} 2 & 4 \\ -3 & -6 \end{bmatrix}=\begin{bmatrix} -16 & -32 \\ 8 & 16 \end{bmatrix};$$

$$BA=\begin{bmatrix} 2 & 4 \\ -3 & -6 \end{bmatrix}\begin{bmatrix} -2 & 4 \\ 1 & -2 \end{bmatrix}=\begin{bmatrix} 0 & 0 \\ 0 & 0 \end{bmatrix}.$$

例 5 表明，AB，BA 都有意义且同型，但 $AB\neq BA$，即矩阵的乘法不满足交换律. 由 $A\neq O$，$B\neq O$，而 $BA=O$ 可知，两个非零矩阵的乘积可能是零矩阵，同时，由 $AB=O$，推不出 $A=O$ 或 $B=O$. 此外，由 $AC=BC$，且 $C\neq O$，一般推不出 $A=B$，即矩阵的乘法不满足消去律.

矩阵的乘法满足下列运算规律(假设运算都是可行的)：

(1) $(AB)C=A(BC)$；

(2) $A(B+C)=AB+AC$，$(B+C)A=BA+CA$；

(3) $\lambda(AB)=(\lambda A)B=A(\lambda B)$ (其中 λ 为数).

证明留给读者.

例 6　设

$$A=\begin{bmatrix} -1 & 2 & 1 \\ 0 & -1 & 2 \end{bmatrix},\quad B=\begin{bmatrix} 1 & 0 & 3 \\ 2 & 1 & -2 \end{bmatrix},\quad C=\begin{bmatrix} -1 & 1 & 4 \\ 3 & -2 & 1 \\ 0 & 0 & 2 \end{bmatrix}.$$

求 $AC+BC$.

解　解法一

$$AC+BC=\begin{bmatrix}-1&2&1\\0&-1&2\end{bmatrix}\begin{bmatrix}-1&1&4\\3&-2&1\\0&0&2\end{bmatrix}+\begin{bmatrix}1&0&3\\2&1&-2\end{bmatrix}\begin{bmatrix}-1&1&4\\3&-2&1\\0&0&2\end{bmatrix}$$

$$=\begin{bmatrix}7&-5&0\\-3&2&3\end{bmatrix}+\begin{bmatrix}-1&1&10\\1&0&5\end{bmatrix}=\begin{bmatrix}6&-4&10\\-2&2&8\end{bmatrix}.$$

解法二

$$AC+BC=(A+B)C=\begin{bmatrix}0&2&4\\2&0&0\end{bmatrix}\begin{bmatrix}-1&1&4\\3&-2&1\\0&0&2\end{bmatrix}=\begin{bmatrix}6&-4&10\\-2&2&8\end{bmatrix}.$$

下面介绍几类特殊的方阵.

形如

$$\begin{bmatrix}a_{11}&a_{12}&\cdots&a_{1n}\\0&a_{22}&\cdots&a_{2n}\\\vdots&\vdots&&\vdots\\0&0&\cdots&a_{nn}\end{bmatrix},\quad\begin{bmatrix}a_{11}&0&\cdots&0\\a_{21}&a_{22}&\cdots&0\\\vdots&\vdots&&\vdots\\a_{n1}&a_{n2}&\cdots&a_{nn}\end{bmatrix}$$

的方阵分别称为**上、下三角形矩阵**,统称为**三角形矩阵**.

容易验证,若 A,B 为 n 阶上(下)三角形矩阵,λ 为数,那么 $A+B,\lambda A,AB$ 仍为 n 阶上(下)三角形矩阵.

特别地,矩阵

$$\begin{bmatrix}\lambda_1&0&\cdots&0\\0&\lambda_2&\cdots&0\\\vdots&\vdots&&\vdots\\0&0&\cdots&\lambda_n\end{bmatrix}$$

称为**对角矩阵**. 其特点是不在主对角线(从左上角到右下角的直线)上的元素全为零.

设 A,B 都是 n 阶矩阵,若 $AB=BA$,则称矩阵 A 与矩阵 B **可交换**.

例 7 设 Λ 为对角矩阵,且它的主对角线上的元素互不相等,证明:所有与 Λ 可交换的矩阵只能是对角矩阵.

证 设

$$\Lambda=\begin{bmatrix}\lambda_1&0&\cdots&0\\0&\lambda_2&\cdots&0\\\vdots&\vdots&&\vdots\\0&0&\cdots&\lambda_n\end{bmatrix},\ \lambda_i\neq\lambda_j\,(i\neq j);$$

矩阵

$$A=\begin{bmatrix} a_{11} & a_{12} & \cdots & a_{1n} \\ a_{21} & a_{22} & \cdots & a_{2n} \\ \vdots & \vdots & & \vdots \\ a_{n1} & a_{n2} & \cdots & a_{nn} \end{bmatrix}$$

与 Λ 可交换，即 $A\Lambda=\Lambda A$. 由于

$$A\Lambda=\begin{bmatrix} \lambda_1 a_{11} & \lambda_2 a_{12} & \cdots & \lambda_n a_{1n} \\ \lambda_1 a_{21} & \lambda_2 a_{22} & \cdots & \lambda_n a_{2n} \\ \vdots & \vdots & & \vdots \\ \lambda_1 a_{n1} & \lambda_2 a_{n2} & \cdots & \lambda_n a_{nn} \end{bmatrix},$$

$$\Lambda A=\begin{bmatrix} \lambda_1 a_{11} & \lambda_1 a_{12} & \cdots & \lambda_1 a_{1n} \\ \lambda_2 a_{21} & \lambda_2 a_{22} & \cdots & \lambda_2 a_{2n} \\ \vdots & \vdots & & \vdots \\ \lambda_n a_{n1} & \lambda_n a_{n2} & \cdots & \lambda_n a_{nn} \end{bmatrix}.$$

所以

$$\lambda_i a_{ij}=\lambda_j a_{ij} \quad (i,j=1,2,\cdots,n).$$

又 $\lambda_i \neq \lambda_j\ (i\neq j)$，因此 $a_{ij}=0\ (i\neq j)$，即

$$A=\begin{bmatrix} a_{11} & 0 & \cdots & 0 \\ 0 & a_{22} & \cdots & 0 \\ \vdots & \vdots & & \vdots \\ 0 & 0 & \cdots & a_{nn} \end{bmatrix}.$$

n 阶对角矩阵

$$\begin{bmatrix} 1 & 0 & \cdots & 0 \\ 0 & 1 & \cdots & 0 \\ \vdots & \vdots & & \vdots \\ 0 & 0 & \cdots & 1 \end{bmatrix}$$

称为 n 阶**单位矩阵**，记作 E_n. 在不致混淆的情况下，简记作 E. 这类矩阵的特点是主对角线上的元素都是 1，其余元素都是 0，即

$$E=(\delta_{ij}),$$

其中

$$\delta_{ij}=\begin{cases} 1, & i=j, \\ 0, & i\neq j. \end{cases}$$

容易验证，单位矩阵有以下性质：

$$A_{m\times n}E_n=A_{m\times n};\quad E_m A_{m\times n}=A_{m\times n}.$$

特别地当 A 为 n 阶矩阵时有：$AE=EA=A$.

由此可见,单位矩阵 E 在矩阵乘法中起着与数的乘法中 1 类似的作用.

设 λ 是数,矩阵

$$\lambda E = \begin{bmatrix} \lambda & 0 & \cdots & 0 \\ 0 & \lambda & \cdots & 0 \\ \vdots & \vdots & & \vdots \\ 0 & 0 & \cdots & \lambda \end{bmatrix}$$

称为**数量矩阵**.

因为$(\lambda E)A = A(\lambda E)$,所以, n 阶数量矩阵与所有的 n 阶矩阵是可交换的.

由于矩阵的乘法满足结合律,因此可以定义矩阵的方幂.

设 A 是 n 阶矩阵,用 A^k 表示 k 个 A 的连乘积,称为 A 的 k 次方幂. 容易看出

$$A^kA^l = A^{k+l},$$

$$(A^k)^l = A^{kl},$$

其中 k, l 都是正整数.

注意,由于矩阵的乘法不满足交换律,所以式子$(AB)^k = A^kB^k$ 一般是不成立的.

3.1.4 矩阵的转置

定义 3.1.4 把 $m\times n$ 矩阵 A 的行换成同序数的列得到一个 $n\times m$ 矩阵,此矩阵叫做 A 的**转置矩阵**,记作 A' 或 A^{T}.

例如矩阵

$$A = \begin{bmatrix} 1 & 2 & 0 \\ 3 & -1 & 4 \end{bmatrix}$$

的转置矩阵为

$$A' = \begin{bmatrix} 1 & 3 \\ 2 & -1 \\ 0 & 4 \end{bmatrix}.$$

矩阵的转置也是一种运算,且满足下列运算规律(假设运算都是可行的):

(1) $(A')' = A$;

(2) $(A+B)' = A'+B'$;

(3) $(\lambda A)' = \lambda A'$;

(4) $(AB)' = B'A'$.

下面只验证(4),其余的留给读者验证.

设 $A = (a_{ij})_{m\times s}$, $B = (b_{ij})_{s\times n}$. 首先容易看出,$(AB)'$ 与 $B'A'$ 都是 $n\times m$ 矩阵. 其次,$(AB)'$ 的第 i 行第 j 列的元素就是 AB 的第 j 行第 i 列的元素,因而等于 $\sum_{k=1}^{s} a_{jk}b_{ki}$.

$B'A'$ 的第 i 行第 j 列的元素等于 B' 的第 i 行元素与 A' 的第 j 列的对应元素乘积之和，因而等于 B 的第 i 列与 A 的第 j 行的对应元素乘积之和 $\sum_{k=1}^{s} b_{ki}a_{jk}$. 由于 $\sum_{k=1}^{s} a_{jk}b_{ki} = \sum_{k=1}^{s} b_{ki}a_{jk}$. 因此 $(AB)' = B'A'$.

运算规律(2) 和(4) 可以推广到多个矩阵的情形.

例 8 已知

$$A = \begin{bmatrix} 2 & 0 & -1 \\ 1 & 3 & 2 \end{bmatrix}, \quad B = \begin{bmatrix} 1 & 7 & -1 \\ 4 & 2 & 3 \\ 2 & 0 & 1 \end{bmatrix},$$

求 $(AB)'$.

解 解法一

$$AB = \begin{bmatrix} 2 & 0 & -1 \\ 1 & 3 & 2 \end{bmatrix} \begin{bmatrix} 1 & 7 & -1 \\ 4 & 2 & 3 \\ 2 & 0 & 1 \end{bmatrix} = \begin{bmatrix} 0 & 14 & -3 \\ 17 & 13 & 10 \end{bmatrix},$$

所以

$$(AB)' = \begin{bmatrix} 0 & 17 \\ 14 & 13 \\ -3 & 10 \end{bmatrix}.$$

解法二

$$(AB)' = B'A' = \begin{bmatrix} 1 & 4 & 2 \\ 7 & 2 & 0 \\ -1 & 3 & 1 \end{bmatrix} \begin{bmatrix} 2 & 1 \\ 0 & 3 \\ -1 & 2 \end{bmatrix} = \begin{bmatrix} 0 & 17 \\ 14 & 13 \\ -3 & 10 \end{bmatrix}.$$

设 A 为 n 阶矩阵，如果满足 $A' = A$，即

$$a_{ij} = a_{ji} \ (i,j = 1,2,\cdots,n).$$

那么 A 称为**对称矩阵**. 对称矩阵的特点是：它的元素以主对角线为对称轴对应相等.

例如，矩阵

$$\begin{bmatrix} 0 & 1 & 3 \\ 1 & 2 & 4 \\ 3 & 4 & -1 \end{bmatrix}$$

是对称矩阵.

3.1.5 *n* 阶矩阵的行列式

定义 3.1.5 由 n 阶矩阵 A 的元素所构成的行列式(各元素的位置不变)，叫做**矩阵 A 的行列式**，记作 $|A|$ 或 $\det A$.

例如，对角矩阵

$$\begin{bmatrix} \lambda_1 & 0 & \cdots & 0 \\ 0 & \lambda_2 & \cdots & 0 \\ \vdots & \vdots & & \vdots \\ 0 & 0 & \cdots & \lambda_n \end{bmatrix}$$

的行列式为

$$\begin{vmatrix} \lambda_1 & 0 & \cdots & 0 \\ 0 & \lambda_2 & \cdots & 0 \\ \vdots & \vdots & & \vdots \\ 0 & 0 & \cdots & \lambda_n \end{vmatrix} = \lambda_1\lambda_2\cdots\lambda_n.$$

n 阶数量矩阵

$$\begin{bmatrix} \lambda & 0 & \cdots & 0 \\ 0 & \lambda & \cdots & 0 \\ \vdots & \vdots & & \vdots \\ 0 & 0 & \cdots & \lambda \end{bmatrix}$$

的行列式为

$$\begin{vmatrix} \lambda & 0 & \cdots & 0 \\ 0 & \lambda & \cdots & 0 \\ \vdots & \vdots & & \vdots \\ 0 & 0 & \cdots & \lambda \end{vmatrix} = \lambda^n.$$

单位矩阵 E 的行列式 $|E| = 1$.

n 阶矩阵的行列式就是其最高阶子式，按 2.4 节矩阵的秩的定义知，$|A| \neq 0$ 等价于 A 是满秩矩阵. 当 $|A| \neq 0$ 时，又称 A 是**非奇异矩阵**. 否则，称 A 为**奇异矩阵**.

n 阶矩阵的行列式运算满足下列运算规律(设 A,B 为 n 阶矩阵，λ 为数)：

(1) $|A'| = |A|$；

(2) $|\lambda A| = \lambda^n |A|$；

(3) $|AB| = |A||B|$.

由行列式的性质容易验证(1)，(2). 下面仅证明(3).

设 $A = (a_{ij})$，$B = (b_{ij})$ 为 n 阶矩阵，构造 $2n$ 阶行列式

$$D = \begin{vmatrix} a_{11} & \cdots & a_{1n} & 0 & \cdots & 0 \\ \vdots & & \vdots & \vdots & & \vdots \\ a_{n1} & \cdots & a_{nn} & 0 & \cdots & 0 \\ -1 & \cdots & 0 & b_{11} & \cdots & b_{1n} \\ \vdots & & \vdots & \vdots & & \vdots \\ 0 & \cdots & -1 & b_{n1} & \cdots & b_{nn} \end{vmatrix} = \begin{vmatrix} A & O \\ -E & B \end{vmatrix},$$

由1.1节例5可知 $D=|A||B|$.

而在 D 中以 b_{1j} 乘第1列，b_{2j} 乘第2列，…，b_{nj} 乘第 n 列，都加到第 $n+j$ 列上（$j=1,2,\cdots,n$），有

$$D=\begin{vmatrix} A & C \\ -E & O \end{vmatrix},$$

其中 n 阶矩阵 $C=(c_{ij})$，

$$c_{ij}=b_{1j}a_{i1}+b_{2j}a_{i2}+\cdots+b_{nj}a_{in} \quad (i,j=1,2,\cdots,n).$$

故 $C=AB$.

再对 D 的行作变换 $r_j \leftrightarrow r_{n+j}$（$j=1,2,\cdots,n$），有

$$D=(-1)^n\begin{vmatrix} -E & O \\ A & C \end{vmatrix},$$

由1.1节例5得

$$D=(-1)^n|-E||C|=(-1)^n(-1)^n|E||C|=|C|=|AB|.$$

于是 $|AB|=|A||B|$.

由(3)可知，对于 n 阶矩阵 A、B，一般说来 $AB\neq BA$，但总有 $|AB|=|A||B|$.

3.1.6 共轭矩阵

当 $A=(a_{ij})$ 为复矩阵时，用 $\overline{a}_{ij}$ 表示 a_{ij} 的共轭复数，记

$$\overline{A}=(\overline{a}_{ij}),$$

$\overline{A}$ 称为 A 的**共轭矩阵**.

共轭矩阵满足下述运算规律（设 A、B 为复矩阵，λ 为复数，且运算都是可行的）：

(1) $\overline{A+B}=\overline{A}+\overline{B}$；

(2) $\overline{\lambda A}=\overline{\lambda}\,\overline{A}$；

(3) $\overline{AB}=\overline{A}\,\overline{B}$.

3.2 逆 矩 阵

我们知道，对于非零数 a，必存在数 a^{-1} 使 $aa^{-1}=a^{-1}a=1$ 成立，那么对于 n 阶方阵 A 是否也有类似的结论呢？

定义 3.2.1 对于 n 阶矩阵 A，如果存在 n 阶矩阵 B，使得

$$AB=BA=E$$

成立，那么就称矩阵 A 是**可逆的**，并把矩阵 B 称为 A 的**逆矩阵**.

如果矩阵 A 可逆，那么 A 的逆矩阵是唯一的. 事实上，如果矩阵 B,C 都是 A 的

逆矩阵,即有

$$AB = BA = E,\ AC = CA = E.$$

则

$$B = BE = B(AC) = (BA)C = EC = C.$$

以后我们把可逆矩阵 A 的唯一的逆矩阵用 A^{-1} 表示,即若 $AB = BA = E$,则 $B = A^{-1}$.

在应用上,可逆矩阵占有重要的地位.那么,矩阵 A 在什么条件下可逆?若矩阵 A 可逆,如何求 A^{-1}?

设

$$A = \begin{bmatrix} a_{11} & a_{12} & \cdots & a_{1n} \\ a_{21} & a_{22} & \cdots & a_{2n} \\ \vdots & \vdots & & \vdots \\ a_{n1} & a_{n2} & \cdots & a_{nn} \end{bmatrix}.$$

我们构造 n 阶矩阵

$$A^* = \begin{bmatrix} A_{11} & A_{21} & \cdots & A_{n1} \\ A_{12} & A_{22} & \cdots & A_{n2} \\ \vdots & \vdots & & \vdots \\ A_{1n} & A_{2n} & \cdots & A_{nn} \end{bmatrix},$$

其中 A_{ij} 是 $|A|$ 中元素 a_{ij} 的代数余子式,并称 A^* 为 A 的**伴随矩阵**.

由代数余子式的性质

$$a_{i1}A_{j1} + a_{i2}A_{j2} + \cdots + a_{in}A_{jn} = \begin{cases} |A|, & i = j, \\ 0, & i \neq j. \end{cases}$$

$$a_{1i}A_{1j} + a_{2i}A_{2j} + \cdots + a_{ni}A_{nj} = \begin{cases} |A|, & i = j, \\ 0, & i \neq j. \end{cases}$$

则

$$AA^* = A^*A = \begin{bmatrix} |A| & 0 & \cdots & 0 \\ 0 & |A| & \cdots & 0 \\ \vdots & \vdots & & \vdots \\ 0 & 0 & \cdots & |A| \end{bmatrix} = |A|E.$$

因此,只要 $|A| \neq 0$,就有

$$A\left(\frac{1}{|A|}A^*\right) = \left(\frac{1}{|A|}A^*\right)A = E.$$

于是有下面定理.

定理 3.2.1 n 阶矩阵 A 可逆的充分必要条件是 $|A| \neq 0$,并且

$$A^{-1} = \frac{1}{|A|}A^*.$$

证　充分性　设$|A|\neq 0$,令$B=\frac{1}{|A|}A^*$,则由上面知,$AB=BA=E$,即B是A的逆矩阵.

必要性　设A可逆,则存在A^{-1}使$AA^{-1}=E$.两边取行列式得$|AA^{-1}|=|A||A^{-1}|=|E|=1$.从而$|A|\neq 0$.

例1　判断矩阵

$$A=\begin{bmatrix}1 & 2 & -1\\ 3 & 1 & 0\\ -1 & 0 & -2\end{bmatrix}$$

是否可逆?若可逆,求出其逆矩阵.

解　由于$|A|=9\neq 0$,所以A是可逆的.$|A|$中各元素的代数余子式分别为

$$A_{11}=-2,\quad A_{21}=4,\quad A_{31}=1,$$
$$A_{12}=6,\quad A_{22}=-3,\quad A_{32}=-3,$$
$$A_{13}=1,\quad A_{23}=-2,\quad A_{33}=-5,$$

于是

$$A^{-1}=\frac{1}{|A|}A^*=\frac{1}{9}\begin{bmatrix}-2 & 4 & 1\\ 6 & -3 & -3\\ 1 & -2 & -5\end{bmatrix}=\begin{bmatrix}-\frac{2}{9} & \frac{4}{9} & \frac{1}{9}\\ \frac{2}{3} & -\frac{1}{3} & -\frac{1}{3}\\ \frac{1}{9} & -\frac{2}{9} & -\frac{5}{9}\end{bmatrix}.$$

推论　设A、B都是n阶矩阵,若$AB=E$,则A、B都可逆,且$A^{-1}=B$,$B^{-1}=A$.

证　因为$AB=E$,所以$|A||B|=1$,从而$|A|\neq 0$,$|B|\neq 0$,由定理3.2.1知,A,B均可逆.

将$AB=E$两边左乘A^{-1}得

$$A^{-1}AB=A^{-1}E,$$

即

$$B=A^{-1}.$$

同理可证$A=B^{-1}$.

利用这个推论可以推出可逆矩阵的以下性质:

(1) 若A可逆,则A^{-1},A'也可逆,且

$$(A^{-1})^{-1}=A,\ (A')^{-1}=(A^{-1})'.$$

(2) 若A可逆,数$\lambda\neq 0$,则λA也可逆,并且

$$(\lambda A)^{-1}=\frac{1}{\lambda}A^{-1}.$$

(3) 若A,B都可逆,则AB也可逆,并且

$$(AB)^{-1}=B^{-1}A^{-1}.$$

证 (1) 因为 $AA^{-1}=A^{-1}A=E$,所以 A^{-1} 可逆,且其逆矩阵为 A, 即

$$(A^{-1})^{-1}=A\ .$$

又因为 $|A'|=|A|\neq 0$,所以 A' 可逆,对

$$AA^{-1}=A^{-1}A=E,$$

两边取转置得

$$(A^{-1})'A'=A'(A^{-1})'=E\ ,$$

因此

$$(A')^{-1}=(A^{-1})'\ .$$

(2) 因 $|\lambda A|=\lambda^n|A|\neq 0$ (n 为 A 的阶数),所以 λA 可逆,又 $AA^{-1}=A^{-1}A=E$,因此有

$$(\lambda A)\left(\frac{1}{\lambda}A^{-1}\right)=\left(\frac{1}{\lambda}A^{-1}\right)(\lambda A)=E,$$

即 $(\lambda A)^{-1}=\dfrac{1}{\lambda}A^{-1}$.

(3) 因 $|AB|=|A||B|\neq 0$,所以 AB 可逆. 又

$$(AB)(B^{-1}A^{-1})=(B^{-1}A^{-1})(AB)=E,$$

因此

$$(AB)^{-1}=B^{-1}A^{-1}.$$

性质(3) 可以推广到多个矩阵乘积的情形,即如果 n 阶矩阵 $A_1,A_2,\cdots,A_k$ 都可逆,那么 $A_1A_2\cdots A_k$ 也可逆,并且

$$(A_1A_2\cdots A_k)^{-1}=A_k^{-1}\cdots A_2^{-1}A_1^{-1}.$$

证明留给读者去完成.

3.3 初 等 矩 阵

我们知道用伴随矩阵求逆矩阵的方法计算量一般较大,而矩阵的初等变换是我们所熟悉的方法,能否用矩阵的初等变换求矩阵的逆矩阵?由于可逆矩阵是与矩阵的乘法密切相关的,因此,要想利用初等变换来求逆矩阵,首先需要把矩阵的初等变换与矩阵的乘法联系起来.

定义 3.3.1 由单位矩阵经过一次初等变换而得到的矩阵称为**初等矩阵**.

因为矩阵的初等变换有三种,所以相应的初等矩阵有三类:

(1) 互换单位矩阵 E 的第 i 行与第 j 行(或第 i 列与第 j 列) 得到的初等矩阵

$$E(i,j)=\begin{bmatrix}1&&&&&&\\&\ddots&&&&&\\&&1&&&&\\&&&0\cdots1&&&\\&&&\ddots&&&\\&&&1\cdots0&&&\\&&&&1&&\\&&&&&\ddots&\\&&&&&&1\end{bmatrix};$$

(2) 用非零常数 k 乘单位矩阵 E 的第 i 行(或列) 得到的初等矩阵

$$E(i(k))=\begin{bmatrix}1&&&&\\&\ddots&&&\\&&k&&\\&&&\ddots&\\&&&&1\end{bmatrix};$$

(3) 用常数 k 乘单位矩阵 E 的第 j 行(或第 i 列) 加到第 i 行(或第 j 列) 的相应元素上去,得到的初等矩阵

$$E(j\ (k),i)=\begin{bmatrix}1&&&&&\\&\ddots&&&&\\&&1&\cdots&k&\\&&&\ddots&\vdots&\\&&&&1&\\&&&&&\ddots\\&&&&&&1\end{bmatrix}.$$

由于 $|E(i,j\ )|=-1\neq0$, $|E(i(k))|=k\neq0$, $|E(j\ (k),i)|=1\neq0$,所以初等矩阵都可逆. 容易验证,初等矩阵的逆矩阵仍为同类的初等矩阵. 即有

$$E^{-1}(i,j\ )=E(i,j\ );$$

$$E^{-1}(i(k))=E(i(\frac{1}{k}));$$

$$E^{-1}(j\ (k),i)=E(j\ (-k),i).$$

初等变换与初等矩阵建立起对应关系后,对矩阵进行初等变换,可以用相应的初等矩阵左乘或右乘矩阵来表示. 事实上,对 A 进行初等行变换就相当于以相应的初等矩阵左乘矩阵 A,即

$$A=\begin{bmatrix} a_{11} & a_{12} & \cdots & a_{1n} \\ \vdots & \vdots & & \vdots \\ a_{i1} & a_{i2} & \cdots & a_{in} \\ \vdots & \vdots & & \vdots \\ a_{j1} & a_{j2} & \cdots & a_{jn} \\ \vdots & \vdots & & \vdots \\ a_{m1} & a_{m2} & \cdots & a_{mn} \end{bmatrix} \overset{r_i \leftrightarrow r_j}{\sim} \begin{bmatrix} a_{11} & a_{12} & \cdots & a_{1n} \\ \vdots & \vdots & & \vdots \\ a_{j1} & a_{j2} & \cdots & a_{jn} \\ \vdots & \vdots & & \vdots \\ a_{i1} & a_{i2} & \cdots & a_{in} \\ \vdots & \vdots & & \vdots \\ a_{m1} & a_{m2} & \cdots & a_{mn} \end{bmatrix} = E(i,j)A;$$

$$A=\begin{bmatrix} a_{11} & a_{12} & \cdots & a_{1n} \\ \vdots & \vdots & & \vdots \\ a_{i1} & a_{i2} & \cdots & a_{in} \\ \vdots & \vdots & & \vdots \\ a_{m1} & a_{m2} & \cdots & a_{mn} \end{bmatrix} \overset{r_i \times k}{\sim} \begin{bmatrix} a_{11} & a_{12} & \cdots & a_{1n} \\ \vdots & \vdots & & \vdots \\ ka_{i1} & ka_{i2} & \cdots & ka_{in} \\ \vdots & \vdots & & \vdots \\ a_{m1} & a_{m2} & \cdots & a_{mn} \end{bmatrix} = E(i(k))A;$$

$$A=\begin{bmatrix} a_{11} & a_{12} & \cdots & a_{1n} \\ \vdots & \vdots & & \vdots \\ a_{i1} & a_{i2} & \cdots & a_{in} \\ \vdots & \vdots & & \vdots \\ a_{j1} & a_{j2} & \cdots & a_{jn} \\ \vdots & \vdots & & \vdots \\ a_{m1} & a_{m2} & \cdots & a_{mn} \end{bmatrix} \overset{r_i + kr_j}{\sim} \begin{bmatrix} a_{11} & a_{12} & \cdots & a_{1n} \\ \vdots & \vdots & & \vdots \\ a_{i1}+ka_{j1} & a_{i2}+ka_{j2} & \cdots & a_{in}+ka_{jn} \\ \vdots & \vdots & & \vdots \\ a_{j1} & a_{j2} & \cdots & a_{jn} \\ \vdots & \vdots & & \vdots \\ a_{m1} & a_{m2} & \cdots & a_{mn} \end{bmatrix}$$

$$= E(j\,(k),i)A.$$

同理,对矩阵 A 进行初等列变换相当于以相应的初等矩阵右乘矩阵 A. 因此有

定理 3.3.1 设 A 是一个 $m \times n$ 矩阵,对 A 施行一次初等行变换,相当于在 A 的左边乘以相应的 m 阶初等矩阵;对 A 施行一次初等列变换,相当于在 A 的右边乘以相应的 n 阶初等矩阵.

根据这个定理,可以把矩阵的等价关系用矩阵的乘法表示出来.

推论 1 $m \times n$ 矩阵 $A \sim B$ 的充分必要条件是存在 m 阶初等矩阵 $P_1, P_2, \cdots, P_l$ 及 n 阶初等矩阵 $Q_1, Q_2, \cdots, Q_t$ 使得

$$A = P_1 P_2 \cdots P_l B Q_1 Q_2 \cdots Q_t.$$

由于可逆矩阵的乘积仍是可逆矩阵,因此有下面推论.

推论 2 $m \times n$ 矩阵 $A \sim B$ 的充分必要条件是存在 m 阶可逆矩阵 P 及 n 阶可逆矩阵 Q 使得

$$A = PBQ.$$

在第 2 章中我们已经知道,用初等变换可以将矩阵化成标准形,即对于任一 $m \times n$ 矩阵 A 都有

$$A \sim I = \begin{bmatrix} 1 & 0 & \cdots & 0 & \cdots & 0 \\ 0 & 1 & \cdots & 0 & \cdots & 0 \\ \vdots & \vdots & & \vdots & & \vdots \\ 0 & 0 & \cdots & 1 & \cdots & 0 \\ 0 & 0 & \cdots & 0 & \cdots & 0 \\ \vdots & \vdots & & \vdots & & \vdots \\ 0 & 0 & \cdots & 0 & \cdots & 0 \end{bmatrix}.$$

特别地，满秩矩阵 A 的标准形为单位矩阵 E，于是有下面结论.

定理 3.3.2　n 阶矩阵 A 可逆的充分必要条件是它能表示成有限个初等矩阵的乘积，即

$$A = P_1 P_2 \cdots P_l, \tag{3.4}$$

其中 $P_1, P_2, \cdots, P_l$ 都是初等矩阵.

由(3.4)式可得

$$P_l^{-1} \cdots P_2^{-1} P_1^{-1} A = E, \tag{3.5}$$

及

$$P_l^{-1} \cdots P_2^{-1} P_1^{-1} E = A^{-1}. \tag{3.6}$$

(3.5)及(3.6)式表明，如果用一系列初等行变换把可逆矩阵 A 化成单位矩阵 E，那么用同样的初等行变换作用于 E，就可将 E 化成 A^{-1}. 由此可得到求逆矩阵的另一种方法.

用已知的 n 阶可逆矩阵 A 及 n 阶单位矩阵 E，作一个 $n \times 2n$ 矩阵 $[A \quad E]$，并对这个矩阵施行初等行变换，当将它的左半部的矩阵 A 化成单位矩阵 E 的同时，右半部的单位矩阵 E 就化成了 A^{-1}，即

$$[A \mid E] \underset{\text{初等行变换}}{\underbrace{\qquad}} [E \mid A^{-1}].$$

例 1　已知

$$A = \begin{bmatrix} 0 & 1 & 2 \\ 1 & 1 & 4 \\ 2 & -1 & 0 \end{bmatrix},$$

求 A^{-1}.

解

$$[A \quad E] = \begin{bmatrix} 0 & 1 & 2 & 1 & 0 & 0 \\ 1 & 1 & 4 & 0 & 1 & 0 \\ 2 & -1 & 0 & 0 & 0 & 1 \end{bmatrix}$$

$$\overset{r_1 \leftrightarrow r_2}{\sim} \begin{bmatrix} 1 & 1 & 4 & 0 & 1 & 0 \\ 0 & 1 & 2 & 1 & 0 & 0 \\ 2 & -1 & 0 & 0 & 0 & 1 \end{bmatrix}$$

$$\overset{r_3-2r_1}{\sim}\begin{bmatrix}1 & 1 & 4 & 0 & 1 & 0\\0 & 1 & 2 & 1 & 0 & 0\\0 & -3 & -8 & 0 & -2 & 1\end{bmatrix}$$

$$\overset{r_3+3r_2}{\sim}\begin{bmatrix}1 & 1 & 4 & 0 & 1 & 0\\0 & 1 & 2 & 1 & 0 & 0\\0 & 0 & -2 & 3 & -2 & 1\end{bmatrix}$$

$$\underset{r_1+2r_3}{\overset{r_2+r_3}{\sim}}\begin{bmatrix}1 & 1 & 0 & 6 & -3 & 2\\0 & 1 & 0 & 4 & -2 & 1\\0 & 0 & -2 & 3 & -2 & 1\end{bmatrix}$$

$$\underset{r_3\times(-\frac{1}{2})}{\overset{r_1-r_2}{\sim}}\begin{bmatrix}1 & 0 & 0 & 2 & -1 & 1\\0 & 1 & 0 & 4 & -2 & 1\\0 & 0 & 1 & -\frac{3}{2} & 1 & -\frac{1}{2}\end{bmatrix}$$

$$=[E\quad A^{-1}],$$

所以

$$A^{-1}=\begin{bmatrix}2 & -1 & 1\\4 & -2 & 1\\-\frac{3}{2} & 1 & -\frac{1}{2}\end{bmatrix}.$$

以上用初等行变换求逆矩阵的方法也可用来求解某些特殊的矩阵方程.

设矩阵方程 $AX=B$，其中 A 为满秩矩阵. 因此有初等矩阵 $P_1,P_2,\cdots,P_m$，使

$$P_1P_2\cdots P_mA=E.$$

将上述初等矩阵依次左乘上面矩阵方程，得

$$P_1P_2\cdots P_mAX=P_1P_2\cdots P_mB,$$

于是

$$X=P_1P_2\cdots P_mB.$$

由此可见，对于方程 $AX=B$，用一系列初等行变换把 A 化为 E，则这一系列初等行变换同时将 B 化为所求矩阵 X，即

$$[A\quad B]\underset{\sim}{\text{初等行变换}}[E\quad X].$$

例 2 解矩阵方程

$$\begin{bmatrix}1 & 0 & 1\\-1 & 1 & 1\\2 & -1 & 1\end{bmatrix}X=\begin{bmatrix}1 & 1\\0 & 1\\-1 & 0\end{bmatrix}.$$

解

$$
\begin{aligned}
[A\quad B] &= \begin{bmatrix} 1 & 0 & 1 & 1 & 1 \\ -1 & 1 & 1 & 0 & 1 \\ 2 & -1 & 1 & -1 & 0 \end{bmatrix} \\
&\underset{r_3-2r_1}{\overset{r_2+r_1}{\sim}} \begin{bmatrix} 1 & 0 & 1 & 1 & 1 \\ 0 & 1 & 2 & 1 & 2 \\ 0 & -1 & -1 & -3 & -2 \end{bmatrix} \\
&\overset{r_3+r_2}{\sim} \begin{bmatrix} 1 & 0 & 1 & 1 & 1 \\ 0 & 1 & 2 & 1 & 2 \\ 0 & 0 & 1 & -2 & 0 \end{bmatrix} \\
&\underset{r_1-r_3}{\overset{r_2-2r_3}{\sim}} \begin{bmatrix} 1 & 0 & 0 & 3 & 1 \\ 0 & 1 & 0 & 5 & 2 \\ 0 & 0 & 1 & -2 & 0 \end{bmatrix} = [E\quad X].
\end{aligned}
$$

所以

$$
X = \begin{bmatrix} 3 & 1 \\ 5 & 2 \\ -2 & 0 \end{bmatrix}.
$$

同样可以证明,可逆矩阵也可以用一系列初等列变换化成单位矩阵.因而也可用初等列变换求逆矩阵.这时需要用 A 和 E 作成一个 $2n\times n$ 矩阵

$$
\begin{bmatrix} A \\ E \end{bmatrix}.
$$

只要用若干次初等列变换把该矩阵上半部的 A 化成 E,那么同时就把下半部的 E 化成 A^{-1}, 即有

$$
\begin{bmatrix} A \\ E \end{bmatrix} \underset{\text{初等列变换}}{\sim} \begin{bmatrix} E \\ A^{-1} \end{bmatrix}.
$$

3.4　分块矩阵

对于行数和列数较高的矩阵 A,运算时常采用分块法,使大矩阵的运算化成小矩阵的运算.我们将矩阵 A 用若干条纵线和横线分成许多个小矩阵,每个小矩阵称为 A 的**子块**,以子块为元素的形式上的矩阵称为**分块矩阵**.

例如 A 是一个 3×4 矩阵

$$
A = \begin{bmatrix} a_{11} & a_{12} & a_{13} & a_{14} \\ a_{21} & a_{22} & a_{23} & a_{24} \\ a_{31} & a_{32} & a_{33} & a_{34} \end{bmatrix}.
$$

我们可以如下地把它分成 4 块：

$$A=\left[\begin{array}{cc:cc} a_{11} & a_{12} & a_{13} & a_{14} \\ \hdashline a_{21} & a_{22} & a_{23} & a_{24} \\ a_{31} & a_{32} & a_{33} & a_{34} \end{array}\right],$$

记

$$A_{11}=[a_{11}\quad a_{12}],\quad A_{12}=[a_{13}\quad a_{14}],$$

$$A_{21}=\begin{bmatrix} a_{21} & a_{22} \\ a_{31} & a_{32} \end{bmatrix},\quad A_{22}=\begin{bmatrix} a_{23} & a_{24} \\ a_{33} & a_{34} \end{bmatrix},$$

那么 A 可以简单写成

$$A=\begin{bmatrix} A_{11} & A_{12} \\ A_{21} & A_{22} \end{bmatrix}.$$

给定一个矩阵，由于横线、纵线的取法不同，所以可以得到不同的分块矩阵. 究竟取哪种分法合适，这要根据讨论问题的需要来决定. 分法取定后，同一行的子块有相同的行数，同一列的子块有相同的列数.

设 A、B 都是 $m\times n$ 矩阵，按同样的分法对 A，B 进行分块

$$A=\begin{bmatrix} A_{11} & A_{12} & \cdots & A_{1q} \\ \vdots & \vdots & & \vdots \\ A_{p1} & A_{p2} & \cdots & A_{pq} \end{bmatrix},\quad B=\begin{bmatrix} B_{11} & B_{12} & \cdots & B_{1q} \\ \vdots & \vdots & & \vdots \\ B_{p1} & B_{p2} & \cdots & B_{pq} \end{bmatrix},$$

于是

$$A\pm B=\begin{bmatrix} A_{11}\pm B_{11} & A_{12}\pm B_{12} & \cdots & A_{1q}\pm B_{1q} \\ \vdots & \vdots & & \vdots \\ A_{p1}\pm B_{p1} & A_{p2}\pm B_{p2} & \cdots & A_{pq}\pm B_{pq} \end{bmatrix}.$$

对于任意数 λ，有

$$\lambda A=\begin{bmatrix} \lambda A_{11} & \lambda A_{12} & \cdots & \lambda A_{1q} \\ \vdots & \vdots & & \vdots \\ \lambda A_{p1} & \lambda A_{p2} & \cdots & \lambda A_{pq} \end{bmatrix}.$$

这就是说，两个同型矩阵 A，B，如果按相同的分块法进行分块，那么 A 与 B 相加、减时，只需把对应位置的子块相加、减；用一个数乘一个分块矩阵时，只需用这个数乘各子块.

最常用的是分块矩阵的乘法. 设 A 为 $m\times s$ 矩阵，B 为 $s\times n$ 矩阵，对 A，B 进行分块，使 A 的列的分法与 B 的行的分法一致，即设

$$A=\begin{bmatrix} A_{11} & A_{12} & \cdots & A_{1t} \\ \vdots & \vdots & & \vdots \\ A_{p1} & A_{p2} & \cdots & A_{pt} \end{bmatrix},\quad B=\begin{bmatrix} B_{11} & B_{12} & \cdots & B_{1q} \\ \vdots & \vdots & & \vdots \\ B_{t1} & B_{t2} & \cdots & B_{tq} \end{bmatrix},$$

其中 $A_{i1},A_{i2},\cdots,A_{it}$ 的列数分别等于 $B_{1j},B_{2j},\cdots,B_{tj}$ 的行数$(i=1,2,\cdots,p;j=1,2,\cdots,q)$,那么

$$AB=\begin{bmatrix}C_{11} & C_{12} & \cdots & C_{1q}\\ \vdots & \vdots & & \vdots\\ C_{p1} & C_{p2} & \cdots & C_{pq}\end{bmatrix},$$

其中 $C_{ij}=\sum\limits_{k=1}^{t}A_{ik}B_{kj}(i=1,2,\cdots,p;j=1,2,\cdots,q)$.

例 1　设

$$A=\begin{bmatrix}1 & 0 & 0 & 0\\ 0 & 1 & 0 & 0\\ -1 & 2 & 1 & 0\\ 1 & 1 & 0 & 1\end{bmatrix},\quad B=\begin{bmatrix}1 & 0 & 1 & 0\\ -1 & 2 & 0 & 1\\ -1 & 0 & 4 & 1\\ -1 & -1 & 2 & 0\end{bmatrix},$$

求 AB.

解　把 A,B 进行分块

$$A=\left[\begin{array}{cc:cc}1 & 0 & 0 & 0\\ 0 & 1 & 0 & 0\\ \hdashline -1 & 2 & 1 & 0\\ 1 & 1 & 0 & 1\end{array}\right]=\begin{bmatrix}E & O\\ A_1 & E\end{bmatrix},$$

$$B=\left[\begin{array}{cc:cc}1 & 0 & 1 & 0\\ -1 & 2 & 0 & 1\\ \hdashline -1 & 0 & 4 & 1\\ -1 & -1 & 2 & 0\end{array}\right]=\begin{bmatrix}B_{11} & E\\ B_{21} & B_{22}\end{bmatrix},$$

$$\begin{aligned}AB&=\begin{bmatrix}E & 0\\ A_1 & E\end{bmatrix}\begin{bmatrix}B_{11} & E\\ B_{21} & B_{22}\end{bmatrix}\\ &=\begin{bmatrix}B_{11} & E\\ A_1B_{11}+B_{21} & A_1+B_{22}\end{bmatrix},\end{aligned}$$

而

$$\begin{aligned}&A_1B_{11}+B_{21}\\ &=\begin{bmatrix}-1 & 2\\ 1 & 1\end{bmatrix}\begin{bmatrix}1 & 0\\ -1 & 2\end{bmatrix}+\begin{bmatrix}-1 & 0\\ -1 & -1\end{bmatrix}\\ &=\begin{bmatrix}-3 & 4\\ 0 & 2\end{bmatrix}+\begin{bmatrix}-1 & 0\\ -1 & -1\end{bmatrix}=\begin{bmatrix}-4 & 4\\ -1 & 1\end{bmatrix},\end{aligned}$$

$$A_1+B_{22}=\begin{bmatrix}-1 & 2\\ 1 & 1\end{bmatrix}+\begin{bmatrix}4 & 1\\ 2 & 0\end{bmatrix}=\begin{bmatrix}3 & 3\\ 3 & 1\end{bmatrix},$$

于是

$$AB=\begin{bmatrix}1&0&1&0\\-1&2&0&1\\-4&4&3&3\\-1&1&3&1\end{bmatrix}.$$

设分块矩阵

$$A=\begin{bmatrix}A_{11}&A_{12}&\cdots&A_{1t}\\\vdots&\vdots&&\vdots\\A_{p1}&A_{p2}&\cdots&A_{pt}\end{bmatrix},$$

则 A 的转置

$$A'=\begin{bmatrix}A'_{11}&A'_{21}&\cdots&A'_{p1}\\\vdots&\vdots&&\vdots\\A'_{1t}&A'_{2t}&\cdots&A'_{pt}\end{bmatrix}.$$

分块矩阵

$$A=\begin{bmatrix}A_1&O&\cdots&O\\O&A_2&\cdots&O\\\vdots&\vdots&&\vdots\\O&O&\cdots&A_t\end{bmatrix}.$$

称为**分块对角矩阵**,其中 A_i是 n_i 阶矩阵($i=1,2,\cdots,t$).

对于两个阶数相同并且有相同分法的分块对角阵

$$A=\begin{bmatrix}A_1&O&\cdots&O\\O&A_2&\cdots&O\\\vdots&\vdots&&\vdots\\O&O&\cdots&A_t\end{bmatrix},\quad B=\begin{bmatrix}B_1&O&\cdots&O\\O&B_2&\cdots&O\\\vdots&\vdots&&\vdots\\O&O&\cdots&B_t\end{bmatrix}.$$

显然有

$$A+B=\begin{bmatrix}A_1+B_1&O&\cdots&O\\O&A_2+B_2&\cdots&O\\\vdots&\vdots&&\vdots\\O&O&\cdots&A_t+B_t\end{bmatrix},$$

$$AB=\begin{bmatrix}A_1B_1&O&\cdots&O\\O&A_2B_2&\cdots&O\\\vdots&\vdots&&\vdots\\O&O&\cdots&A_tB_t\end{bmatrix}.$$

分块对角阵的行列式有下述性质:$|A|=|A_1||A_2|\cdots|A_t|$,由此性质可知,若$|A_i|\neq 0$ $(i=1,2,\cdots,t)$,则$|A|\neq 0$,并且有

$$A^{-1}=\begin{bmatrix}A_1^{-1} & O & \cdots & O\\ O & A_2^{-1} & \cdots & O\\ \vdots & \vdots & & \vdots\\ O & O & \cdots & A_t^{-1}\end{bmatrix}.$$

例 2　设

$$A=\begin{bmatrix}5 & 0 & 0\\ 0 & 3 & 1\\ 0 & 2 & 1\end{bmatrix},$$

求 A^{-1}.

解　对 A 进行分块

$$A=\left[\begin{array}{c:cc}5 & 0 & 0\\ \hdashline 0 & 3 & 1\\ 0 & 2 & 1\end{array}\right]=\begin{bmatrix}A_1 & O\\ O & A_2\end{bmatrix},$$

其中子块

$$A_1=[5],\quad A_2=\begin{bmatrix}3 & 1\\ 2 & 1\end{bmatrix}$$

的逆矩阵分别为

$$A_1^{-1}=\left[\frac{1}{5}\right],\quad A_2^{-1}=\begin{bmatrix}1 & -1\\ -2 & 3\end{bmatrix},$$

所以

$$A^{-1}=\begin{bmatrix}A_1^{-1} & O\\ O & A_2^{-1}\end{bmatrix}=\begin{bmatrix}\frac{1}{5} & 0 & 0\\ 0 & 1 & -1\\ 0 & -2 & 3\end{bmatrix}.$$

例 3　设

$$D=\begin{bmatrix}A & O\\ C & B\end{bmatrix},$$

其中 A,B 分别是 k 阶、r 阶可逆矩阵，C 是 $r\times k$ 矩阵，O 是 $k\times r$ 零矩阵，求 D^{-1}.

解　设

$$D^{-1}=\begin{bmatrix}X_{11} & X_{12}\\ X_{21} & X_{22}\end{bmatrix},$$

于是

$$\begin{bmatrix}A & O\\ C & B\end{bmatrix}\begin{bmatrix}X_{11} & X_{12}\\ X_{21} & X_{22}\end{bmatrix}=\begin{bmatrix}E_k & O\\ O & E_r\end{bmatrix}.$$

由上式得

$$\begin{cases} AX_{11} = E_k, \\ AX_{12} = O, \\ CX_{11} + BX_{21} = O, \\ CX_{12} + BX_{22} = E_r. \end{cases}$$

解得

$$X_{11} = A^{-1}, \quad X_{12} = A^{-1}O = O,$$

$$X_{21} = -B^{-1}CA^{-1}, \quad X_{22} = B^{-1},$$

因此

$$D^{-1} = \begin{bmatrix} A^{-1} & O \\ -B^{-1}CA^{-1} & B^{-1} \end{bmatrix}.$$

例 4 证明两个矩阵的和的秩不超过这两个矩阵的秩的和,即

$$\mathrm{R}(A+B) \leqslant \mathrm{R}(A) + \mathrm{R}(B).$$

证 设 A,B 是两个 $m \times n$ 矩阵,用 $A_1, A_2, \cdots, A_m$ 及 $B_1, B_2, \cdots, B_m$ 分别表示 A 及 B 的行向量,于是 A,B 分块为

$$A = \begin{bmatrix} A_1 \\ A_2 \\ \vdots \\ A_m \end{bmatrix}, \quad B = \begin{bmatrix} B_1 \\ B_2 \\ \vdots \\ B_m \end{bmatrix}, \quad A+B = \begin{bmatrix} A_1 + B_1 \\ A_2 + B_2 \\ \vdots \\ A_m + B_m \end{bmatrix}.$$

由此可以看出,$A+B$ 的行向量可以由向量组

$$A_1, A_2, \cdots, A_m, B_1, B_2, \cdots, B_m$$

线性表示,因此

$$\begin{aligned} \mathrm{R}(A+B) &\leqslant \mathrm{R}\{A_1, A_2, \cdots, A_m, B_1, B_2, \cdots, B_m\} \\ &\leqslant \mathrm{R}\{A_1, A_2, \cdots, A_m\} + \mathrm{R}\{B_1, B_2, \cdots, B_m\} \\ &= \mathrm{R}(A) + \mathrm{R}(B). \end{aligned}$$

例 5 证明矩阵乘积的秩不超过各因子的秩,即

$$\mathrm{R}(AB) \leqslant \min\{\mathrm{R}(A), \mathrm{R}(B)\}.$$

证 设

$$A = \begin{bmatrix} a_{11} & a_{12} & \cdots & a_{1s} \\ a_{21} & a_{22} & \cdots & a_{2s} \\ \vdots & \vdots & & \vdots \\ a_{m1} & a_{m2} & \cdots & a_{ms} \end{bmatrix}, \quad B = \begin{bmatrix} b_{11} & b_{12} & \cdots & b_{1n} \\ b_{21} & b_{22} & \cdots & b_{2n} \\ \vdots & \vdots & & \vdots \\ b_{s1} & b_{s2} & \cdots & b_{sn} \end{bmatrix},$$

用 $B_1, B_2, \cdots, B_s$ 表示 B 的行向量,那么 B 可以表成分块矩阵

$$B=\begin{bmatrix}B_1\\B_2\\\vdots\\B_s\end{bmatrix},$$

于是

$$AB=\begin{bmatrix}a_{11}&a_{12}&\cdots&a_{1s}\\a_{21}&a_{22}&\cdots&a_{2s}\\\vdots&\vdots&&\vdots\\a_{m1}&a_{m2}&\cdots&a_{ms}\end{bmatrix}\begin{bmatrix}B_1\\B_2\\\vdots\\B_s\end{bmatrix}$$

$$=\begin{bmatrix}a_{11}B_1+a_{12}B_2+\cdots+a_{1s}B_s\\a_{21}B_1+a_{22}B_2+\cdots+a_{2s}B_s\\\vdots\\a_{m1}B_1+a_{m2}B_2+\cdots+a_{ms}B_s\end{bmatrix}.$$

这说明 AB 的行向量组可以由 B 的行向量组线性表示，所以

$$R(AB)\leqslant R(B).$$

另一方面，用 $A_1,A_2,\cdots,A_s$ 表示 A 的列向量，那么，A 表示为分块矩阵

$$A=[A_1\quad A_2\quad\cdots\quad A_s],$$

于是

$$AB=[A_1\quad A_2\quad\cdots\quad A_s]\begin{bmatrix}b_{11}&b_{12}&\cdots&b_{1n}\\b_{21}&b_{22}&\cdots&b_{2n}\\\vdots&\vdots&&\vdots\\b_{n1}&b_{n2}&\cdots&b_{sn}\end{bmatrix}$$

$$=\left[\sum_{k=1}^{S}b_{k1}A_k\sum_{k=1}^{S}b_{k2}A_k\cdots\sum_{k=1}^{S}b_{kn}A_k\right],$$

这说明 AB 的列向量组可以由 A 的列向量组线性表示，所以

$$R(AB)\leqslant R(A).$$

综合以上两方面，即得

$$R(AB)\leqslant\min\{R(A),R(B)\}.$$

用数学归纳法，可以把例 5 的结论推广到多个矩阵乘积的情形，即

$$R(A_1A_2\cdots A_n)\leqslant\min\{R(A_1),R(A_2),\cdots R(A_n)\}.$$

习 题 3

1. 已知两个线性变换

$$\begin{cases} x_1 = 2y_1 + y_3, \\ x_2 = -2y_1 + 3y_2 + 2y_3, \\ x_3 = 4y_1 + y_2 + 5y_3, \end{cases} \qquad \begin{cases} y_1 = -3z_1 + z_2, \\ y_2 = 2z_1 + z_3, \\ y_3 = -2z_2 + 3z_3, \end{cases}$$

利用矩阵的运算,求从 z_1,z_2,z_3 到 x_1,x_2,x_3 的线性变换.

2. 设

$$A = \begin{bmatrix} 1 & 1 & 1 \\ 1 & 1 & -1 \\ 1 & -1 & 1 \end{bmatrix}, \quad B = \begin{bmatrix} 1 & 2 & 3 \\ -1 & -2 & 4 \\ 1 & 0 & 1 \end{bmatrix},$$

计算 $3AB - 2A$ 及 $(B'A)'$.

3. 计算:

(1) $\begin{bmatrix} 2 & 3 & 1 \end{bmatrix} \begin{bmatrix} -1 \\ 1 \\ 1 \end{bmatrix}$; (2) $\begin{bmatrix} 2 \\ 1 \\ 3 \end{bmatrix} \begin{bmatrix} -1 & 2 \end{bmatrix}$;

(3) $\begin{bmatrix} 1 & -3 & 2 \\ 3 & -4 & 1 \\ 2 & -5 & 3 \end{bmatrix} \begin{bmatrix} 2 & 5 & 6 \\ 1 & 2 & 5 \\ 1 & 3 & 2 \end{bmatrix}$;

(4) $\begin{bmatrix} 4 & 3 \\ 7 & 5 \end{bmatrix} \begin{bmatrix} -28 & 93 \\ 38 & -126 \end{bmatrix} \begin{bmatrix} 7 & 3 \\ 2 & 1 \end{bmatrix}$;

(5) $\begin{bmatrix} 2 & 1 & 4 & 0 \\ 1 & -1 & 3 & 4 \end{bmatrix} \begin{bmatrix} 1 & 3 & 1 \\ 0 & -1 & 3 \\ 1 & -3 & 1 \\ 4 & 0 & -2 \end{bmatrix}$;

(6) $\begin{bmatrix} x_1 & x_2 & x_3 \end{bmatrix} \begin{bmatrix} a_{11} & a_{12} & a_{13} \\ a_{12} & a_{22} & a_{23} \\ a_{13} & a_{23} & a_{33} \end{bmatrix} \begin{bmatrix} x_1 \\ x_2 \\ x_3 \end{bmatrix}$;

(7) $\begin{bmatrix} \cos\theta & -\sin\theta \\ \sin\theta & \cos\theta \end{bmatrix}^n \quad (n \in \mathbf{N})$;

(8) $\begin{bmatrix} \lambda_1 & & & \\ & \lambda_2 & & \\ & & \ddots & \\ & & & \lambda_n \end{bmatrix}^k \quad (k \in \mathbf{N})$,

其中没有写出来的元素全都等于零;

(9) $\begin{bmatrix} \lambda & 1 & 0 \\ 0 & \lambda & 1 \\ 0 & 0 & \lambda \end{bmatrix}^n \quad (n \in \mathbf{N})$.

4. 设

$$A = \begin{bmatrix} 1 & 2 \\ 1 & 3 \end{bmatrix}, \quad B = \begin{bmatrix} 1 & 0 \\ 1 & 2 \end{bmatrix},$$

问：(1) $AB = BA$ 成立吗？

(2) $(A+B)^2 = A^2 + 2AB + B^2$ 成立吗？

(3) $(A+B)(A-B) = A^2 - B^2$ 成立吗？

5. 举例说明下列命题是错误的.

(1) 若 $A^2 = O$，则 $A = O$；

(2) 若 $A^2 = A$，则 $A = O$ 或 $A = E$；

(3) 若 $AX = AY$，且 $A \neq O$，则 $X = Y$.

6. 设 $f(\lambda) = a_0\lambda^n + a_1\lambda^{n-1} + \cdots + a_n$，$A$ 是一个 n 阶方阵，定义 $f(A) = a_0A^n + a_1A^{n-1} + \cdots + a_nE$，$f(A)$ 称为矩阵 A 的 n 次多项式.

(1) $f(\lambda) = \lambda^2 - 2\lambda + 3$，　$A = \begin{bmatrix} 2 & -1 \\ -3 & 3 \end{bmatrix}$，试求 $f(A)$；

(2) 设 $A = \begin{bmatrix} \lambda_1 & 0 \\ 0 & \lambda_2 \end{bmatrix}$，证明 $f(A) = \begin{bmatrix} f(\lambda_1) & 0 \\ 0 & f(\lambda_2) \end{bmatrix}$；

(3) 设 $B = P^{-1}AP$，证明 $B^k = P^{-1}A^kP$，$f(B) = P^{-1}f(A)P$.

7. 证明矩阵 $A = \begin{bmatrix} a & b \\ c & d \end{bmatrix}$ 满足方程

$$x^2 - (a+d)x + ad - bc = 0.$$

8. 设 A，B 为 n 阶矩阵，且 A 为对称矩阵，证明 $B'AB$ 也是对称矩阵.

9. 设 A，B 都是 n 阶对称矩阵，证明 AB 是对称矩阵的充分必要条件是 $AB = BA$.

10. 设 A 是 n 阶矩阵，若 $A' = -A$，则称矩阵 A 为反对称矩阵. 证明任一 n 阶矩阵可以表示为一对称矩阵与一反对称矩阵之和，且表示式唯一.

11. 求所有与 A 可交换的矩阵.

(1) $A = \begin{bmatrix} 1 & 1 \\ 0 & 1 \end{bmatrix}$；　(2) $A = \begin{bmatrix} 0 & 1 & 0 \\ 0 & 0 & 1 \\ 0 & 0 & 0 \end{bmatrix}$；　(3) $\begin{bmatrix} 3 & 1 & 0 \\ 0 & 3 & 1 \\ 0 & 0 & 3 \end{bmatrix}$.

12. 求下列矩阵的逆矩阵：

(1) $\begin{bmatrix} 1 & 2 \\ 3 & 4 \end{bmatrix}$；　　(2) $\begin{bmatrix} \cos\theta & -\sin\theta \\ \sin\theta & \cos\theta \end{bmatrix}$；

(3) $\begin{bmatrix}1&2&2\\2&1&-2\\2&-2&1\end{bmatrix}$；

(4) $\begin{bmatrix}3&-4&5\\2&-3&1\\3&-5&-1\end{bmatrix}$；

(5) $\begin{bmatrix}1&1&1&1\\1&1&-1&-1\\1&-1&1&-1\\1&-1&-1&1\end{bmatrix}$；

(6) $\begin{bmatrix}1&2&3&4\\2&3&1&2\\1&1&1&-1\\1&0&-2&-6\end{bmatrix}$；

(7) $\begin{bmatrix}a_1&0&\cdots&0\\0&a_2&\cdots&0\\\vdots&\vdots&&\vdots\\0&0&\cdots&a_n\end{bmatrix}$ $(a_1a_2\cdots a_n\neq 0)$；

(8) $\begin{bmatrix}1+a&1&1&\cdots&1\\1&1+a&1&\cdots&1\\1&1&1+a&\cdots&1\\\vdots&\vdots&\vdots&&\vdots\\1&1&1&\cdots&1+a\end{bmatrix}$（矩阵的阶是 n）.

13. 证明：(1) 两个上(下) 三角形矩阵的乘积仍是上(下) 三角形矩阵；

(2) 可逆的上(下) 三角形矩阵的乘积仍是可逆的上(下) 三角形矩阵.

14. 证明：(1) 如果 A 是可逆的对称(反对称 $A'=-A$) 矩阵，那么 A^{-1} 也是对称(反对称) 矩阵；

(2) 不存在奇数阶的可逆反对称矩阵，即奇数阶反对称矩阵的行列式一定为零.

15. 解下列矩阵方程：

(1) $\begin{bmatrix}1&2\\3&4\end{bmatrix}X=\begin{bmatrix}3\\5\end{bmatrix}$；

(2) $X\begin{bmatrix}3&-2\\5&-4\end{bmatrix}=\begin{bmatrix}-1&2\\-5&6\end{bmatrix}$；

(3) $\begin{bmatrix}3&-1\\5&-2\end{bmatrix}X\begin{bmatrix}5&6\\7&8\end{bmatrix}=\begin{bmatrix}14&16\\9&10\end{bmatrix}$；

(4) $\begin{bmatrix}1&2&-3\\3&2&-4\\2&-1&0\end{bmatrix}X=\begin{bmatrix}1&-3&0\\10&2&7\\10&7&8\end{bmatrix}$；

(5) $X\begin{bmatrix}5&3&1\\1&-3&-2\\-5&2&1\end{bmatrix}=\begin{bmatrix}-8&3&0\\-5&9&0\\-2&15&0\end{bmatrix}$；

(6) $\begin{bmatrix}2 & -3 & 1\\4 & -5 & 2\\5 & -7 & 3\end{bmatrix}X\begin{bmatrix}9 & 7 & 6\\1 & 1 & 2\\1 & 1 & 1\end{bmatrix}=\begin{bmatrix}2 & 0 & -2\\18 & 12 & 9\\23 & 15 & 11\end{bmatrix}$.

16. 设

$$A=\begin{bmatrix}3 & 2 & 2\\2 & 3 & -2\\2 & -2 & 3\end{bmatrix},\quad AB=A+2B,$$

求 B.

17. 设

$$A=\begin{bmatrix}2 & & \\ & 1 & \\ & & 1\end{bmatrix},\quad B=\begin{bmatrix}-3 & 0 & 0\\92 & 2 & 0\\79 & 48 & 1\end{bmatrix},$$

求 $|AB|+|B^{-1}|$.

18. 设 A 为三阶方阵，$|A|=\dfrac{1}{3}$，求 $|(2A)^{-1}-3A^*|$.

19. 设 $A^k=0\ (k\in\mathbf{N})$，证明

$$(E-A)^{-1}=E+A+A^2+\cdots+A^{k-1}.$$

20. 设 n 阶矩阵 A 满足 $A^2-2A=4E$，证明 $A+E$ 可逆，并求 $(A+E)^{-1}$.

21. 设矩阵 A 及 $A+B$ 可逆，证明 $E+A^{-1}B$ 也可逆，并求其逆.

22. 设 n 阶方阵 A 的伴随矩阵为 A^*，证明

(1) 若 $|A|=0$，则 $|A^*|=0$；

(2) $|A^*|=|A|^{n-1}$.

23. 设

$$A=\begin{bmatrix}3 & 4 & 0 & 0\\4 & -3 & 0 & 0\\0 & 0 & 2 & 0\\0 & 0 & 2 & 2\end{bmatrix},$$

求 $|A^8|$ 及 A^4.

24. 设 $a_1,a_2,\cdots,a_r$ 是互不相同的数，矩阵

$$A=\begin{bmatrix}a_1E_1 & 0 & \cdots & 0\\0 & a_2E_2 & \cdots & 0\\\vdots & \vdots & & \vdots\\0 & 0 & \cdots & a_rE_r\end{bmatrix},$$

其中 $E_i\,(i=1,2,\cdots,r)$ 是 n_i 阶单位矩阵，证明与 A 可交换的矩阵只能是分块对角形，

$$B=\begin{bmatrix} B_1 & 0 & \cdots & 0 \\ 0 & B_2 & \cdots & 0 \\ \vdots & \vdots & & \vdots \\ 0 & 0 & \cdots & B_r \end{bmatrix},$$

其中 B_i 是 n_i 阶矩阵($i=1,2,\cdots,r$).

25. 设 n 阶方阵 A 及 m 阶方阵 B 都可逆,求

$$\begin{bmatrix} O & A \\ B & O \end{bmatrix}^{-1}.$$

26. 设 $B_{n\times m}A_{m\times n}=E$,其中 $n\leqslant m$. 试证 A 的列向量组线性无关,即 $\mathrm{R}(A)=n$.

27. 设 $s_k=x_1^k+x_2^k+\cdots+x_n^k(k=0,1,2,\cdots)$;$a_{ij}=s_{i+j-2}(i,j=1,2,\cdots,n)$. 证明

$$\begin{vmatrix} a_{11} & a_{12} & \cdots & a_{1n} \\ a_{21} & a_{22} & \cdots & a_{2n} \\ \vdots & \vdots & & \vdots \\ a_{n1} & a_{n2} & \cdots & a_{nn} \end{vmatrix}=\prod_{1\leqslant j<i\leqslant n}(x_i-x_j)^2.$$

第 4 章　线性方程组

线性方程组的理论是线性代数中的重要内容之一，它是解决很多实际问题的有力工具，在工程技术、经济活动分析以及许多科学技术领域中都有广泛的应用.本章将讨论的方程组比第 1 章利用克拉默法则求解的方程组更具有一般性，即方程的个数与未知数的个数不一定相等；即使它们相等，方程组的系数行列式也不一定不等于零.

4.1　线性方程组解的判别

对于 n 元线性方程组

$$\begin{cases} a_{11}x_1 + a_{12}x_2 + \cdots + a_{1n}x_n = b_1, \\ a_{21}x_1 + a_{22}x_2 + \cdots + a_{2n}x_n = b_2, \\ \cdots\cdots\cdots\cdots \\ a_{m1}x_1 + a_{m2}x_2 + \cdots + a_{mn}x_n = b_m. \end{cases} \tag{4.1}$$

利用矩阵的乘法，可以把方程组(4.1) 表示为

$$A\boldsymbol{x} = \boldsymbol{b}, \tag{4.2}$$

其中系数矩阵

$$A = \begin{bmatrix} a_{11} & a_{12} & \cdots & a_{1n} \\ a_{21} & a_{22} & \cdots & a_{2n} \\ \vdots & \vdots & & \vdots \\ a_{m1} & a_{m2} & \cdots & a_{mn} \end{bmatrix},$$

$$\boldsymbol{x} = \begin{bmatrix} x_1 \\ x_2 \\ \vdots \\ x_n \end{bmatrix}, \quad \boldsymbol{b} = \begin{bmatrix} b_1 \\ b_2 \\ \vdots \\ b_m \end{bmatrix}.$$

而与方程组(4.1) 对应的增广矩阵

$$\overline{A} = \begin{bmatrix} a_{11} & a_{12} & \cdots & a_{1n} & b_1 \\ a_{21} & a_{22} & \cdots & a_{2n} & b_2 \\ \vdots & \vdots & & \vdots & \vdots \\ a_{m1} & a_{m2} & \cdots & a_{mn} & b_m \end{bmatrix}.$$

由第 2 章的讨论可知，方程组(4.1) 与增广矩阵 $\overline{A}$ 具有一一对应关系，而对方程组(4.1) 进行加减消元相当于对增广矩阵 $\overline{A}$ 进行初等行变换. 若对 $\overline{A}$ 进行一系列初等行变换后变成矩阵

$$\overline{A}_1 = \begin{bmatrix} a'_{11} & a'_{12} & \cdots & a'_{1n} & b'_1 \\ a'_{21} & a'_{22} & \cdots & a'_{2n} & b'_2 \\ \vdots & \vdots & & \vdots & \vdots \\ a'_{m1} & a'_{m2} & \cdots & a'_{mn} & b'_m \end{bmatrix}.$$

显然 $\overline{A}_1$ 对应的方程组

$$\begin{cases} a'_{11}x_1 + a'_{12}x_2 + \cdots + a'_{1n}x_n = b'_1, \\ a'_{21}x_1 + a'_{22}x_2 + \cdots + a'_{2n}x_n = b'_2, \\ \cdots\cdots\cdots\cdots \\ a'_{m1}x_1 + a'_{m2}x_2 + \cdots + a'_{mn}x_n = b'_m \end{cases}$$

与方程组(4.1) 同解，因此求解方程组的问题就可利用矩阵的初等行变换进行. 下面通过几个例子说明一般线性方程组的解可能会出现的几种情况.

例 1 解线性方程组

$$\begin{cases} x_1 + x_2 + 2x_3 = 1, \\ 2x_1 - x_2 + 2x_3 = 4, \\ x_1 - 2x_2 = 3, \\ 4x_1 + x_2 + 4x_3 = 2. \end{cases}$$

解 对方程组的增广矩阵进行初等行变换

$$\overline{A} = \begin{bmatrix} 1 & 1 & 2 & 1 \\ 2 & -1 & 2 & 4 \\ 1 & -2 & 0 & 3 \\ 4 & 1 & 4 & 2 \end{bmatrix} \underset{\substack{r_3 - r_1 \\ r_4 - 4r_1}}{\overset{r_2 - 2r_1}{\sim}} \begin{bmatrix} 1 & 1 & 2 & 1 \\ 0 & -3 & -2 & 2 \\ 0 & -3 & -2 & 2 \\ 0 & -3 & -4 & -2 \end{bmatrix}$$

$$\underset{r_4 - r_2}{\overset{r_3 - r_2}{\sim}} \begin{bmatrix} 1 & 1 & 2 & 1 \\ 0 & -3 & -2 & 2 \\ 0 & 0 & 0 & 0 \\ 0 & 0 & -2 & -4 \end{bmatrix} \underset{\substack{r_3 \leftrightarrow r_4 \\ r_3 \times (-1/2)}}{\overset{r_2 \times (-1/3)}{\sim}} \begin{bmatrix} 1 & 1 & 2 & 1 \\ 0 & 1 & \frac{2}{3} & -\frac{2}{3} \\ 0 & 0 & 1 & 2 \\ 0 & 0 & 0 & 0 \end{bmatrix}.$$

于是得到与原方程组同解的方程组

$$\begin{cases} x_1 + x_2 + 2x_3 = 1, \\ x_2 + \frac{2}{3}x_3 = -\frac{2}{3}, \\ x_3 = 2. \end{cases}$$

显然这个方程组有唯一解：$x_1 = -1$，$x_2 = -2$，$x_3 = 2$. 这也是原方程组的唯一

解.

例 2　解线性方程组

$$\begin{cases} x_1-2x_2+3x_3-4x_4=4, \\ x_2-x_3+x_4=-3, \\ x_1+3x_2-3x_4=1, \\ -7x_2+3x_3+x_4=-3. \end{cases}$$

解　对方程组的增广矩阵进行初等行变换

$$\overline{A}=\begin{bmatrix} 1 & -2 & 3 & -4 & 4 \\ 0 & 1 & -1 & 1 & -3 \\ 1 & 3 & 0 & -3 & 1 \\ 0 & -7 & 3 & 1 & -3 \end{bmatrix}$$

$$\overset{r_3-r_1}{\sim}\begin{bmatrix} 1 & -2 & 3 & -4 & 4 \\ 0 & 1 & -1 & 1 & -3 \\ 0 & 5 & -3 & 1 & -3 \\ 0 & -7 & 3 & 1 & -3 \end{bmatrix}$$

$$\underset{r_4+7r_2}{\overset{r_3-5r_2}{\sim}}\begin{bmatrix} 1 & -2 & 3 & -4 & 4 \\ 0 & 1 & -1 & 1 & -3 \\ 0 & 0 & 2 & -4 & 12 \\ 0 & 0 & -4 & 8 & -24 \end{bmatrix}$$

$$\underset{r_3\times\frac{1}{2}}{\overset{r_4+2r_3}{\sim}}\begin{bmatrix} 1 & -2 & 3 & -4 & 4 \\ 0 & 1 & -1 & 1 & -3 \\ 0 & 0 & 1 & -2 & 6 \\ 0 & 0 & 0 & 0 & 0 \end{bmatrix},$$

于是就得到与原方程组同解的方程组

$$\begin{cases} x_1-2x_2+3x_3-4x_4=4, \\ x_2-x_3+x_4=-3, \\ x_3-2x_4=6. \end{cases}$$

把这个方程组改写为

$$\begin{cases} x_1-2x_2+3x_3=4+4x_4, \\ x_2-x_3=-3-x_4, \\ x_3=6+2x_4. \end{cases}$$

把 x_1,x_2,x_3 用 x_4 表示出来：

$$\begin{cases} x_1=-8, \\ x_2=3+x_4, \\ x_3=6+2x_4. \end{cases}$$

当 x_4 取定某一个值 k 后，就可以从上面这一组等式求出 x_1, x_2, x_3. 所以原方程组的解可以表示为

$$\begin{cases} x_1 = -8, \\ x_2 = 3 + k, \\ x_3 = 6 + 2k, \\ x_4 = k, \end{cases}$$

其中 k 是任意数，这个方程组有无穷多个解.

例 3 求解线性方程组

$$\begin{cases} x_1 - 2x_2 + 3x_3 - x_4 - x_5 = 2, \\ x_1 + x_2 - x_3 + x_4 - 2x_5 = 1, \\ 2x_1 - x_2 + x_3 - 2x_5 = 2, \\ 2x_1 + 2x_2 - 5x_3 + 2x_4 - x_5 = 5. \end{cases}$$

解 对方程组的增广矩阵进行初等行变换

$$\overline{A} = \begin{bmatrix} 1 & -2 & 3 & -1 & -1 & 2 \\ 1 & 1 & -1 & 1 & -2 & 1 \\ 2 & -1 & 1 & 0 & -2 & 2 \\ 2 & 2 & -5 & 2 & -1 & 5 \end{bmatrix}$$

$$\underset{\substack{r_3-2r_1 \\ r_4-2r_1}}{\overset{r_2-r_1}{\sim}} \begin{bmatrix} 1 & -2 & 3 & -1 & -1 & 2 \\ 0 & 3 & -4 & 2 & -1 & -1 \\ 0 & 3 & -5 & 2 & 0 & -2 \\ 0 & 6 & -11 & 4 & 1 & 1 \end{bmatrix}$$

$$\underset{r_4-2r_3}{\overset{r_3-r_2}{\sim}} \begin{bmatrix} 1 & -2 & 3 & -1 & -1 & 2 \\ 0 & 3 & -4 & 2 & -1 & -1 \\ 0 & 0 & -1 & 0 & 1 & -1 \\ 0 & 0 & -3 & 0 & 3 & 3 \end{bmatrix}$$

$$\overset{r_4-3r_3}{\sim} \begin{bmatrix} 1 & -2 & 3 & -1 & -1 & 2 \\ 0 & 3 & -4 & 2 & -1 & -1 \\ 0 & 0 & -1 & 0 & 1 & -1 \\ 0 & 0 & 0 & 0 & 0 & 6 \end{bmatrix}.$$

由于此矩阵的最后一行对应矛盾方程

$$0x_1 + 0x_2 + 0x_3 + 0x_4 + 0x_5 = 6,$$

所以原方程组无解.

总结以上三个例子可以看出，一般线性方程组的解可能会出现三种情况：有唯一解、有无穷多解或无解. 更进一步，对于有解的例 1 和例 2，我们注意到 $R(A) = R(\overline{A})$，而对无解的例 3，则有 $R(A) < R(\overline{A})$.

一般地,我们有下面的结论.

定理 4.1.1　线性方程组(4.1)有解的充分必要条件是它的系数矩阵 A 与增广矩阵 $\overline{A}$ 有相同的秩,即 $R(A)=R(\overline{A})$.

证　对于一般线性方程组(4.1),设

$$\boldsymbol{\alpha}_1=\begin{bmatrix}a_{11}\\a_{21}\\\vdots\\a_{m1}\end{bmatrix},\quad \boldsymbol{\alpha}_2=\begin{bmatrix}a_{12}\\a_{22}\\\vdots\\a_{m2}\end{bmatrix},\quad \cdots,\quad \boldsymbol{\alpha}_n=\begin{bmatrix}a_{1n}\\a_{2n}\\\vdots\\a_{mn}\end{bmatrix},\quad \boldsymbol{\beta}=\begin{bmatrix}b_1\\b_2\\\vdots\\b_m\end{bmatrix},$$

则线性方程组(4.1)与

$$x_1\boldsymbol{\alpha}_1+x_2\boldsymbol{\alpha}_2+\cdots+x_n\boldsymbol{\alpha}_n=\boldsymbol{\beta}\tag{4.3}$$

等价.并且

$$A=[\boldsymbol{\alpha}_1\quad \boldsymbol{\alpha}_2\quad \cdots\quad \boldsymbol{\alpha}_n],$$
$$\overline{A}=[\boldsymbol{\alpha}_1\quad \boldsymbol{\alpha}_2\quad \cdots\quad \boldsymbol{\alpha}_n\quad \boldsymbol{\beta}].$$

必要性　若方程组有解,则由(4.3)式知 $\boldsymbol{\beta}$ 可由 $\boldsymbol{\alpha}_1,\boldsymbol{\alpha}_2,\cdots,\boldsymbol{\alpha}_n$ 线性表示,于是向量组 $\boldsymbol{\alpha}_1,\boldsymbol{\alpha}_2,\cdots,\boldsymbol{\alpha}_n$ 与向量组 $\boldsymbol{\alpha}_1,\boldsymbol{\alpha}_2,\cdots,\boldsymbol{\alpha}_n,\boldsymbol{\beta}$ 等价.由性质 2.3.1 知

$$R\{\boldsymbol{\alpha}_1,\boldsymbol{\alpha}_2,\cdots,\boldsymbol{\alpha}_n\}=R\{\boldsymbol{\alpha}_1,\boldsymbol{\alpha}_2,\cdots,\boldsymbol{\alpha}_n,\boldsymbol{\beta}\},$$

所以 $R(A)=R(\overline{A})$.

充分性　若 $R(A)=R(\overline{A})$,则向量组 $\boldsymbol{\alpha}_1,\boldsymbol{\alpha}_2,\cdots,\boldsymbol{\alpha}_n$ 与向量组 $\boldsymbol{\alpha}_1,\boldsymbol{\alpha}_2,\cdots,\boldsymbol{\alpha}_n,\boldsymbol{\beta}$ 有相同的秩,又向量组 $\boldsymbol{\alpha}_1,\boldsymbol{\alpha}_2,\cdots,\boldsymbol{\alpha}_n$ 可由向量组 $\boldsymbol{\alpha}_1,\boldsymbol{\alpha}_2,\cdots,\boldsymbol{\alpha}_n,\boldsymbol{\beta}$ 线性表示,所以向量组 $\boldsymbol{\alpha}_1,\boldsymbol{\alpha}_2,\cdots,\boldsymbol{\alpha}_n$ 的最大无关组一定是向量组 $\boldsymbol{\alpha}_1,\boldsymbol{\alpha}_2,\cdots,\boldsymbol{\alpha}_n,\boldsymbol{\beta}$ 的最大无关组,因此 $\boldsymbol{\beta}$ 可由向量组 $\boldsymbol{\alpha}_1,\boldsymbol{\alpha}_2,\cdots,\boldsymbol{\alpha}_n$ 线性表示.由(4.3)式知,方程组(4.1)有解.

推论 1　当 $R(A)\neq R(\overline{A})$ 时,方程组(4.1)无解.

推论 2　如果方程组(4.1)有解,则它有唯一解的充分必要条件是

$$R(A)=R(\overline{A})=n.$$

证　充分性　由于方程组(4.1)有解,由(4.3)式可知 $\boldsymbol{\beta}$ 可由 $\boldsymbol{\alpha}_1,\boldsymbol{\alpha}_2,\cdots,\boldsymbol{\alpha}_n$ 线性表示.又 $R(A)=n$,故 $\boldsymbol{\alpha}_1,\boldsymbol{\alpha}_2,\cdots,\boldsymbol{\alpha}_n$ 线性无关,由定理 2.3.2 知 $\boldsymbol{\beta}$ 由 $\boldsymbol{\alpha}_1,\boldsymbol{\alpha}_2,\cdots,\boldsymbol{\alpha}_n$ 线性表示的表示式唯一,即方程组(4.1)有唯一解.

必要性　不妨假设 A 的前 r 列线性无关,由于方程组有解,假设 $R(A)=R(\overline{A})=r<n$,对 $\overline{A}$ 作初等行变换化为行最简形后对应的同解方程组为

$$\begin{cases}x_1=d_1-c_{1\,r+1}x_{r+1}-\cdots-c_{1\,n}x_n,\\x_2=d_2-c_{2\,r+1}x_{r+1}-\cdots-c_{2\,n}x_n,\\\cdots\cdots\cdots\cdots\\x_r=d_r-c_{r\,r+1}x_{r+1}-\cdots-c_{r\,n}x_n.\end{cases}\tag{4.4}$$

若给定 $x_{r+1},\cdots,x_n$ 一组确定的数,由(4.4)式可得方程组(4.1)的一组解,当

$x_{r+1},\cdots,x_n$ 取两组不同的数时，便得到方程组(4.1)的两组不同的解，这与方程组(4.1)有唯一的解矛盾，故 $r=n$.

推论 3 若方程组(4.1)有解，且 $R(A)=R(\overline{A})<n$，则方程组(4.1)有无穷多解.

例 4 判断线性方程组

$$\begin{cases}x_1-2x_2+3x_3-x_4=1,\\3x_1-x_2+5x_3-3x_4=2,\\2x_1+x_2+2x_3-2x_4=3\end{cases}$$

是否有解.

解 对方程组的增广矩阵 $\overline{A}$ 施行初等行变换

$$\overline{A}=\begin{bmatrix}1&-2&3&-1&1\\3&-1&5&-3&2\\2&1&2&-2&3\end{bmatrix}$$

$$\underset{r_3-2r_1}{\overset{r_2-3r_1}{\sim}}\begin{bmatrix}1&-2&3&-1&1\\0&5&-4&0&-1\\0&5&-4&0&1\end{bmatrix}$$

$$\overset{r_3-r_2}{\sim}\begin{bmatrix}1&-2&3&-1&1\\0&5&-4&0&-1\\0&0&0&0&2\end{bmatrix}.$$

可见 $R(A)=2$, $R(\overline{A})=3$，由定理知方程组无解.

例 5 非齐次线性方程组

$$\begin{cases}-2x_1+x_2+x_3=-2,\\x_1-2x_2+x_3=\lambda,\\x_1+x_2-2x_3=\lambda^2.\end{cases}$$

当 λ 取何值时有解？并求出它的全部解.

解 对增广矩阵进行初等行变换

$$\overline{A}=\begin{bmatrix}-2&1&1&-2\\1&-2&1&\lambda\\1&1&-2&\lambda^2\end{bmatrix}\overset{r_1\leftrightarrow r_3}{\sim}\begin{bmatrix}1&1&-2&\lambda^2\\1&-2&1&\lambda\\-2&1&1&-2\end{bmatrix}$$

$$\underset{r_3+2r_1}{\overset{r_2-r_1}{\sim}}\begin{bmatrix}1&1&-2&\lambda^2\\0&-3&3&\lambda-\lambda^2\\0&3&-3&-2+2\lambda^2\end{bmatrix}$$

$$\overset{r_3+r_2}{\sim}\begin{bmatrix}1&1&-2&\lambda^2\\0&-3&3&\lambda-\lambda^2\\0&0&0&-2+\lambda+\lambda^2\end{bmatrix},$$

当 $-2+\lambda+\lambda^2=0$,即 $\lambda=1$ 或 $\lambda=-2$ 时,$R(A)=R(\overline{A})=2$,方程组有解.

当 $\lambda=1$ 时,

$$\overline{A}\sim\begin{bmatrix}1&1&-2&1\\0&-3&3&0\\0&0&0&0\end{bmatrix}\overset{r_2\times(-\frac{1}{3})}{\underset{r_1-r_2}{\sim}}\begin{bmatrix}1&0&-1&1\\0&1&-1&0\\0&0&0&0\end{bmatrix},$$

与原方程组同解的方程组为

$$\begin{cases}x_1-x_3=1,\\x_2-x_3=0,\end{cases}$$

即

$$\begin{cases}x_1=x_3+1,\\x_2=x_3.\end{cases}$$

因此,当 $\lambda=1$ 时,原方程组的全部解可表示为

$$\begin{bmatrix}x_1\\x_2\\x_3\end{bmatrix}=\begin{bmatrix}k+1\\k\\k\end{bmatrix}=k\begin{bmatrix}1\\1\\1\end{bmatrix}+\begin{bmatrix}1\\0\\0\end{bmatrix},$$

其中 k 是任意数,容易看出

$$\begin{bmatrix}1\\1\\1\end{bmatrix},\quad\begin{bmatrix}1\\0\\0\end{bmatrix}$$

分别是此方程组对应的齐次方程组的一个非零解与它的一个解.

当 $\lambda=-2$ 时,

$$\overline{A}\sim\begin{bmatrix}1&1&-2&4\\0&-3&3&-6\\0&0&0&0\end{bmatrix}\overset{r_2\times(-\frac{1}{3})}{\underset{r_1-r_2}{\sim}}\begin{bmatrix}1&0&-1&2\\0&1&-1&2\\0&0&0&0\end{bmatrix}$$

与原方程组同解的方程组为

$$\begin{cases}x_1-x_3=2,\\x_2-x_3=2,\end{cases}$$

即

$$\begin{cases}x_1=x_3+2,\\x_2=x_3+2.\end{cases}$$

因此,当 $\lambda=2$ 时,原方程组的全部解可表示为

$$\begin{bmatrix}x_1\\x_2\\x_3\end{bmatrix}=\begin{bmatrix}k\\k\\k-2\end{bmatrix}=k\begin{bmatrix}1\\1\\1\end{bmatrix}+\begin{bmatrix}0\\0\\-2\end{bmatrix},$$

其中 k 是任意数. 容易看出

$$\begin{bmatrix}1\\1\\1\end{bmatrix},\quad\begin{bmatrix}0\\0\\-2\end{bmatrix}$$

分别是此方程组对应的齐次方程组的一个非零解与它的一个解.

4.2 齐次线性方程组

设齐次线性方程组

$$\begin{cases}a_{11}x_1+a_{12}x_2+\cdots+a_{1n}x_n=0,\\a_{21}x_1+a_{22}x_2+\cdots+a_{2n}x_n=0,\\\cdots\cdots\cdots\cdots\\a_{m1}x_1+a_{m2}x_2+\cdots+a_{mn}x_n=0.\end{cases}\tag{4.5}$$

其系数矩阵

$$A=\begin{bmatrix}a_{11}&a_{12}&\cdots&a_{1n}\\a_{21}&a_{22}&\cdots&a_{2n}\\\vdots&\vdots&&\vdots\\a_{m1}&a_{m2}&\cdots&a_{mn}\end{bmatrix}.$$

令

$$\boldsymbol{x}=\begin{bmatrix}x_1\\x_2\\\vdots\\x_n\end{bmatrix},\quad\boldsymbol{0}=\begin{bmatrix}0\\0\\\vdots\\0\end{bmatrix},$$

则线性方程组(4.5) 与矩阵方程

$$A\boldsymbol{x}=\boldsymbol{0}\tag{4.6}$$

等价. 显然,线性方程组(4.5) 总是有解的.

若 $x_1,x_2,\cdots,x_n$ 为方程组(4.5) 的解,则

$$\boldsymbol{x}=\begin{bmatrix}x_1\\x_2\\\vdots\\x_n\end{bmatrix}$$

是方程(4.6) 的解,也是线性方程组(4.5) 的解(向量).

线性方程组(4.5) 的解向量具有下面两个重要性质.

性质 4.2.1 两个解向量的和仍然是解向量,即设 $\boldsymbol{\xi}_1,\boldsymbol{\xi}_2$ 是方程组(4.5) 的解向量,则 $\boldsymbol{\xi}_1+\boldsymbol{\xi}_2$ 也是(4.5) 的解向量.

证 只需验证 $\boldsymbol{\xi}_1+\boldsymbol{\xi}_2$ 满足线性方程组(4.6) 即可. 因为 $\boldsymbol{\xi}_1,\boldsymbol{\xi}_2$ 是方程组(4.5)

的解向量,所以 $A\boldsymbol{\xi}_1 = \mathbf{0}$, $A\boldsymbol{\xi}_2 = \mathbf{0}$,而

$$A(\boldsymbol{\xi}_1 + \boldsymbol{\xi}_2) = A\boldsymbol{\xi}_1 + A\boldsymbol{\xi}_2 = \mathbf{0} + \mathbf{0} = \mathbf{0}.$$

故 $\boldsymbol{\xi}_1 + \boldsymbol{\xi}_2$ 满足方程(4.6),即为方程组(4.5) 的解向量.

性质 4.2.2　一个解向量的倍数仍为解向量,即设 $\boldsymbol{\xi}$ 是方程组(4.5) 的解向量,λ 是任意数,则 $\lambda\boldsymbol{\xi}$ 也是方程组(4.5) 的解向量.

证　由于 $A(\lambda\boldsymbol{\xi}) = \lambda(A\boldsymbol{\xi}) = \lambda\mathbf{0} = \mathbf{0}$,所以 $\lambda\boldsymbol{\xi}$ 是方程组(4.5) 的解向量.

由性质 4.2.1、4.2.2 知,齐次线性方程组(4.5) 的解向量的线性组合仍是(4.5) 的解向量,即设 $\boldsymbol{\xi}_1, \boldsymbol{\xi}_2, \cdots, \boldsymbol{\xi}_{n-r}$ 都是方程组(4.5) 的解向量, $\lambda_1, \lambda_2, \cdots, \lambda_{n-r}$ 为任意数,则 $\lambda_1\boldsymbol{\xi}_1 + \lambda_2\boldsymbol{\xi}_2 + \cdots + \lambda_{n-r}\boldsymbol{\xi}_{n-r}$ 仍是方程组(4.5) 的解. 因此,方程组(4.5) 的全部解向量构成了一个向量空间,称为方程组(4.5) 的**解空间**,它是 $\mathbf{R}^n$ 的一个子空间.

如果方程组(4.5) 有非零解,由以上性质知,它一定有无穷多非零解. 要求出(4.5) 的所有解,只需求出解空间的一个基就行了.

下面我们来求解空间的一个基.

设线性方程组(4.5) 的系数矩阵 A 的秩为 r,不妨假设 A 的前 r 个列向量线性无关,于是 A 的行最简形为

$$I = \begin{bmatrix} 1 & \cdots & 0 & b_{1\,r+1} & \cdots & b_{1n} \\ \vdots & & \vdots & \vdots & & \vdots \\ 0 & \cdots & 1 & b_{r\,r+1} & \cdots & b_{rn} \\ 0 & \cdots & 0 & 0 & \cdots & 0 \\ \vdots & & \vdots & \vdots & & \vdots \\ 0 & \cdots & 0 & 0 & \cdots & 0 \end{bmatrix}.$$

与 I 对应的线性方程组为

$$\begin{cases} x_1 = -b_{1\,r+1}x_{r+1} - \cdots - b_{1n}x_n, \\ \quad\cdots\cdots\cdots\cdots \\ x_r = -b_{r\,r+1}x_{r+1} - \cdots - b_{rn}x_n. \end{cases} \tag{4.7}$$

显然,线性方程组(4.5) 与方程组(4.7) 同解. 在方程组(4.7) 中,任给 $x_{r+1}, \cdots, x_n$ 一组值,可唯一确定 $x_1, x_2, \cdots, x_r$ 的值,就得到方程组(4.7) 的一个解,也就是方程组(4.5) 的解,我们把 $x_{r+1}, \cdots, x_n$ 称为**自由未知量**.

令 $x_{r+1}, \cdots, x_n$ 分别取下列 $n-r$ 组数:

$$\begin{bmatrix} x_{r+1} \\ x_{r+2} \\ \vdots \\ x_n \end{bmatrix} = \begin{bmatrix} 1 \\ 0 \\ \vdots \\ 0 \end{bmatrix}, \begin{bmatrix} 0 \\ 1 \\ \vdots \\ 0 \end{bmatrix}, \cdots, \begin{bmatrix} 0 \\ 0 \\ \vdots \\ 1 \end{bmatrix}.$$

由方程组(4.7) 依次可得

$$\begin{bmatrix} x_1 \\ \vdots \\ x_r \end{bmatrix} = \begin{bmatrix} -b_{1\,r+1} \\ \vdots \\ -b_{r\,r+1} \end{bmatrix}, \quad \begin{bmatrix} -b_{1\,r+2} \\ \vdots \\ -b_{r\,r+2} \end{bmatrix}, \quad \cdots, \quad \begin{bmatrix} -b_{1\,n} \\ \vdots \\ -b_{r\,n} \end{bmatrix}.$$

从而得到方程组(4.7)也就是方程组(4.5)的 $n-r$ 个解:

$$\boldsymbol{\xi}_1 = \begin{bmatrix} -b_{1\,r+1} \\ \vdots \\ -b_{r\,r+1} \\ 1 \\ 0 \\ \vdots \\ 0 \end{bmatrix}, \quad \boldsymbol{\xi}_2 = \begin{bmatrix} -b_{1\,r+2} \\ \vdots \\ -b_{r\,r+2} \\ 0 \\ 1 \\ \vdots \\ 0 \end{bmatrix}, \quad \cdots, \quad \boldsymbol{\xi}_{n-r} = \begin{bmatrix} -b_{1\,n} \\ \vdots \\ -b_{r\,n} \\ 0 \\ 0 \\ \vdots \\ 1 \end{bmatrix}.$$

下面证明 $\boldsymbol{\xi}_1,\boldsymbol{\xi}_2,\cdots,\boldsymbol{\xi}_{n-r}$ 是解空间的一个基.

首先由于

$$\begin{bmatrix} x_{r+1} \\ x_{r+2} \\ \vdots \\ x_n \end{bmatrix}$$

所取的 $n-r$ 个 $n-r$ 维向量

$$\begin{bmatrix} 1 \\ 0 \\ \vdots \\ 0 \end{bmatrix}, \quad \begin{bmatrix} 0 \\ 1 \\ \vdots \\ 0 \end{bmatrix}, \quad \cdots, \quad \begin{bmatrix} 0 \\ 0 \\ \vdots \\ 1 \end{bmatrix}$$

线性无关,所以在每个向量前面添加 r 个分量而得到的 $n-r$ 个 n 维向量 $\boldsymbol{\xi}_1,\boldsymbol{\xi}_2,\cdots,\boldsymbol{\xi}_{n-r}$ 也是线性无关的.

其次,证明方程组(4.5)的任一解

$$\boldsymbol{\xi} = \begin{bmatrix} \lambda_1 \\ \vdots \\ \lambda_r \\ \lambda_{r+1} \\ \vdots \\ \lambda_n \end{bmatrix}$$

都可由 $\boldsymbol{\xi}_1,\boldsymbol{\xi}_2,\cdots,\boldsymbol{\xi}_{n-r}$ 线性表示. 为此,作向量

$$\boldsymbol{\eta} = \lambda_{r+1}\boldsymbol{\xi}_1 + \lambda_{r+2}\boldsymbol{\xi}_2 + \cdots + \lambda_n\boldsymbol{\xi}_{n-r},$$

由于 $\boldsymbol{\xi}_1,\boldsymbol{\xi}_2,\cdots,\boldsymbol{\xi}_{n-r}$ 是方程组(4.5)的解,故 $\boldsymbol{\eta}$ 也是方程组(4.5)的解. 比较 $\boldsymbol{\eta}$ 与 $\boldsymbol{\xi}$ 知,它们的后面 $n-r$ 个分量对应相等,而线性方程组(4.7)表明它的任一解的前 r

个分量可由后 $n-r$ 个分量唯一确定，因此 $\boldsymbol{\eta}=\boldsymbol{\xi}$，即

$$\boldsymbol{\xi}=\lambda_{r+1}\boldsymbol{\xi}_1+\lambda_{r+2}\boldsymbol{\xi}_2+\cdots+\lambda_n\boldsymbol{\xi}_{n-r}.$$

这样就证明了 $\boldsymbol{\xi}_1,\boldsymbol{\xi}_2,\cdots,\boldsymbol{\xi}_{n-r}$ 是解空间的一个基，从而知解空间的维数是 $n-r$.

上面给出了一种求解空间的基的方法. 当然，求基的方法很多，而解空间的基也不唯一，事实上方程组(4.5)的任意 $n-r$ 个线性无关的解向量，都可作为解空间的基.

方程组(4.5)解空间的基又称为方程组的**基础解系**.

当方程组(4.5)的系数矩阵的秩 $\mathrm{R}(A)=n$ 时，方程组(4.5)只有零解，因而没有基础解系(此时解空间只有一个零向量)；当 $\mathrm{R}(A)=r<n$ 时，方程组(4.5)必有含 $n-r$ 个向量的基础解系，设求得 $\boldsymbol{\xi}_1,\boldsymbol{\xi}_2,\cdots,\boldsymbol{\xi}_{n-r}$ 为方程组(4.5)的一个基础解系，则(4.5)的任一解 $\boldsymbol{x}$ 可表示为

$$\boldsymbol{x}=k_1\boldsymbol{\xi}_1+k_2\boldsymbol{\xi}_2+\cdots+k_{n-r}\boldsymbol{\xi}_{n-r},$$

其中 $k_1,k_2,\cdots,k_{n-r}$ 为任意常数. 上式称为方程组(4.5)的**通解**，此时解空间可表示为

$$\{\boldsymbol{x}=k_1\boldsymbol{\xi}_1+k_2\boldsymbol{\xi}_2+\cdots+k_{n-r}\boldsymbol{\xi}_{n-r}\mid k_1,\cdots,k_{n-r}\text{ 为任意数}\}.$$

由此可见，方程组(4.5)有非零解的充分必要条件为 $\mathrm{R}(A)<n$，并且解空间的维数即基础解系所含解向量的个数为 $n-r$.

例 1　解线性方程组

$$\begin{cases}x_1+2x_2+2x_3+x_4=0,\\2x_1+x_2-2x_3-2x_4=0,\\x_1-x_2-4x_3-3x_4=0.\end{cases}$$

解　对系数矩阵进行初等行变换化为行最简形

$$A=\begin{bmatrix}1&2&2&1\\2&1&-2&-2\\1&-1&-4&-3\end{bmatrix}\overset{r_2-2r_1}{\underset{r_3-r_1}{\sim}}\begin{bmatrix}1&2&2&1\\0&-3&-6&-4\\0&-3&-6&-4\end{bmatrix}$$

$$\overset{r_3-r_2}{\underset{r_2\times(-\frac{1}{3})}{\sim}}\begin{bmatrix}1&2&2&1\\0&1&2&\frac{4}{3}\\0&0&0&0\end{bmatrix}\overset{r_1-2r_2}{\sim}\begin{bmatrix}1&0&-2&-\frac{5}{3}\\0&1&2&\frac{4}{3}\\0&0&0&0\end{bmatrix}.$$

因此，$\mathrm{R}(A)=2$，与原方程组同解的方程组为

$$\begin{cases}x_1-2x_3-\dfrac{5}{3}x_4=0,\\x_2+2x_3+\dfrac{4}{3}x_4=0,\end{cases}$$

即

$$\begin{cases} x_1 = 2x_3 + \dfrac{5}{3}x_4, \\ x_2 = -2x_3 - \dfrac{4}{3}x_4. \end{cases}$$

以 x_3, x_4 作为自由未知量,令

$$\begin{bmatrix} x_3 \\ x_4 \end{bmatrix} = \begin{bmatrix} 1 \\ 0 \end{bmatrix}, \begin{bmatrix} 0 \\ 1 \end{bmatrix},$$

分别代入上面方程组,得到两个解

$$\boldsymbol{\xi}_1 = \begin{bmatrix} 2 \\ -2 \\ 1 \\ 0 \end{bmatrix}, \quad \boldsymbol{\xi}_2 = \frac{1}{3}\begin{bmatrix} 5 \\ -4 \\ 0 \\ 3 \end{bmatrix}.$$

这两个解组成原方程组的一个基础解系.因而方程组的通解为

$$\boldsymbol{x} = k_1\boldsymbol{\xi}_1 + k_2\boldsymbol{\xi}_2 = k_1\begin{bmatrix} 2 \\ -2 \\ 1 \\ 0 \end{bmatrix} + k_2\begin{bmatrix} 5 \\ -4 \\ 0 \\ 3 \end{bmatrix},$$

其中 k_1, k_2 为任意数.

4.3 非齐次线性方程组

下面先讨论非齐次线性方程组解的结构.

对于非齐次线性方程组(4.1)

$$\begin{cases} a_{11}x_1 + a_{12}x_2 + \cdots + a_{1n}x_n = b_1, \\ a_{21}x_1 + a_{22}x_2 + \cdots + a_{2n}x_n = b_2, \\ \cdots\cdots\cdots\cdots \\ a_{m1}x_1 + a_{m2}x_2 + \cdots + a_{mn}x_n = b_m. \end{cases}$$

记

$$A = \begin{bmatrix} a_{11} & a_{12} & \cdots & a_{1n} \\ a_{21} & a_{22} & \cdots & a_{2n} \\ \vdots & \vdots & & \vdots \\ a_{n1} & a_{n2} & \cdots & a_{mn} \end{bmatrix}, \quad \boldsymbol{x} = \begin{bmatrix} x_1 \\ x_2 \\ \vdots \\ x_n \end{bmatrix}, \quad \boldsymbol{b} = \begin{bmatrix} b_1 \\ b_2 \\ \vdots \\ b_m \end{bmatrix},$$

则线性方程组(4.1)可记为 $A\boldsymbol{x} = \boldsymbol{b}$.

齐次线性方程组(4.5)

$$\begin{cases} a_{11}x_1+a_{12}x_2+\cdots+a_{1n}x_n=0, \\ a_{21}x_1+a_{22}x_2+\cdots+a_{2n}x_n=0, \\ \cdots\cdots\cdots\cdots \\ a_{m1}x_1+a_{m2}x_2+\cdots+a_{mn}x_n=0. \end{cases}$$

可记作 $A\boldsymbol{x}=\boldsymbol{0}$.

我们把方程组(4.5)称为与方程组(4.1)对应的齐次线性方程组.

非齐次线性方程组(4.1)的解有下面性质:

性质 4.3.1　设 $\boldsymbol{x}=\boldsymbol{\eta}_1$ 及 $\boldsymbol{x}=\boldsymbol{\eta}_2$ 都是方程组(4.1)的解,则 $\boldsymbol{x}=\boldsymbol{\eta}_1-\boldsymbol{\eta}_2$ 是其对应的齐次方程组(4.5)的解.

证　$A(\boldsymbol{\eta}_1-\boldsymbol{\eta}_2)=A\boldsymbol{\eta}_1-A\boldsymbol{\eta}_2=\boldsymbol{b}-\boldsymbol{b}=\boldsymbol{0}$,即 $\boldsymbol{x}=\boldsymbol{\eta}_1-\boldsymbol{\eta}_2$ 是(4.5)的解.

性质 4.3.2　设 $\boldsymbol{x}=\boldsymbol{\eta}$ 是(4.1)的解,$\boldsymbol{x}=\boldsymbol{\xi}$ 是(4.5)的解,则 $\boldsymbol{x}=\boldsymbol{\xi}+\boldsymbol{\eta}$ 是(4.1)的解.

证　$A(\boldsymbol{\xi}+\boldsymbol{\eta})=A\boldsymbol{\xi}+A\boldsymbol{\eta}=\boldsymbol{0}+\boldsymbol{b}=\boldsymbol{b}$,即 $\boldsymbol{x}=\boldsymbol{\xi}+\boldsymbol{\eta}$ 是(4.1)的解.

由性质4.3.1知,若求得(4.1)的一个解 $\boldsymbol{\eta}^*$,则(4.1)的任一解 $\boldsymbol{x}$ 总可以表示为 $\boldsymbol{x}=(\boldsymbol{x}-\boldsymbol{\eta}^*)+\boldsymbol{\eta}^*=\boldsymbol{\xi}+\boldsymbol{\eta}^*$,其中 $\boldsymbol{\xi}=\boldsymbol{x}-\boldsymbol{\eta}^*$ 为方程组(4.5)的解,即方程组(4.1)的任一解都可以表示为它的一个特定解 $\boldsymbol{\eta}^*$ 与它对应的齐次方程组的解的和. 又若方程组(4.5)的通解为 $\boldsymbol{x}=k_1\boldsymbol{\xi}_1+k_2\boldsymbol{\xi}_2+\cdots+k_{n-r}\boldsymbol{\xi}_{n-r}$,则方程组(4.1)的任一解总可以表示为

$$\boldsymbol{x}=k_1\boldsymbol{\xi}_1+k_2\boldsymbol{\xi}_2+\cdots+k_{n-r}\boldsymbol{\xi}_{n-r}+\boldsymbol{\eta}^*.$$

而由性质4.3.2可知,对任何数 $k_1,k_2,\cdots,k_{n-r}$,上式总是方程组(4.1)的解. 于是方程组(4.1)的通解为

$$\boldsymbol{x}=k_1\boldsymbol{\xi}_1+k_2\boldsymbol{\xi}_2+\cdots+k_{n-r}\boldsymbol{\xi}_{n-r}+\boldsymbol{\eta}^*,$$

其中 $\boldsymbol{\xi}_1,\boldsymbol{\xi}_2,\cdots,\boldsymbol{\xi}_{n-r}$ 是(4.5)式的基础解系,$k_1,k_2,\cdots,k_{n-r}$ 为任意数.

例 1　求解线性方程组

$$\begin{cases} x_1+x_2-3x_3-x_4=1, \\ 3x_1-x_2-3x_3+4x_4=4, \\ x_1+5x_2-9x_3-8x_4=0. \end{cases}$$

解　对增广矩阵 $\overline{A}$ 进行初等行变换化成行最简形

$$\overline{A}=\begin{bmatrix} 1 & 1 & -3 & -1 & 1 \\ 3 & -1 & -3 & 4 & 4 \\ 1 & 5 & -9 & -8 & 0 \end{bmatrix}$$

$$\underset{r_3-r_1}{\overset{r_2-3r_1}{\sim}}\begin{bmatrix} 1 & 1 & -3 & -1 & 1 \\ 0 & -4 & 6 & 7 & 1 \\ 0 & 4 & -6 & -7 & -1 \end{bmatrix}$$

$$\overset{r_3+r_2}{\underset{r_2\times(-\frac{1}{4})}{\sim}}\begin{bmatrix}1 & 1 & -3 & -1 & 1\\ 0 & 1 & -\frac{3}{2} & -\frac{7}{4} & -\frac{1}{4}\\ 0 & 0 & 0 & 0 & 0\end{bmatrix}$$

$$\overset{r_1-r_2}{\sim}\begin{bmatrix}1 & 0 & -\frac{3}{2} & \frac{3}{4} & \frac{5}{4}\\ 0 & 1 & -\frac{3}{2} & -\frac{7}{4} & -\frac{1}{4}\\ 0 & 0 & 0 & 0 & 0\end{bmatrix}.$$

于是得与原方程组同解的方程组

$$\begin{cases}x_1-\frac{3}{2}x_3+\frac{3}{4}x_4=\frac{5}{4},\\ x_2-\frac{3}{2}x_3-\frac{7}{4}x_4=-\frac{1}{4},\end{cases}$$

即

$$\begin{cases}x_1=\frac{3}{2}x_3-\frac{3}{4}x_4+\frac{5}{4},\\ x_2=\frac{3}{2}x_3+\frac{7}{4}x_4-\frac{1}{4}.\end{cases}$$

原方程组所对应的齐次方程组的一个基础解系为

$$\boldsymbol{\xi}_1=\begin{bmatrix}\frac{3}{2}\\ \frac{3}{2}\\ 1\\ 0\end{bmatrix},\ \boldsymbol{\xi}_2=\begin{bmatrix}-\frac{3}{4}\\ \frac{7}{4}\\ 0\\ 1\end{bmatrix}.$$

取 $x_3=x_4=0$ 得原方程组的一个解

$$\boldsymbol{\eta}^*=\begin{bmatrix}\frac{5}{4}\\ -\frac{1}{4}\\ 0\\ 0\end{bmatrix}.$$

因此,原方程组的通解为

$$\begin{bmatrix}x_1\\ x_2\\ x_3\\ x_4\end{bmatrix}=k_1\begin{bmatrix}\frac{3}{2}\\ \frac{3}{2}\\ 1\\ 0\end{bmatrix}+k_2\begin{bmatrix}-\frac{3}{4}\\ \frac{7}{4}\\ 0\\ 1\end{bmatrix}+\begin{bmatrix}\frac{5}{4}\\ -\frac{1}{4}\\ 0\\ 0\end{bmatrix},$$

其中 k_1, k_2 为任意数.

例 2　求解线性方程组

$$\begin{cases} x_1 + x_2 + 2x_3 + 3x_4 = 1, \\ x_2 + x_3 - 4x_4 = 1, \\ x_1 + 2x_2 + 3x_3 - x_4 = 4, \\ 2x_1 + 3x_2 - x_3 - x_4 = -6. \end{cases}$$

解

$$\overline{A} = \begin{bmatrix} 1 & 1 & 2 & 3 & 1 \\ 0 & 1 & 1 & -4 & 1 \\ 1 & 2 & 3 & -1 & 4 \\ 2 & 3 & -1 & -1 & -6 \end{bmatrix}$$

$$\underset{r_4-2r_1}{\overset{r_3-r_1}{\sim}} \begin{bmatrix} 1 & 1 & 2 & 3 & 1 \\ 0 & 1 & 1 & -4 & 1 \\ 0 & 1 & 1 & -4 & 3 \\ 0 & 1 & -5 & -7 & -8 \end{bmatrix}$$

$$\underset{r_4-r_2}{\overset{r_3-r_2}{\sim}} \begin{bmatrix} 1 & 1 & 2 & 3 & 1 \\ 0 & 1 & 1 & -4 & 1 \\ 0 & 0 & 0 & 0 & 2 \\ 0 & 0 & -6 & -3 & -9 \end{bmatrix}$$

$$\overset{r_3 \leftrightarrow r_4}{\sim} \begin{bmatrix} 1 & 1 & 2 & 3 & 1 \\ 0 & 1 & 1 & -4 & 1 \\ 0 & 0 & -6 & -3 & -9 \\ 0 & 0 & 0 & 0 & 2 \end{bmatrix}.$$

可见，$R(A) = 3$，$R(\overline{A}) = 4$，所以原方程无解.

例 3　求解线性方程组

$$\begin{cases} x_1 - x_2 - x_3 + x_4 = 0, \\ x_1 - x_2 + x_3 - 3x_4 = 1, \\ x_1 - x_2 - 2x_3 + 3x_4 = -\dfrac{1}{2}. \end{cases}$$

解　对增广矩阵 $\overline{A}$ 进行初等行变换化成行最简形

$$\overline{A} = \begin{bmatrix} 1 & -1 & -1 & 1 & 0 \\ 1 & -1 & 1 & -3 & 1 \\ 1 & -1 & -2 & 3 & -\dfrac{1}{2} \end{bmatrix}$$

$$\overset{r_2-r_1}{\underset{r_3-r_1}{\sim}}\begin{bmatrix}1 & -1 & -1 & 1 & 0\\ 0 & 0 & 2 & -4 & 1\\ 0 & 0 & -1 & 2 & -\frac{1}{2}\end{bmatrix}$$

$$\overset{r_2\times\frac{1}{2}}{\underset{r_3+r_2}{\sim}}\begin{bmatrix}1 & -1 & -1 & 1 & 0\\ 0 & 0 & 1 & -2 & \frac{1}{2}\\ 0 & 0 & 0 & 0 & 0\end{bmatrix}$$

$$\overset{r_1+r_2}{\sim}\begin{bmatrix}1 & -1 & 0 & -1 & \frac{1}{2}\\ 0 & 0 & 1 & -2 & \frac{1}{2}\\ 0 & 0 & 0 & 0 & 0\end{bmatrix}.$$

可见 $\mathrm{R}(A)=\mathrm{R}(\overline{A})=2$,故方程组有解,与原方程组同解的方程组为

$$\begin{cases}x_1-x_2-x_4=\dfrac{1}{2}, \\ x_3-2x_4=\dfrac{1}{2},\end{cases}$$

即

$$\begin{cases}x_1=x_2+x_4+\dfrac{1}{2}, \\ x_3=2x_4+\dfrac{1}{2}.\end{cases}$$

此方程组对应齐次方程组的一个基础解系为

$$\boldsymbol{\xi}_1=\begin{bmatrix}1\\1\\0\\0\end{bmatrix},\quad \boldsymbol{\xi}_2=\begin{bmatrix}1\\0\\2\\1\end{bmatrix}.$$

取 $x_2=x_4=0$,得 $x_1=x_3=\dfrac{1}{2}$,即得原方程组的一个解为

$$\boldsymbol{\eta}^*=\begin{bmatrix}\frac{1}{2}\\0\\\frac{1}{2}\\0\end{bmatrix}.$$

因此原方程组的通解为

$$\begin{bmatrix}x_1\\x_2\\x_3\\x_4\end{bmatrix}=k_1\begin{bmatrix}1\\1\\0\\0\end{bmatrix}+k_2\begin{bmatrix}1\\0\\2\\1\end{bmatrix}+\frac{1}{2}\begin{bmatrix}1\\0\\1\\0\end{bmatrix},$$

其中 k_1,k_2 是任意数.

习　题　4

1. 选择题

(1) 设 A 为 $m\times n$ 矩阵，齐次线性方程组 $A\boldsymbol{x}=\mathbf{0}$ 仅有零解的充分条件是________.

A. A 的列向量组线性无关　　B. A 的列向量组线性相关

C. A 的行向量组线性无关　　D. A 的行向量组线性相关

(2) 齐次线性方程组 $A\boldsymbol{x}=\mathbf{0}$ 有非零解的充要条件是________.

A. A 的任意两个列向量线性相关

B. A 的任意两个列向量线性无关

C. A 中必有一列向量是其余列向量的线性组合

D. A 中任一列向量都是其余列向量的线性组合

(3) 设 $\boldsymbol{\alpha}_1=(a_1,a_2,a_3)'$, $\boldsymbol{\alpha}_2=(b_1,b_2,b_3)'$, $\boldsymbol{\alpha}_3=(c_1,c_2,c_3)'$，则三条直线

$$\begin{cases}a_1x+b_1y+c_1=0,\\a_2x+b_2y+c_2=0,\\a_3x+b_3y+c_3=0\end{cases}$$

(其中 $a_i^2+b_i^2\neq 0, i=1,2,3$) 交于一点的充要条件是________.

A. $\boldsymbol{\alpha}_1,\boldsymbol{\alpha}_2,\boldsymbol{\alpha}_3$ 线性相关

B. $\boldsymbol{\alpha}_1,\boldsymbol{\alpha}_2,\boldsymbol{\alpha}_3$ 线性无关

C. $\mathrm{R}(\boldsymbol{\alpha}_1,\boldsymbol{\alpha}_2,\boldsymbol{\alpha}_3)=\mathrm{R}(\boldsymbol{\alpha}_1,\boldsymbol{\alpha}_2)$

D. $\boldsymbol{\alpha}_1,\boldsymbol{\alpha}_2,\boldsymbol{\alpha}_3$ 线性相关，$\boldsymbol{\alpha}_1,\boldsymbol{\alpha}_2$ 线性无关

2. 求下列齐次线性方程组的一个基础解系：

(1) $\begin{cases}x_1+2x_2+2x_3+x_4=0,\\2x_1+x_2-2x_3-2x_4=0,\\x_1-x_2-4x_4-3x_4=0;\end{cases}$

(2) $\begin{cases}x_1+x_2+x_5=0,\\x_1+x_2-x_3=0,\\x_3+x_4+x_5=0;\end{cases}$

(3) $\begin{cases} x_1 - x_2 - x_3 + x_4 = 0, \\ x_1 - x_2 + x_3 - 3x_4 = 0, \\ x_1 - x_2 - 2x_3 + 3x_4 = 0; \end{cases}$

(4) $\begin{cases} x_1 + x_2 - 3x_4 - x_5 = 0, \\ x_1 - x_2 + 2x_3 - x_4 = 0, \\ 4x_1 - 2x_2 + 6x_3 + 3x_4 - 4x_5 = 0, \\ 2x_1 + 4x_2 - 2x_3 + 4x_4 - 7x_5 = 0. \end{cases}$

3. 求解下列非齐次线性方程组：

(1) $\begin{cases} 4x_1 + 2x_2 - x_3 = 2, \\ 3x_1 - x_2 + 2x_3 = 10, \\ 11x_1 + 3x_2 = 8; \end{cases}$

(2) $\begin{cases} 2x_1 + 3x_2 + x_3 = 4, \\ x_1 - 2x_2 + 4x_3 = -5, \\ 3x_1 + 8x_2 - 2x_3 = 13, \\ 4x_1 - x_2 + 9x_3 = -6; \end{cases}$

(3) $\begin{cases} x_1 + 2x_2 + 3x_3 + 4x_4 = 5, \\ x_1 - x_2 + x_3 + x_4 = 1; \end{cases}$

(4) $\begin{cases} 2x + y - z + w = 1, \\ 4x + 2y - 2z + w = 2, \\ 2x + y - z - w = 1. \end{cases}$

4. 讨论 λ、a、b 取什么值时下列方程组有解，并求解.

(1) $\begin{cases} x_1 + x_3 = \lambda, \\ 4x_1 + x_2 + 2x_3 = \lambda + 2, \\ 6x_1 + x_2 + 4x_3 = 2\lambda + 3; \end{cases}$

(2) $\begin{cases} ax_1 + x_2 + x_3 = 4, \\ x_1 + bx_2 + x_3 = 3, \\ x_1 + 2bx_2 + x_3 = 4. \end{cases}$

5. 已知线性方程组

$$\begin{cases} x_1 + x_2 + 2x_3 + 3x_4 = 1, \\ x_1 + 3x_2 + 6x_3 + x_4 = 3, \\ 3x_1 - x_2 - k_1x_3 + 15x_4 = 3, \\ x_1 - 5x_2 - 10x_3 + 12x_4 = k_2. \end{cases}$$

问 k_1，k_2 取何值时方程组无解？有无穷多个解？求出无穷多个解时的通解.

6. 证明线性方程组

$$\begin{cases} x_1 - x_2 = a_1, \\ x_2 - x_3 = a_2, \\ x_3 - x_4 = a_3, \\ x_4 - x_5 = a_4, \\ -x_1 + x_5 = a_5. \end{cases}$$

有解的充分必要条件是 $\sum_{i=1}^{5} a_i = 0$. 有解时并求解.

7. λ 取何值时,非齐次线性方程组

$$\begin{cases} \lambda x_1 + x_2 + x_3 = 1, \\ x_1 + \lambda x_2 + x_3 = \lambda, \\ x_1 + x_2 + \lambda x_3 = \lambda^2 \end{cases}$$

(1) 有唯一解;(2) 无解;(3) 有无穷多解?

8. 设四元线性方程组 $A\boldsymbol{x} = \boldsymbol{b}$,有解 $\boldsymbol{\eta}_1 = (1, -1, 2, 0)'$, $\boldsymbol{\eta}_2 = (2, 1, 3, -1)'$, 已知 $\mathrm{R}(A) = 3$,求 $A\boldsymbol{x} = \boldsymbol{b}$ 的通解.

9. 设 $\boldsymbol{\eta}_1, \boldsymbol{\eta}_1, \cdots, \boldsymbol{\eta}_s$ 都是非齐次线性方程组 $A\boldsymbol{x} = \boldsymbol{b}$ 的解,数 $c_1, c_2 \cdots c_s$ 满足什么条件时,$\sum_{i=1}^{s} c_i \boldsymbol{\eta}_i$ 是 $A\boldsymbol{x} = \boldsymbol{b}$ 的解?

10. 设 $\boldsymbol{\alpha}_0, \boldsymbol{\alpha}_1, \cdots, \boldsymbol{\alpha}_{n-r}$ 为 $A\boldsymbol{x} = \boldsymbol{b}(\boldsymbol{b} \neq \boldsymbol{0})$ 的 $n - r + 1$ 个线性无关的解向量,A 的秩为 r,证明 $\boldsymbol{\alpha}_1 - \boldsymbol{\alpha}_0, \boldsymbol{\alpha}_2 - \boldsymbol{\alpha}_0, \cdots, \boldsymbol{\alpha}_{n-r} - \boldsymbol{\alpha}_0$ 是对应的齐次线性方程组 $A\boldsymbol{x} = \boldsymbol{0}$ 的基础解系.

11. 设 A、B 是 n 阶方阵,且 $AB = O$,证明:

$$\mathrm{R}(A) + \mathrm{R}(B) \leqslant n.$$

12. 设 A 是 n 阶方阵,$n \geqslant 2$,A^* 是 A 的伴随矩阵,求证:

$$\mathrm{R}(A^*) = \begin{cases} n, & \text{当 } \mathrm{R}(A) = n \text{ 时}, \\ 1, & \text{当 } \mathrm{R}(A) = n - 1 \text{ 时}, \\ 0, & \text{当 } \mathrm{R}(A) < n - 1 \text{ 时}. \end{cases}$$

13. 设有两个 n 阶线性方程组

$$\begin{cases} a_{11}x_1 + a_{12}x_2 + \cdots + a_{1n}x_n = b_1, \\ a_{21}x_1 + a_{22}x_2 + \cdots + a_{2n}x_n = b_2, \\ \cdots\cdots\cdots\cdots \\ a_{n1}x_1 + a_{n2}x_2 + \cdots + a_{nn}x_n = b_n \end{cases} \tag{1}$$

和

$$\begin{cases}A_{11}x_1+A_{12}x_2+\cdots+A_{1n}x_n=c_1,\\ A_{21}x_1+A_{22}x_2+\cdots+A_{2n}x_n=c_2,\\ \cdots\cdots\cdots\cdots\\ A_{n1}x_1+A_{n2}x_2+\cdots+A_{nn}x_n=c_n,\end{cases}\tag{2}$$

其中 A_{ij} 为行列式 $|A|$ 中元素 a_{ij} 的代数余子式,(1)、(2) 式中的常数 b_i、$c_i(i=1,2,\cdots,n)$ 不全为零.

证明方程组(1) 有唯一解的充要条件是方程组(2) 有唯一解.

14. 设 $\boldsymbol{\eta}^*$ 是非齐次线性方程组 $A\boldsymbol{x}=\boldsymbol{b}$ 的一个解,$\boldsymbol{\xi}_1,\boldsymbol{\xi}_2,\cdots,\boldsymbol{\xi}_{n-r}$ 是对应齐次线性方程组的一个基础解系,证明:

(1) $\boldsymbol{\eta}^*,\boldsymbol{\xi}_1,\boldsymbol{\xi}_2,\cdots,\boldsymbol{\xi}_{n-r}$ 线性无关;

(2) $\boldsymbol{\eta}^*,\boldsymbol{\eta}^*+\boldsymbol{\xi}_1,\boldsymbol{\eta}^*+\boldsymbol{\xi}_2,\cdots,\boldsymbol{\eta}^*+\boldsymbol{\xi}_{n-r}$ 线性无关.

15. 设非齐次线性方程组 $A\boldsymbol{x}=\boldsymbol{b}$ 的系数矩阵的秩为 r,$\boldsymbol{\eta}_1,\boldsymbol{\eta}_2,\cdots,\boldsymbol{\eta}_{n-r+1}$ 是它的 $n-r+1$ 个线性无关的解(由第 14 题知它确有 $n-r+1$ 个线性无关的解),证明它的任一解可表示为

$$\boldsymbol{x}=k_1\boldsymbol{\eta}_1+k_2\boldsymbol{\eta}_2+\cdots+k_{n-r+1}\boldsymbol{\eta}_{n-r+1},$$

其中 $k_1+k_2+\cdots+k_{n-r+1}=1$.

16. 证明齐次线性方程组

$$x_1+x_2+\cdots+x_n=0$$

的一个基础解系和齐次线性方程组

$$x_1=x_2=\cdots=x_n$$

的一个基础解系构成 $\mathbf{R}^n$ 的一个基.

17. 设 $\boldsymbol{\alpha}_1,\boldsymbol{\alpha}_2,\cdots,\boldsymbol{\alpha}_s(s>1)$ 是齐次线性方程组 $A\boldsymbol{x}=\boldsymbol{0}$ 的基础解系,证明向量组

$$\begin{aligned}\boldsymbol{\beta}_1&=\boldsymbol{\alpha}_2+\boldsymbol{\alpha}_3+\cdots+\boldsymbol{\alpha}_s,\\ \boldsymbol{\beta}_2&=\boldsymbol{\alpha}_1+\boldsymbol{\alpha}_3+\cdots+\boldsymbol{\alpha}_s,\\ &\cdots\cdots\cdots\cdots\\ \boldsymbol{\beta}_s&=\boldsymbol{\alpha}_1+\boldsymbol{\alpha}_2+\cdots+\boldsymbol{\alpha}_{s-1},\end{aligned}$$

也是 $A\boldsymbol{x}=\boldsymbol{0}$ 的基础解系.

18. 已知齐次线性方程组

$$\begin{cases}(a_1+b)x_1+a_2x_2+a_3x_3+\cdots+a_nx_n=0,\\ a_1x_1+(a_2+b)x_2+a_3x_3+\cdots+a_nx_n=0,\\ a_1x_1+a_2x_2+(a_3+b)x_3+\cdots+a_nx_n=0,\\ \cdots\cdots\cdots\cdots\\ a_1x_1+a_2x_2+a_3x_3+\cdots+(a_n+b)x_n=0,\end{cases}$$

其中 $\sum_{i=1}^{n} a_i \neq 0$,试讨论 $a_1, a_2, \cdots, a_n$ 和 b 满足何种关系时.

(1) 方程组仅有零解;

(2) 在有非零解时求此方程组的一个基础解系.

19. 设 $f(x) = c_0 + c_1 x + \cdots + c_n x^n$,用线性方程组的理论证明,若 $f(x) = 0$ 有 $n+1$ 个不同根,则 $f(x)$ 是零多项式.

20. 设 A 是 $m \times n$ 矩阵,B 是 $m \times p$ 矩阵.

(1) 给出方程 $AX = B$ 有解的充要条件,并证明;

(2) 给出方程 $AX = B$ 有唯一解的充要条件,并证明.

21. 试证方程组 $\begin{cases} x_1 + 2x_3 + 4x_4 = a + 2c, \\ 2x_1 + 2x_2 + 4x_3 + 8x_4 = 2a + b, \\ -x_1 - 2x_2 + x_3 + 2x_4 = -a - b + c, \\ 2x_1 + 7x_3 + 14x_4 = 3a + b + 2c - d, \end{cases}$ 有解的充要条件是 $a + b - c - d = 0$.

22. 已知非齐次线性方程组

$$a_{i1} x_1 + a_{i2} x_2 + \cdots + a_{in} x_n = b_i \quad (i = 1, 2, \cdots, n)$$

的系数矩阵的行列式 D 及 $D_j (j = 1, 2, \cdots, n)$ 均为零,其中 D_j 是由 D 的第 j 列换成常数项列所得,问此方程组是否有解?

第 5 章　相似矩阵与二次型

本章将介绍矩阵的特征值、特征向量以及实二次型理论. 这些内容在线性代数中占有十分重要的地位,在微分方程、数理统计、经济理论以及其他许多学科中有着广泛的应用.

5.1　向量的内积与正交向量组

第 2 章中我们介绍了 n 维向量的概念及其简单运算,下面来定义 n 维向量的另外一种运算.

定义 5.1.1　设有 n 维向量

$$\boldsymbol{\alpha}=\begin{bmatrix}a_1\\a_2\\\vdots\\a_n\end{bmatrix},\quad \boldsymbol{\beta}=\begin{bmatrix}b_1\\b_2\\\vdots\\b_n\end{bmatrix}.$$

令$[\boldsymbol{\alpha},\boldsymbol{\beta}]=a_1b_1+a_2b_2+\cdots+a_nb_n$,称$[\boldsymbol{\alpha},\boldsymbol{\beta}]$为向量 $\boldsymbol{\alpha}$ 与 $\boldsymbol{\beta}$ 的**内积**.

内积是向量的一种运算,其结果是一个实数,当 $\boldsymbol{\alpha}$ 与 $\boldsymbol{\beta}$ 都是列向量时,可用矩阵表示为$[\boldsymbol{\alpha},\boldsymbol{\beta}]=\boldsymbol{\alpha}'\boldsymbol{\beta}$.

容易验证,内积满足下列运算规律:

(1) $[\boldsymbol{\alpha},\boldsymbol{\beta}]=[\boldsymbol{\beta},\boldsymbol{\alpha}]$;

(2) $[k\boldsymbol{\alpha},\boldsymbol{\beta}]=k[\boldsymbol{\alpha},\boldsymbol{\beta}]$;

(3) $[\boldsymbol{\alpha}+\boldsymbol{\beta},\boldsymbol{\gamma}]=[\boldsymbol{\alpha},\boldsymbol{\gamma}]+[\boldsymbol{\beta},\boldsymbol{\gamma}]$;

(4) $[\boldsymbol{\alpha},\boldsymbol{\alpha}]\geqslant 0$,当且仅当 $\boldsymbol{\alpha}=\mathbf{0}$ 时,$[\boldsymbol{\alpha},\boldsymbol{\alpha}]=0$,

其中,$\boldsymbol{\alpha},\boldsymbol{\beta},\boldsymbol{\gamma}$ 是 n 维向量,k 是实数.

当$[\boldsymbol{\alpha},\boldsymbol{\beta}]=0$ 时,称向量 $\boldsymbol{\alpha}$ 与 $\boldsymbol{\beta}$ **正交**.

由此不难看出,零向量与任何向量都正交,而且只有零向量才与自身正交.

由内积的运算规律(4) 知,对任何向量 $\boldsymbol{\alpha}$,$\sqrt{[\boldsymbol{\alpha},\boldsymbol{\alpha}]}$ 都有意义,因此,我们可以利用内积来定义 n 维向量的长度.

定义 5.1.2　非负实数$\sqrt{[\boldsymbol{\alpha},\boldsymbol{\alpha}]}=\sqrt{a_1^2+a_2^2+\cdots+a_n^2}$称为向量$\boldsymbol{\alpha}$的**长度**(或范数),记作 $\|\boldsymbol{\alpha}\|$.

向量的长度具有下列性质:

(1) 非负性：$\|\boldsymbol{\alpha}\| \geqslant 0$，当且仅当 $\boldsymbol{\alpha}=\mathbf{0}$ 时，$\|\boldsymbol{\alpha}\|=0$；

(2) 齐次性：$\|k\boldsymbol{\alpha}\|=|k|\,\|\boldsymbol{\alpha}\|$；

(3) 三角不等式：$\|\boldsymbol{\alpha}+\boldsymbol{\beta}\| \leqslant \|\boldsymbol{\alpha}\|+\|\boldsymbol{\beta}\|$.

当 $\|\boldsymbol{\alpha}\|=1$ 时，称 $\boldsymbol{\alpha}$ 为单位向量.

如果 $\boldsymbol{\alpha}\neq\mathbf{0}$，由长度性质(2)不难验证向量 $\dfrac{1}{\|\boldsymbol{\alpha}\|}\boldsymbol{\alpha}$ 就是一个单位向量.

用非零数 $\dfrac{1}{\|\boldsymbol{\alpha}\|}$ 去乘以向量 $\boldsymbol{\alpha}$ 得到一个与 $\boldsymbol{\alpha}$ 同方向的单位向量，通常称为把向量 $\boldsymbol{\alpha}$ **单位化**.

定义 5.1.3　一组两两正交的非零向量称为**正交向量组**. 若正交向量组中每个向量都是单位向量，则称该向量组为**标准正交向量组**.

定理 5.1.1　正交向量组是线性无关向量组.

证　设 $\boldsymbol{\alpha}_1,\boldsymbol{\alpha}_2,\cdots,\boldsymbol{\alpha}_m$ 是正交向量组，若有线性关系

$$k_1\boldsymbol{\alpha}_1+k_2\boldsymbol{\alpha}_2+\cdots+k_m\boldsymbol{\alpha}_m=\mathbf{0},$$

用 $\boldsymbol{\alpha}_i$ 与等式两边作内积，得

$$k_i[\boldsymbol{\alpha}_i,\boldsymbol{\alpha}_i]=0 \quad (i=1,2,\cdots,m).$$

由 $\boldsymbol{\alpha}_i\neq\mathbf{0}$，有 $[\boldsymbol{\alpha}_i,\boldsymbol{\alpha}_i]>0$，从而得

$$k_i=0 \quad (i=1,2,\cdots,m).$$

故 $\boldsymbol{\alpha}_1,\boldsymbol{\alpha}_2,\cdots,\boldsymbol{\alpha}_m$ 线性无关.

设 $\boldsymbol{\alpha}_1,\boldsymbol{\alpha}_2,\cdots,\boldsymbol{\alpha}_r$ 是 r 维向量空间 V 的一个基，若 $\boldsymbol{\alpha}_1,\boldsymbol{\alpha}_2,\cdots,\boldsymbol{\alpha}_r$ 两两正交，则称 $\boldsymbol{\alpha}_1,\boldsymbol{\alpha}_2,\cdots,\boldsymbol{\alpha}_r$ 是向量空间 V 的一个**正交基**. 由单位向量组成的正交基称为**标准正交基(或正交规范基)**.

将正交基 $\boldsymbol{\alpha}_1,\boldsymbol{\alpha}_2,\cdots,\boldsymbol{\alpha}_r$ 中每个 $\boldsymbol{\alpha}_i$ 单位化后得到 r 个单位向量

$$\boldsymbol{e}_1=\frac{1}{\|\boldsymbol{\alpha}_1\|}\boldsymbol{\alpha}_1,\quad \boldsymbol{e}_2=\frac{1}{\|\boldsymbol{\alpha}_2\|}\boldsymbol{\alpha}_2,\quad \cdots,\quad \boldsymbol{e}_r=\frac{1}{\|\boldsymbol{\alpha}_r\|}\boldsymbol{\alpha}_r,$$

则 $\boldsymbol{e}_1,\boldsymbol{e}_2,\cdots,\boldsymbol{e}_r$ 即为 V 的一个标准正交基.

例如，向量组

$$\boldsymbol{\alpha}_1=\begin{bmatrix}2\\0\\1\end{bmatrix},\quad \boldsymbol{\alpha}_2=\begin{bmatrix}0\\1\\0\end{bmatrix},\quad \boldsymbol{\alpha}_3=\begin{bmatrix}-1\\0\\2\end{bmatrix}$$

是 $\mathbf{R}^3$ 的一组正交基，将它们单位化得

$$\boldsymbol{e}_1=\frac{1}{\sqrt{5}}\begin{bmatrix}2\\0\\1\end{bmatrix},\quad \boldsymbol{e}_2=\begin{bmatrix}0\\1\\0\end{bmatrix},\quad \boldsymbol{e}_3=\frac{1}{\sqrt{5}}\begin{bmatrix}-1\\0\\2\end{bmatrix},$$

则 $\boldsymbol{e}_1,\boldsymbol{e}_2,\boldsymbol{e}_3$ 就是 $\mathbf{R}^3$ 的标准正交基.

通过前面的讨论我们知道，一组两两正交的非零向量是线性无关的，但一组线

性无关的向量却不一定两两正交. 那么,在向量空间 V 中,如何由 r 个线性无关的向量来找 r 个两两正交的向量呢?我们可以通过下面的方法来进行.

设 $\boldsymbol{\alpha}_1,\boldsymbol{\alpha}_2,\cdots,\boldsymbol{\alpha}_r$ 是线性无关组,取

$$\boldsymbol{\beta}_1=\boldsymbol{\alpha}_1;$$

$$\boldsymbol{\beta}_2=\boldsymbol{\alpha}_2-\frac{[\boldsymbol{\alpha}_2,\boldsymbol{\beta}_1]}{[\boldsymbol{\beta}_1,\boldsymbol{\beta}_1]}\boldsymbol{\beta}_1;$$

$$\boldsymbol{\beta}_3=\boldsymbol{\alpha}_3-\frac{[\boldsymbol{\alpha}_3,\boldsymbol{\beta}_1]}{[\boldsymbol{\beta}_1,\boldsymbol{\beta}_1]}\boldsymbol{\beta}_1-\frac{[\boldsymbol{\alpha}_3,\boldsymbol{\beta}_2]}{[\boldsymbol{\beta}_2,\boldsymbol{\beta}_2]}\boldsymbol{\beta}_2;$$

$$\cdots\cdots\cdots\cdots$$

$$\boldsymbol{\beta}_r=\boldsymbol{\alpha}_r-\frac{[\boldsymbol{\alpha}_r,\boldsymbol{\beta}_1]}{[\boldsymbol{\beta}_1,\boldsymbol{\beta}_1]}\boldsymbol{\beta}_1-\frac{[\boldsymbol{\alpha}_r,\boldsymbol{\beta}_2]}{[\boldsymbol{\beta}_2,\boldsymbol{\beta}_2]}\boldsymbol{\beta}_2-\cdots-\frac{[\boldsymbol{\alpha}_r,\boldsymbol{\beta}_{r-1}]}{[\boldsymbol{\beta}_{r-1},\boldsymbol{\beta}_{r-1}]}\boldsymbol{\beta}_{r-1}.$$

容易验证 $\boldsymbol{\beta}_1,\boldsymbol{\beta}_2,\cdots,\boldsymbol{\beta}_r$ 两两正交,且对任何 $k(1\leqslant k\leqslant r)$,向量组 $\boldsymbol{\beta}_1,\boldsymbol{\beta}_2,\cdots,\boldsymbol{\beta}_k$ 与 $\boldsymbol{\alpha}_1,\boldsymbol{\alpha}_2,\cdots,\boldsymbol{\alpha}_k$ 等价.

上述从线性无关组 $\boldsymbol{\alpha}_1,\boldsymbol{\alpha}_2,\cdots,\boldsymbol{\alpha}_r$ 导出正交向量组 $\boldsymbol{\beta}_1,\boldsymbol{\beta}_2,\cdots,\boldsymbol{\beta}_r$ 的方法称为**施密特正交化方法**.

例 1 把向量组

$$\boldsymbol{\alpha}_1=\begin{bmatrix}1\\2\\-1\end{bmatrix},\quad \boldsymbol{\alpha}_2=\begin{bmatrix}-1\\3\\1\end{bmatrix},\quad \boldsymbol{\alpha}_3=\begin{bmatrix}4\\-1\\0\end{bmatrix}$$

化为标准正交向量组.

解 不难证明 $\boldsymbol{\alpha}_1,\boldsymbol{\alpha}_2,\boldsymbol{\alpha}_3$ 线性无关,将 $\boldsymbol{\alpha}_1,\boldsymbol{\alpha}_2,\boldsymbol{\alpha}_3$ 正交化,取

$$\boldsymbol{\beta}_1=\boldsymbol{\alpha}_1=\begin{bmatrix}1\\2\\-1\end{bmatrix};$$

$$\boldsymbol{\beta}_2=\boldsymbol{\alpha}_2-\frac{[\boldsymbol{\alpha}_2,\boldsymbol{\beta}_1]}{[\boldsymbol{\beta}_1,\boldsymbol{\beta}_1]}\boldsymbol{\beta}_1=\begin{bmatrix}-1\\3\\1\end{bmatrix}-\frac{4}{6}\begin{bmatrix}1\\2\\-1\end{bmatrix}=\frac{5}{3}\begin{bmatrix}-1\\1\\1\end{bmatrix};$$

$$\begin{aligned}\boldsymbol{\beta}_3&=\boldsymbol{\alpha}_3-\frac{[\boldsymbol{\alpha}_3,\boldsymbol{\beta}_1]}{[\boldsymbol{\beta}_1,\boldsymbol{\beta}_1]}\boldsymbol{\beta}_1-\frac{[\boldsymbol{\alpha}_3,\boldsymbol{\beta}_2]}{[\boldsymbol{\beta}_2,\boldsymbol{\beta}_2]}\boldsymbol{\beta}_2\\&=\begin{bmatrix}4\\-1\\0\end{bmatrix}-\frac{2}{6}\begin{bmatrix}1\\2\\-1\end{bmatrix}+\frac{5}{3}\begin{bmatrix}-1\\1\\1\end{bmatrix}=2\begin{bmatrix}1\\0\\1\end{bmatrix}.\end{aligned}$$

把 $\boldsymbol{\beta}_1,\boldsymbol{\beta}_2,\boldsymbol{\beta}_3$ 单位化得

$$\boldsymbol{e}_1=\frac{1}{\sqrt{6}}\begin{bmatrix}1\\2\\-1\end{bmatrix},\quad \boldsymbol{e}_2=\frac{1}{\sqrt{3}}\begin{bmatrix}-1\\1\\1\end{bmatrix},\quad \boldsymbol{e}_3=\frac{1}{\sqrt{2}}\begin{bmatrix}1\\0\\1\end{bmatrix},$$

则 $\boldsymbol{e}_1,\boldsymbol{e}_2,\boldsymbol{e}_3$ 即为所求.

由上面的求法不难得知,先单位化后正交化得到的向量不一定都是单位向量,但先正交化后单位化得到的向量仍是两两正交的. 因此,当我们求标准正交向量组时,总是要先正交化后单位化.

例 2　已知三维向量空间中两个向量 $\boldsymbol{\alpha}_1=\begin{bmatrix}1\\1\\1\end{bmatrix}$,$\boldsymbol{\alpha}_2=\begin{bmatrix}1\\-2\\1\end{bmatrix}$ 正交,试求 $\boldsymbol{\alpha}_3$,使 $\boldsymbol{\alpha}_1,\boldsymbol{\alpha}_2,\boldsymbol{\alpha}_3$ 构成三维空间的一个正交基.

解　设 $\boldsymbol{\alpha}_3=\begin{bmatrix}x_1\\x_2\\x_3\end{bmatrix}\neq\boldsymbol{0}$. 且分别与 $\boldsymbol{\alpha}_1,\boldsymbol{\alpha}_2$ 正交,则

$$[\boldsymbol{\alpha}_1,\boldsymbol{\alpha}_3]=[\boldsymbol{\alpha}_2,\boldsymbol{\alpha}_3]=0,$$

即

$$\begin{cases}[\boldsymbol{\alpha}_1,\boldsymbol{\alpha}_3]=x_1+x_2+x_3=0,\\ [\boldsymbol{\alpha}_2,\boldsymbol{\alpha}_3]=x_1-2x_2+x_3=0.\end{cases}$$

解之得 $x_1=-x_3,x_2=0$,令 $x_3=1$,得到

$$\boldsymbol{\alpha}_3=\begin{bmatrix}x_1\\x_2\\x_3\end{bmatrix}=\begin{bmatrix}-1\\0\\1\end{bmatrix}.$$

由以上可知 $\boldsymbol{\alpha}_1,\boldsymbol{\alpha}_2,\boldsymbol{\alpha}_3$ 构成三维空间的一个正交基.

定义 5.1.4　如果 n 阶方阵 A 满足

$$A'A=E\text{(即 }A^{-1}=A'\text{)},$$

则称 A 为**正交矩阵**,简称正交阵.

上式用 A 的列向量可表示为

$$\begin{bmatrix}\boldsymbol{\alpha}_1'\\ \boldsymbol{\alpha}_2'\\ \vdots\\ \boldsymbol{\alpha}_n'\end{bmatrix}\begin{bmatrix}\boldsymbol{\alpha}_1 & \boldsymbol{\alpha}_2 & \cdots & \boldsymbol{\alpha}_n\end{bmatrix}=E.$$

由此得到 n^2 个关系式:

$$\boldsymbol{\alpha}_i'\boldsymbol{\alpha}_j=\begin{cases}1, & i=j,\\ 0, & i\neq j\end{cases}\quad(i,j=1,2,\cdots,n),$$

即

$$[\boldsymbol{\alpha}_i,\boldsymbol{\alpha}_j]=\boldsymbol{\alpha}_i'\boldsymbol{\alpha}_j=\begin{cases}1, & i=j,\\ 0, & i\neq j.\end{cases}$$

由此可知,方阵 A 为正交阵的充要条件是 A 的列向量都是单位向量,且两两正交.

因为 $A'A=E$ 与 $AA'=E$ 等价，所以上述结论对 A 的行向量也成立.

正交矩阵具有以下几个重要性质.

(1) $A'=A^{-1}$，即 A 的转置就是 A 的逆阵；

(2) 若 A 是正交阵，则 A'(或 A^{-1}) 也是正交阵；

(3) 两个同阶正交阵的乘积仍是正交阵；

(4) 正交阵的行列式等于 1 或 -1.

定义 5.1.5 若 P 为正交矩阵，则线性变换 $\boldsymbol{y}=P\boldsymbol{x}$ 称为**正交变换**.

正交变换的性质 正交变换保持向量的内积及长度不变.

事实上，设 $\boldsymbol{y}=P\boldsymbol{x}$ 为正交变换，且 $\boldsymbol{\beta}_1=P\boldsymbol{\alpha}_1,\boldsymbol{\beta}_2=P\boldsymbol{\alpha}_2$，则

$$[\boldsymbol{\beta}_1,\boldsymbol{\beta}_2]=\boldsymbol{\beta}_1'\boldsymbol{\beta}_2=\boldsymbol{\alpha}_1'P'P\boldsymbol{\alpha}_2=\boldsymbol{\alpha}_1'E\boldsymbol{\alpha}_2=\boldsymbol{\alpha}_1'\boldsymbol{\alpha}_2=[\boldsymbol{\alpha}_1,\boldsymbol{\alpha}_2],$$

$$\|\boldsymbol{\beta}_1\|=\sqrt{\boldsymbol{\beta}_1'\boldsymbol{\beta}_1}=\sqrt{\boldsymbol{\alpha}_1'P'P\boldsymbol{\alpha}_1}=\sqrt{\boldsymbol{\alpha}_1'\boldsymbol{\alpha}_1}=\|\boldsymbol{\alpha}_1\|.$$

例 3 设 $\boldsymbol{\alpha}=(0,1,0,\cdots,0)',\boldsymbol{\beta}=(b_1,b_2,\cdots,b_n)'$ 是 $\mathbf{R}^n$ 中向量，A 为正交阵，则 $[A\boldsymbol{\alpha},A\boldsymbol{\beta}]=$ __________.

解 由正交变换的性质可得 $[A\boldsymbol{\alpha},A\boldsymbol{\beta}]=[\boldsymbol{\alpha},\boldsymbol{\beta}]=b_2$.

例 4 判别下列矩阵是否为正交矩阵.

(1) $\begin{pmatrix}1 & -1/2 & 1/3\\ -1/2 & 1 & 1/2\\ 1/3 & 1/2 & -1\end{pmatrix}$；　　(2) $\begin{pmatrix}1/9 & -8/9 & -4/9\\ -8/9 & 1/9 & -4/9\\ -4/9 & -4/9 & 7/9\end{pmatrix}$.

解 (1) 考察矩阵的第一列和第二列，因

$$1\times\left(-\frac{1}{2}\right)+\left(-\frac{1}{2}\right)\times 1+\frac{1}{3}\times\frac{1}{2}\neq 0,$$

所以它不是正交矩阵；

(2) 由正交矩阵的定义，因

$$\begin{pmatrix}1/9 & -8/9 & -4/9\\ -8/9 & 1/9 & -4/9\\ -4/9 & -4/9 & 7/9\end{pmatrix}'\begin{pmatrix}1/9 & -8/9 & -4/9\\ -8/9 & 1/9 & -4/9\\ -4/9 & -4/9 & 7/9\end{pmatrix}=\begin{pmatrix}1 & 0 & 0\\ 0 & 1 & 0\\ 0 & 0 & 1\end{pmatrix},$$

所以它是正交矩阵.

5.2 方阵的特征值与特征向量

方阵的特征值，最早是由 Laplace 在 19 世纪为研究天体力学、地球力学而引进的一个物理概念. 这一概念不仅在理论上极为重要，在科学技术领域里，它的应用也很广泛. 事实上，在讨论振动问题(如机械振动、弹性体振动、电磁波震荡)、天体运行问题及现代控制理论中，都涉及特征值问题.

5.2.1　矩阵的特征值

定义 5.2.1　设 A 是 n 阶方阵,如果存在数 λ 和 n 维非零列向量 $\boldsymbol{x}$,使得

$$A\boldsymbol{x}=\lambda\boldsymbol{x} \tag{5.1}$$

成立,则称数 λ 是方阵 A 的**特征值**,非零向量 $\boldsymbol{x}$ 称为 A 的对应于特征值 λ 的**特征向量**.

由定义 5.2.1 不难得到,一个特征向量只能属于一个特征值,而一个特征值却可以对应无穷多个特征向量. 下面给出特征值与特征向量的求法.

将(5.1)式改写成

$$(A-\lambda E)\boldsymbol{x}=\boldsymbol{0}. \tag{5.2}$$

这是含有 n 个方程的 n 元齐次线性方程组,它有非零解的充要条件是系数矩阵的行列式

$$|A-\lambda E|=0,$$

即

$$\begin{vmatrix} a_{11}-\lambda & a_{12} & \cdots & a_{1n} \\ a_{21} & a_{22}-\lambda & \cdots & a_{2n} \\ \vdots & \vdots & & \vdots \\ a_{n1} & a_{n2} & \cdots & a_{nn}-\lambda \end{vmatrix}=0.$$

上式是以 λ 为未知量的一元 n 次方程,称之为方阵 A 的**特征方程**. 左端是 λ 的 n 次多项式,称为方阵 A 的**特征多项式**,记作 $f_A(\lambda)$,即

$$f_A(\lambda)=|A-\lambda E|=\begin{vmatrix} a_{11}-\lambda & a_{12} & \cdots & a_{1n} \\ a_{21} & a_{22}-\lambda & \cdots & a_{2n} \\ \vdots & \vdots & & \vdots \\ a_{n1} & a_{n2} & \cdots & a_{nn}-\lambda \end{vmatrix}.$$

方阵 A 的特征值就是其特征多项式的根,由方程的理论容易知道,特征方程在复数范围内恒有解,解的个数为方程的次数(重根按重数计算),因此 n 阶方阵有 n 个特征值. 此外 A 的属于特征值 λ_0 的特征向量就是齐次线性方程组 $(A-\lambda_0 E)\boldsymbol{x}=\boldsymbol{0}$ 的所有非零解,它们有无限多个. 于是我们得到求方阵 A 的特征值和特征向量的步骤为:

第一步　计算方阵 A 的特征多项式 $|A-\lambda E|$;

第二步　解方程 $|A-\lambda E|=0$,求出方阵 A 的全部不同特征值 $\lambda_1,\lambda_2,\cdots,\lambda_r$;

第三步　对于方阵 A 的每一个特征值 $\lambda_i(i=1,2,\cdots,r)$,求出相应齐次线性方程组

$$(A-\lambda_i E)\boldsymbol{x}=\boldsymbol{0}$$

的一个基础解系 $\boldsymbol{\xi}_1,\boldsymbol{\xi}_2,\cdots,\boldsymbol{\xi}_t$. 于是方阵 A 的属于特征值 λ_i 的全部特征向量可表示

为

$$k_1\boldsymbol{\xi}_1+k_2\boldsymbol{\xi}_2+\cdots+k_t\boldsymbol{\xi}_t,$$

其中 $k_1,k_2,\cdots,k_t$ 是不全为零的常数.

例 1 求方阵

$$A=\begin{bmatrix}-1 & 1 & 0\\ -4 & 3 & 0\\ 1 & 0 & 2\end{bmatrix}$$

的特征值和特征向量.

解 A 的特征多项式为

$$f(\lambda)=|A-\lambda E|=\begin{vmatrix}-1-\lambda & 1 & 0\\ -4 & 3-\lambda & 0\\ 1 & 0 & 2-\lambda\end{vmatrix}$$

$$=(2-\lambda)(1-\lambda)^2.$$

所以 A 的特征值为 $\lambda_1=2$, $\lambda_2=\lambda_3=1$.

将 $\lambda_1=2$ 代入方程 $(A-\lambda E)\boldsymbol{x}=\boldsymbol{0}$,得

$$\begin{bmatrix}-3 & 1 & 0\\ -4 & 1 & 0\\ 1 & 0 & 0\end{bmatrix}\begin{bmatrix}x_1\\ x_2\\ x_3\end{bmatrix}=\begin{bmatrix}0\\ 0\\ 0\end{bmatrix}.$$

解之得一个基础解系

$$\boldsymbol{p}_1=\begin{bmatrix}0\\ 0\\ 1\end{bmatrix}.$$

它就是对应于 $\lambda_1=2$ 的一个特征向量,而 $k\boldsymbol{p}_1(k\neq 0)$ 是对应于 $\lambda_1=2$ 的全部特征向量.

将 $\lambda_2=\lambda_3=1$ 代入方程 $(A-\lambda E)\boldsymbol{x}=\boldsymbol{0}$,得

$$\begin{bmatrix}-2 & 1 & 0\\ -4 & 2 & 0\\ 1 & 0 & 1\end{bmatrix}\begin{bmatrix}x_1\\ x_2\\ x_3\end{bmatrix}=\begin{bmatrix}0\\ 0\\ 0\end{bmatrix}.$$

求得一个基础解系

$$\boldsymbol{p}_2=\begin{bmatrix}1\\ 2\\ -1\end{bmatrix}.$$

它就是对应于 $\lambda_2=\lambda_3=1$ 的一个特征向量,而 $k\boldsymbol{p}_2(k\neq 0)$ 是对应于 $\lambda_2=\lambda_3=1$ 的全部特征向量.

例 2 求方阵

$$A=\begin{bmatrix}-2 & 1 & 1\\ 0 & 2 & 0\\ -4 & 1 & 3\end{bmatrix}$$

的特征值和特征向量.

解 A 的特征多项式为

$$f(\lambda)=|A-\lambda E|=\begin{vmatrix}-2-\lambda & 1 & 1\\ 0 & 2-\lambda & 0\\ -4 & 1 & 3-\lambda\end{vmatrix}$$

$$=-(\lambda+1)(\lambda-2)^2.$$

所以 A 的特征值为 $\lambda_1=-1$, $\lambda_2=\lambda_3=2$.

将 $\lambda_1=-1$ 代入方程 $(A-\lambda E)\boldsymbol{x}=\boldsymbol{0}$,得

$$\begin{bmatrix}-1 & 1 & 1\\ 0 & 3 & 0\\ -4 & 1 & 4\end{bmatrix}\begin{bmatrix}x_1\\ x_2\\ x_3\end{bmatrix}=\begin{bmatrix}0\\ 0\\ 0\end{bmatrix}.$$

解之得一个基础解系

$$\boldsymbol{p}_1=\begin{bmatrix}1\\ 0\\ 1\end{bmatrix}.$$

它就是对应于 $\lambda_1=-1$ 的一个特征向量,而 $k\boldsymbol{p}_1(k\neq 0)$ 是对应于 $\lambda_1=-1$ 的全部特征向量.

将 $\lambda_2=\lambda_3=2$ 代入方程 $(A-\lambda E)\boldsymbol{x}=\boldsymbol{0}$,得

$$\begin{bmatrix}-4 & 1 & 1\\ 0 & 0 & 0\\ -4 & 1 & 1\end{bmatrix}\begin{bmatrix}x_1\\ x_2\\ x_3\end{bmatrix}=\begin{bmatrix}0\\ 0\\ 0\end{bmatrix}.$$

解之得一个基础解系

$$\boldsymbol{p}_2=\begin{bmatrix}1\\ 4\\ 0\end{bmatrix},\ \boldsymbol{p}_3=\begin{bmatrix}1\\ 0\\ 4\end{bmatrix}.$$

$\boldsymbol{p}_2,\boldsymbol{p}_3$ 就是对应于 $\lambda_2=\lambda_3=2$ 的特征向量,而 $k_2\boldsymbol{p}_2+k_3\boldsymbol{p}_3$($k_2,k_3$ 不同时为零)是对应于 $\lambda_2=\lambda_3=2$ 的全部特征向量.

例 3 假定 A 是幂等方阵,即 $A^2=A$. 试证 A 的特征值只有 1 或 0.

证 设 λ 是 A 的特征值,$\boldsymbol{p}$ 是 A 的属于 λ 的特征向量,则

$$A\boldsymbol{p}=\lambda\boldsymbol{p},$$

于是

$$A^2\boldsymbol{p}=A(A\boldsymbol{p})=A(\lambda\boldsymbol{p})=\lambda A\boldsymbol{p}=\lambda^2\boldsymbol{p},$$

而 $A^2\boldsymbol{p}=A\boldsymbol{p}$，因此，$\lambda^2\boldsymbol{p}=\lambda\boldsymbol{p}$，即 $(\lambda^2-\lambda)\boldsymbol{p}=\boldsymbol{0}$，但 $\boldsymbol{p}\neq\boldsymbol{0}$，故 $\lambda^2-\lambda=0$，$\lambda(\lambda-1)=0$，所以 $\lambda=1$ 或 $\lambda=0$.

例 4 设 λ 为 n 阶方阵 A 的一个特征值. 证明：

(1) 若 A 可逆，则 $\frac{1}{\lambda}$ 为 A^{-1} 的特征值；

(2) $\lambda-k$ 为 $A-kE$ 的特征值；

(3) 若 A 可逆，则 $\frac{|A|}{\lambda}$ 为 A^* 的特征值.

证 (1) 首先证 $\lambda\neq0$，否则，若 $\lambda=0$，则由 $A\boldsymbol{x}=\lambda\boldsymbol{x}$ 得 $A\boldsymbol{x}=\boldsymbol{0}$，因 A 可逆，所以，$\boldsymbol{x}=\boldsymbol{0}$，与特征向量的定义矛盾，故 $\lambda\neq0$.

再由 $A\boldsymbol{x}=\lambda\boldsymbol{x}$ 得 $A^{-1}\boldsymbol{x}=\frac{1}{\lambda}\boldsymbol{x}$，故 $\frac{1}{\lambda}$ 是 A^{-1} 的特征值.

(2) 设 $A\boldsymbol{x}=\lambda\boldsymbol{x}$，则

$$(A-kE)\boldsymbol{x}=A\boldsymbol{x}-k\boldsymbol{x}=\lambda\boldsymbol{x}-k\boldsymbol{x}=(\lambda-k)\boldsymbol{x},$$

所以，$\lambda-k$ 为 $A-kE$ 的特征值.

(3) 因 $AA^*=A^*A=|A|E$，$A^*=|A|A^{-1}$，设 $A\boldsymbol{x}=\lambda\boldsymbol{x}$，故 $A^*\boldsymbol{x}=|A|A^{-1}\boldsymbol{x}=|A|\frac{1}{\lambda}\boldsymbol{x}=\frac{|A|}{\lambda}\boldsymbol{x}$，所以，$\frac{|A|}{\lambda}$ 是 A^* 的特征值.

注 可以进一步证明：若 λ 是 A 的特征值，则 λ^k 是 A^k 的特征值，$\varphi(\lambda)$ 是 $\varphi(A)$ 的特征值，其中

$$\varphi(x)=a_0x^m+a_1x^{m-1}+\cdots+a_{m-1}x+a_m.$$

5.2.2 特征值与特征向量的性质

性质 5.2.1 设 $A=(a_{ij})$ 是 n 阶矩阵，则

$$f(\lambda)=|A-\lambda E|=\begin{vmatrix}a_{11}-\lambda & a_{12} & \cdots & a_{1n}\\ a_{21} & a_{22}-\lambda & \cdots & a_{2n}\\ \vdots & \vdots & & \vdots\\ a_{n1} & a_{n2} & \cdots & a_{nn}-\lambda\end{vmatrix}.$$

设 $\lambda_1,\lambda_2,\cdots,\lambda_n$ 是 A 的 n 个特征值，则

(1) $\lambda_1+\lambda_2+\cdots+\lambda_n=a_{11}+a_{22}+\cdots+a_{nn}$；

(2) $\lambda_1\lambda_2\cdots\lambda_n=|A|$.

通常称 $a_{11}+a_{22}+\cdots+a_{nn}$ 为矩阵 A 的迹，记作 $\mathrm{tr}(A)$，即

$$\begin{aligned}\mathrm{tr}(A)&=a_{11}+a_{22}+\cdots+a_{nn}\\&=\lambda_1+\lambda_2+\cdots+\lambda_n.\end{aligned}$$

证　(1) $|A-\lambda E| \xlongequal{\text{按行列式定义}} (-1)^n \cdot [\lambda^n-(a_{11}+a_{22}+\cdots+a_{nn})\lambda^{n-1}+\cdots+c_1\lambda+c_0]$.

又因

$$|A-\lambda E|=(-1)^n \cdot [(\lambda-\lambda_1)(\lambda-\lambda_2)\cdots(\lambda-\lambda_n)],$$

比较上面两式的右边，注意 λ^{n-1} 的系数，可得

$$\lambda_1+\lambda_2+\cdots+\lambda_n=a_{11}+a_{22}+\cdots+a_{nn}.$$

(2) 在 $|A-\lambda E|=(-1)^n \cdot [(\lambda-\lambda_1)(\lambda-\lambda_2)\cdots(\lambda-\lambda_n)]$ 中，令 $\lambda=0$，得

$$|A|=\lambda_1\lambda_2\cdots\lambda_n.$$

由此可得，n 阶矩阵 A 是奇异矩阵的充分必要条件是 A 有一个特征值为零.

性质 5.2.2　n 阶矩阵 A 与它的转置矩阵 A' 有相同的特征值.

证　因为 $|A-\lambda E|=|(A-\lambda E)'|=|A'-\lambda E|$，结论成立.

性质 5.2.3　设 $\lambda_1,\lambda_2,\cdots,\lambda_m$ 是方阵 A 的 m 个互不相同特征值，$\boldsymbol{p}_1,\boldsymbol{p}_2,\cdots,\boldsymbol{p}_m$ 是分别属于它们的特征向量，则 $\boldsymbol{p}_1,\boldsymbol{p}_2,\cdots,\boldsymbol{p}_m$ 线性无关.

证　用数学归纳法.

当 $m=1$ 时，定理显然正确.

假设 $m-1$ 时定理成立，设有数 $k_1,k_2,\cdots,k_m$，使

$$k_1\boldsymbol{p}_1+k_2\boldsymbol{p}_2+\cdots+k_m\boldsymbol{p}_m=\boldsymbol{0}. \tag{5.3}$$

上式两边左乘 A，并利用 $A\boldsymbol{p}_i=\lambda_i\boldsymbol{p}_i\ (i=1,2,\cdots,m)$，得

$$k_1\lambda_1\boldsymbol{p}_1+k_2\lambda_2\boldsymbol{p}_2+\cdots+k_m\lambda_m\boldsymbol{p}_m=\boldsymbol{0}. \tag{5.4}$$

用(5.3)式乘 λ_m，再减去(5.4)式，得

$$k_1(\lambda_m-\lambda_1)\boldsymbol{p}_1+k_2(\lambda_m-\lambda_2)\boldsymbol{p}_2+\cdots+k_{m-1}(\lambda_m-\lambda_{m-1})\boldsymbol{p}_{m-1}=\boldsymbol{0}.$$

由归纳假设应有

$$k_i(\lambda_m-\lambda_i)=0 \quad (i=1,2,\cdots,m-1).$$

而 $\lambda_m-\lambda_i\neq 0$，则 $k_i=0\ (i=1,2,\cdots,m-1)$. 将它们代入(5.3)式，即得 $k_m\boldsymbol{p}_m=\boldsymbol{0}$. 但 $\boldsymbol{p}_m\neq\boldsymbol{0}$，所以 $k_m=0$，于是 $\boldsymbol{p}_1,\boldsymbol{p}_2,\cdots,\boldsymbol{p}_m$ 线性无关.

性质 5.2.4　设 λ_1,λ_2 是矩阵 A 的两个不同的特征值，$\boldsymbol{p}_1,\boldsymbol{p}_2,\cdots,\boldsymbol{p}_s$；$\boldsymbol{q}_1,\boldsymbol{q}_2,\cdots,\boldsymbol{q}_t$ 分别为 A 的属于 λ_1,λ_2 的线性无关的特征向量，则 $\boldsymbol{p}_1,\boldsymbol{p}_2,\cdots,\boldsymbol{p}_s,\boldsymbol{q}_1,\boldsymbol{q}_2,\cdots,\boldsymbol{q}_t$ 线性无关.

证　设有

$$k_1\boldsymbol{p}_1+k_2\boldsymbol{p}_2+\cdots+k_s\boldsymbol{p}_s+l_1\boldsymbol{q}_1+l_2\boldsymbol{q}_2+\cdots+l_t\boldsymbol{q}_t=\boldsymbol{0}.$$

若记 $\boldsymbol{\alpha}_1=\sum_{i=1}^{s}k_i\boldsymbol{p}_i$，$\boldsymbol{\alpha}_2=\sum_{i=1}^{t}l_i\boldsymbol{q}_i$，则上式即为

$$\boldsymbol{\alpha}_1+\boldsymbol{\alpha}_2=\boldsymbol{0}. \tag{5.5}$$

如果 $\boldsymbol{\alpha}_1\neq\boldsymbol{0}$，则必有 $\boldsymbol{\alpha}_2\neq\boldsymbol{0}$，而 $\boldsymbol{\alpha}_1,\boldsymbol{\alpha}_2$ 是分别属于 λ_1,λ_2 的特征向量. 于是由(5.5)式可知，对于 λ_1,λ_2 有两个特征向量线性相关，这与性质 5.2.3 矛盾，因此，只有

$\boldsymbol{\alpha}_1 = \mathbf{0}, \boldsymbol{\alpha}_2 = \mathbf{0}$，即

$$k_1 \boldsymbol{p}_1 + k_2 \boldsymbol{p}_2 + \cdots + k_s \boldsymbol{p}_s = \mathbf{0}, \quad l_1 \boldsymbol{q}_1 + l_2 \boldsymbol{q}_2 + \cdots + l_t \boldsymbol{q}_t = \mathbf{0},$$

而 $\boldsymbol{p}_1, \boldsymbol{p}_2, \cdots, \boldsymbol{p}_s$ 线性无关，$\boldsymbol{q}_1, \boldsymbol{q}_2, \cdots, \boldsymbol{q}_t$ 线性无关，所以

$$k_1 = k_2 = \cdots = k_s = 0, \quad l_1 = l_2 = \cdots = l_t = 0.$$

这说明 $\boldsymbol{p}_1, \boldsymbol{p}_2, \cdots, \boldsymbol{p}_s, \boldsymbol{q}_1, \boldsymbol{q}_2, \cdots, \boldsymbol{q}_t$ 线性无关.

该定理可以推广到对于多个互不相等的特征值的情况，证法类似.

5.3 相似矩阵

作为特征值的一个应用，本节主要讨论方阵相似于对角阵的条件.

5.3.1 方阵的相似

定义 5.3.1 设 A、B 是两个 n 阶方阵，若存在可逆方阵 P，使得

$$P^{-1}AP = B,$$

则称 B 是 A 的**相似矩阵**，或称矩阵 A 与 B 相似. 运算 $P^{-1}AP$ 称为对 A 进行**相似变换**，可逆矩阵 P 称为把 A 变成 B 的**相似变换矩阵**.

由定义 5.3.1 可知，方阵的相似具有如下简单性质：

(1) 自反性：A 与 A 自身相似；

(2) 对称性：若 A 与 B 相似，则 B 与 A 相似；

(3) 传递性：若 A 与 B 相似，B 与 C 相似，则 A 与 C 相似.

定理 5.3.1 相似矩阵有相同的特征多项式.

证 设 A 与 B 相似，即有可逆阵 P，使

$$P^{-1}AP = B.$$

于是

$$\begin{aligned} |B-\lambda E| &= |P^{-1}AP-\lambda E| = |P^{-1}(A-\lambda E)P| \\ &= |P^{-1}|\ |A-\lambda E|\ |P| = |A-\lambda E|. \end{aligned}$$

定理 5.3.1 的逆命题未必成立. 即特征多项式相同的两个矩阵不一定相似.

例如 $A=\begin{bmatrix}1 & 0\\ 0 & 1\end{bmatrix}=E$，$B=\begin{bmatrix}1 & 1\\ 0 & 1\end{bmatrix}$. 虽然它们的特征多项式都是$(\lambda-1)^2$，但 A 与 B 并不相似. 这是因为，对任何可逆阵 P，均有 $P^{-1}AP = E \neq B$.

推论 1 若 n 阶方阵 A 与对角阵

$$\Lambda = \begin{bmatrix}\lambda_1 & & & \\ & \lambda_2 & & \\ & & \ddots & \\ & & & \lambda_n\end{bmatrix}$$

相似,则 $\lambda_1,\lambda_2,\cdots,\lambda_n$ 是 A 的 n 个特征值.

推论 2　若 n 阶方阵 A 与 B 相似,则 $\mathrm{Tr}(A)=\mathrm{Tr}(B)$.

一般地,方阵 A 与对角阵相似,我们就称方阵 A **可对角化**. 如果一个方阵可对角化,则对讨论方阵的性质带来方便. 但并非任何方阵都可对角化,下面我们来讨论方阵可对角化的条件.

5.3.2　方阵可对角化的条件

定理 5.3.2　n 阶方阵可对角化的充要条件是 A 有 n 个线性无关的特征向量.

证　设 A 有 n 个线性无关的特征向量 $\boldsymbol{p}_1,\boldsymbol{p}_2,\cdots,\boldsymbol{p}_n$,且 $A\boldsymbol{p}_i=\lambda_i\boldsymbol{p}_i$($i=1,2,\cdots,n$),令 $P=[\boldsymbol{p}_1\ \ \boldsymbol{p}_2\ \ \cdots\ \ \boldsymbol{p}_n]$,则

$$AP=[A\boldsymbol{p}_1\ \ A\boldsymbol{p}_2\ \ \cdots\ \ A\boldsymbol{p}_n]=[\lambda_1\boldsymbol{p}_1\ \ \lambda_2\boldsymbol{p}_2\ \ \cdots\ \ \lambda_n\boldsymbol{p}_n]$$

$$=[\boldsymbol{p}_1\ \ \boldsymbol{p}_2\ \ \cdots\ \ \boldsymbol{p}_n]\begin{bmatrix}\lambda_1 & & & \\ & \lambda_2 & & \\ & & \ddots & \\ & & & \lambda_n\end{bmatrix}.$$

而 $\boldsymbol{p}_1,\boldsymbol{p}_2,\cdots,\boldsymbol{p}_n$ 线性无关,故 P^{-1} 存在,使

$$P^{-1}AP=\begin{bmatrix}\lambda_1 & & & \\ & \lambda_2 & & \\ & & \ddots & \\ & & & \lambda_n\end{bmatrix}.$$

这就证明了充分性. 将上述过程倒推回去,就是必要性的证明.

由定理 5.3.2 可推出:

(1) 一个 n 阶方阵是否可对角化归结为它是否有 n 个线性无关的特征向量;

(2) 如果 n 阶方阵 A 与对角阵相似,则对角阵主对角线上的元素就是 A 的特征值.

推论　如果 n 阶方阵 A 有 n 个互不相同的特征值,则矩阵 A 可对角化.

例 1　判定方阵 A 能否对角化,其中 $A=\begin{bmatrix}-1 & 1 & 0\\ -4 & 3 & 0\\ 1 & 0 & 2\end{bmatrix}$.

解　由 5.2 节例 1 知,A 只有两个线性无关的特征向量,因而 A 不能对角化.

例 2　若 $\begin{bmatrix}22 & 31\\ y & x\end{bmatrix}$ 与 $\begin{bmatrix}1 & 2\\ 3 & 4\end{bmatrix}$ 相似,求 x,y.

解　利用相似矩阵迹相等和行列式值相等,得

$$\begin{cases}22+x=1+4,\\ 22x-31y=4-6.\end{cases}$$

解之得

$$x=-17, \quad y=-12.$$

例 3 设 $A=\begin{bmatrix}4 & 6 & 0\\ -3 & -5 & 0\\ -3 & -6 & 1\end{bmatrix}$,问 A 能否对角化?若能对角化,求出可逆矩阵 P 使得 $P^{-1}AP$ 为对角阵.

解 $|A-\lambda E|=\begin{vmatrix}4-\lambda & 6 & 0\\ -3 & -5-\lambda & 0\\ -3 & -6 & 1-\lambda\end{vmatrix}=-(\lambda-1)^2(\lambda+2)$,

得 $\lambda_1=\lambda_2=1,\lambda_3=-2$.

当 $\lambda_1=\lambda_2=1$ 时,求解齐次线性方程组 $(A-E)\boldsymbol{x}=\mathbf{0}$.

$$A-E=\begin{bmatrix}3 & 6 & 0\\ -3 & -6 & 0\\ -3 & -6 & 0\end{bmatrix}\sim\begin{bmatrix}1 & 2 & 0\\ 0 & 0 & 0\\ 0 & 0 & 0\end{bmatrix},$$

$x_1=-2x_2$,得基础解系

$$\boldsymbol{p}_1=\begin{bmatrix}-2\\ 1\\ 0\end{bmatrix}, \quad \boldsymbol{p}_2=\begin{bmatrix}0\\ 0\\ 1\end{bmatrix}.$$

当 $\lambda_3=-2$ 时,求解齐次线性方程组 $(A+2E)\boldsymbol{x}=\mathbf{0}$.

$$A+2E=\begin{bmatrix}6 & 6 & 0\\ -3 & -3 & 0\\ -3 & -6 & 3\end{bmatrix}\sim\begin{bmatrix}1 & 0 & 1\\ 0 & 1 & -1\\ 0 & 0 & 0\end{bmatrix},$$

$\begin{cases}x_1=-x_3,\\ x_2=x_3,\end{cases}$ 得基础解系

$$\boldsymbol{p}_3=\begin{bmatrix}-1\\ 1\\ 1\end{bmatrix}.$$

因 A 有 3 个线性无关的特征向量 $\boldsymbol{p}_1,\boldsymbol{p}_2,\boldsymbol{p}_3$,所以 A 可以对角化. 令

$$P=(\boldsymbol{p}_1,\boldsymbol{p}_2,\boldsymbol{p}_3)=\begin{bmatrix}-2 & 0 & -1\\ 1 & 0 & 1\\ 0 & 1 & 1\end{bmatrix},$$

则

$$P^{-1}AP=\begin{bmatrix}1 & 0 & 0\\ 0 & 1 & 0\\ 0 & 0 & -2\end{bmatrix}.$$

注　若令

$$P=(\boldsymbol{p}_3,\boldsymbol{p}_1,\boldsymbol{p}_2)=\begin{bmatrix}-1&-2&0\\1&1&0\\1&0&1\end{bmatrix},$$

则

$$P^{-1}AP=\begin{bmatrix}-2&0&0\\0&1&0\\0&0&1\end{bmatrix}.$$

由此可知可逆矩阵 P 不唯一,但矩阵 P 的列向量和对角矩阵中特征值的位置要相互对应.

例 4　已知方阵 A 的特征值是 $\lambda_1=0,\lambda_2=1,\lambda_3=3$,相对应特征向量是 $\boldsymbol{\eta}_1=\begin{bmatrix}1\\1\\1\end{bmatrix},\boldsymbol{\eta}_2=\begin{bmatrix}1\\0\\-1\end{bmatrix},\boldsymbol{\eta}_3=\begin{bmatrix}1\\-2\\1\end{bmatrix}$,求矩阵 A.

解　由条件知矩阵 A 是 3 阶方阵,而且 A 可以对角化,即存在可逆阵 P,使得 $P^{-1}AP=\Lambda$,其中

$$P=\begin{bmatrix}1&1&1\\1&0&-2\\1&-1&1\end{bmatrix},\quad \Lambda=\begin{bmatrix}0&0&0\\0&1&0\\0&0&3\end{bmatrix},$$

求得

$$P^{-1}=\begin{bmatrix}\frac{1}{3}&\frac{1}{3}&\frac{1}{3}\\\frac{1}{2}&0&-\frac{1}{2}\\\frac{1}{6}&-\frac{1}{3}&\frac{1}{6}\end{bmatrix},$$

则 $P^{-1}AP=\Lambda$,故

$$A=P\Lambda P^{-1}=\begin{bmatrix}1&-1&0\\-1&2&-1\\0&-1&1\end{bmatrix}.$$

例 5　已知 $A=\begin{bmatrix}4&-5\\2&-3\end{bmatrix}$,求 A^{100}.

解　$$|A-\lambda E|=\begin{vmatrix}4-\lambda&-5\\2&-3-\lambda\end{vmatrix}=(\lambda-2)(\lambda+1),$$

得 $\lambda_1=-1,\lambda_2=2$. 因而 A 可对角化.

当 $\lambda_1=-1$ 时,求解方程组 $(A+E)\boldsymbol{x}=\mathbf{0}$.

$$A+E=\begin{bmatrix}5 & -5\\2 & -2\end{bmatrix}\longrightarrow\begin{bmatrix}1 & -1\\0 & 0\end{bmatrix},$$

$x_1=x_2$，基础解系为

$$\boldsymbol{p}_1=\begin{bmatrix}1\\1\end{bmatrix}.$$

当 $\lambda_2=2$ 时，求解方程组 $(A-2E)\boldsymbol{x}=\boldsymbol{0}$.

$$A-2E=\begin{bmatrix}2 & -5\\2 & -5\end{bmatrix}\longrightarrow\begin{bmatrix}1 & -\dfrac{5}{2}\\0 & 0\end{bmatrix},$$

$x_1=\dfrac{5}{2}x_2$，基础解系为

$$\boldsymbol{p}_2=\begin{bmatrix}5\\2\end{bmatrix}.$$

令

$$P=(\boldsymbol{p}_1,\boldsymbol{p}_2)=\begin{bmatrix}1 & 5\\1 & 2\end{bmatrix},\quad P^{-1}=\begin{bmatrix}-\dfrac{2}{3} & \dfrac{5}{3}\\ \dfrac{1}{3} & -\dfrac{1}{3}\end{bmatrix},$$

即存在可逆阵 P，使得

$$P^{-1}AP=\Lambda=\begin{bmatrix}-1 & 0\\0 & 2\end{bmatrix},$$

所以 $A=P\Lambda P^{-1}$.

$$A^{100}=P\Lambda^{100}P^{-1}=\begin{bmatrix}1 & 5\\1 & 2\end{bmatrix}\begin{bmatrix}-1 & 0\\0 & 2\end{bmatrix}^{100}\begin{bmatrix}-\dfrac{2}{3} & \dfrac{5}{3}\\ \dfrac{1}{3} & -\dfrac{1}{3}\end{bmatrix}$$

$$=\frac{1}{3}\begin{bmatrix}-2+5\times2^{100} & 5-5\times2^{100}\\-2+2^{101} & 5-2^{101}\end{bmatrix}.$$

例 6　设三阶矩阵 A 的特征值为 $1,-1,2$，求 $|A^*+3A-2E|$.

解　因 A 的特征值全不为 0，知 A 可逆，故 $A^*=|A|A^{-1}$. 而 $|A|=\lambda_1\lambda_2\lambda_3=-2$，所以

$$A^*+3A-2E=-2A^{-1}+3A-2E.$$

把上式记作 $\varphi(A)$，有 $\varphi(\lambda)=-\dfrac{2}{\lambda}+3\lambda-2$，故 $\varphi(A)$ 的特征值为

$$\varphi(1)=-1,\quad\varphi(-1)=-3,\quad\varphi(2)=3,$$

于是

$$|A^*+3A-2E|=(-1)\cdot(-3)\cdot3=9.$$

5.4　实对称矩阵的相似对角形

上节讨论了一般方阵与对角形矩阵的相似问题，现在我们来解决本章的主要问题，即如何用正交矩阵使实对称矩阵与对角矩阵相似. 为此，我们首先证明下面三个引理.

引理 5.4.1　实对称矩阵的特征值为实数.

证　设复数 λ 为实对称矩阵 A 的特征值，复向量 $\boldsymbol{x}$ 为对应的特征向量，即

$$A\boldsymbol{x} = \lambda\boldsymbol{x}, \quad \boldsymbol{x} \neq \boldsymbol{0}. \tag{5.6}$$

用 $\bar{\lambda}$ 表示 λ 的共轭复数，$\bar{\boldsymbol{x}}$ 表示 $\boldsymbol{x}$ 的共轭复向量，对(5.6)两边取共轭，再取转置，因 $\bar{A} = A, A' = A$，有 $\bar{\boldsymbol{x}}'A = \overline{\lambda\boldsymbol{x}}'$，两边以 $\boldsymbol{x}$ 右乘，得

$$\bar{\boldsymbol{x}}'A\boldsymbol{x} = \overline{\lambda\boldsymbol{x}}'\boldsymbol{x}, \tag{5.7}$$

再以 $\bar{\boldsymbol{x}}'$ 左乘等式(5.6)，得

$$\bar{\boldsymbol{x}}'A\boldsymbol{x} = \lambda\bar{\boldsymbol{x}}'\boldsymbol{x}, \tag{5.8}$$

比较(5.7)式与(5.8)式，得

$$\overline{\lambda\boldsymbol{x}}'\boldsymbol{x} = \lambda\bar{\boldsymbol{x}}'\boldsymbol{x},$$

即 $(\bar{\lambda}-\lambda)\bar{\boldsymbol{x}}'\boldsymbol{x} = 0$，但 $\boldsymbol{x} \neq \boldsymbol{0}$，所以

$$\bar{\boldsymbol{x}}'\boldsymbol{x} = \sum_{i=1}^{n}\bar{x}_i x_i = \sum_{i=1}^{n}|x_i|^2 \neq 0,$$

其中 x_i 为复向量 $\boldsymbol{x}$ 的第 i 个分量，故 $\bar{\lambda}-\lambda = 0$，即 $\bar{\lambda} = \lambda$. 这说明 λ 为实数.

显然，当特征值 λ_i 为实数时，方程组

$$(A-\lambda_i E)\boldsymbol{x} = \boldsymbol{0}$$

是实系数齐次线性方程组，由 $|A-\lambda_i E| = 0$ 知必有实的基础解系，所以对应的特征向量可以取实向量.

引理 5.4.2　实对称矩阵的不同特征值的特征向量是正交的.

证　设 $\boldsymbol{p}_1, \boldsymbol{p}_2$ 是分别属于 A 的不同特征值 λ_1 与 λ_2 的特征向量，即

$$A\boldsymbol{p}_1 = \lambda_1\boldsymbol{p}_1, \quad A\boldsymbol{p}_2 = \lambda_2\boldsymbol{p}_2.$$

因 $A' = A$，故 $\lambda_1\boldsymbol{p}_1' = (\lambda_1\boldsymbol{p}_1)' = (A\boldsymbol{p}_1)' = \boldsymbol{p}_1'A$. 于是有

$$\lambda_1\boldsymbol{p}_1'\boldsymbol{p}_2 = \boldsymbol{p}_1'A\boldsymbol{p}_2 = \boldsymbol{p}_1'(\lambda_2\boldsymbol{p}_2) = \lambda_2\boldsymbol{p}_1'\boldsymbol{p}_2,$$

即

$$(\lambda_1-\lambda_2)\boldsymbol{p}_1'\boldsymbol{p}_2 = 0,$$

但 $\lambda_1 \neq \lambda_2$，故 $\boldsymbol{p}_1'\boldsymbol{p}_2 = 0$，即 $\boldsymbol{p}_1$ 与 $\boldsymbol{p}_2$ 正交.

引理 5.4.3　设 A 为 n 阶实对称方阵，λ 是 A 的特征方程的 r 重根，则矩阵 $A-\lambda E$ 的秩为 $n-r$，从而对应特征值 λ 恰有 r 个线性无关的特征向量.

证明略.

定理 5.4.1(实对称矩阵基本定理) 设 A 是 n 阶实对称矩阵,则必有正交矩阵 P,使

$$P^{-1}AP = P'AP = \Lambda,$$

其中,Λ 是以 A 的 n 个特征值为对角元素的对角矩阵.

证 设 A 的互不相等的特征值为 $\lambda_1,\lambda_2,\cdots,\lambda_s$,它们的重数依次为 $r_1,r_2,\cdots,r_s(r_1+r_2+\cdots+r_s=n)$,根据引理 5.4.1 与引理 5.4.3,对应特征值 $\lambda_i(i=1,2,\cdots,s)$ 恰有 r_i 个线性无关的特征向量,把它们正交单位化,即得 r_i 个单位正交的特征向量. 而由 $r_1+r_2+\cdots+r_s=n$ 知,这样的特征向量共有 n 个. 再根据引理 5.4.2 得,这 n 个单位特征向量两两正交,以它们为列向量构成正交阵 P,有

$$P^{-1}AP = \Lambda,$$

其中,Λ 的对角元素含 r_1 个 $\lambda_1,\cdots,r_s$ 个 λ_s,它们恰是 A 的 n 个特征值.

例 1 设

$$A=\begin{bmatrix}4&0&0\\0&3&1\\0&1&3\end{bmatrix},$$

求正交矩阵 P,使 $P^{-1}AP$ 为对角形矩阵.

解 (1) 求 A 的全部特征值.

$$|A-\lambda E| = \begin{vmatrix}4-\lambda&0&0\\0&3-\lambda&1\\0&1&3-\lambda\end{vmatrix}$$

$$=(4-\lambda)(\lambda^2-6\lambda+8)=(2-\lambda)(4-\lambda)^2,$$

故得特征值 $\lambda_1=2,\lambda_2=\lambda_3=4$.

(2) 由 $(A-\lambda_iE)\boldsymbol{x}=\mathbf{0}$ 求特征值 λ_i 对应的线性无关特征向量.

当 $\lambda_1=2$ 时,由

$$\begin{bmatrix}2&0&0\\0&1&1\\0&1&1\end{bmatrix}\begin{bmatrix}x_1\\x_2\\x_3\end{bmatrix}=\begin{bmatrix}0\\0\\0\end{bmatrix}$$

解得一个基础解系

$$\boldsymbol{\xi}_1=\begin{bmatrix}0\\1\\-1\end{bmatrix},$$

单位化得

$$\boldsymbol{p}_1=\frac{1}{\sqrt{2}}\begin{bmatrix}0\\1\\-1\end{bmatrix}.$$

当 $\lambda_2 = \lambda_3 = 4$ 时，由

$$\begin{bmatrix} 0 & 0 & 0 \\ 0 & -1 & 1 \\ 0 & 1 & -1 \end{bmatrix} \begin{bmatrix} x_1 \\ x_2 \\ x_3 \end{bmatrix} = \begin{bmatrix} 0 \\ 0 \\ 0 \end{bmatrix}$$

求得一个基础解系

$$\boldsymbol{\xi}_2 = \begin{bmatrix} 1 \\ 0 \\ 0 \end{bmatrix}, \quad \boldsymbol{\xi}_3 = \begin{bmatrix} 0 \\ 1 \\ 1 \end{bmatrix},$$

这两个向量恰好正交，单位化得

$$\boldsymbol{p}_2 = \begin{bmatrix} 1 \\ 0 \\ 0 \end{bmatrix}, \quad \boldsymbol{p}_3 = \frac{1}{\sqrt{2}} \begin{bmatrix} 0 \\ 1 \\ 1 \end{bmatrix}.$$

(3) 以 $\boldsymbol{p}_1, \boldsymbol{p}_2, \boldsymbol{p}_3$ 为列向量得正交矩阵

$$P = \begin{bmatrix} 0 & 1 & 0 \\ \frac{1}{\sqrt{2}} & 0 & \frac{1}{\sqrt{2}} \\ -\frac{1}{\sqrt{2}} & 0 & \frac{1}{\sqrt{2}} \end{bmatrix},$$

可以验证

$$P^{-1}AP = P'AP = \begin{bmatrix} 2 & 0 & 0 \\ 0 & 4 & 0 \\ 0 & 0 & 4 \end{bmatrix}.$$

例 2　已知实对称矩阵

$$A = \begin{bmatrix} 0 & 1 & 1 & -1 \\ 1 & 0 & -1 & 1 \\ 1 & -1 & 0 & 1 \\ -1 & 1 & 1 & 0 \end{bmatrix}.$$

求正交矩阵 P，使 $P^{-1}AP$ 为对角矩阵.

解　(1) 求 A 的全部特征值.

$$|A - \lambda E| = \begin{vmatrix} -\lambda & 1 & 1 & -1 \\ 1 & -\lambda & -1 & 1 \\ 1 & -1 & -\lambda & 1 \\ -1 & 1 & 1 & -\lambda \end{vmatrix} = (\lambda - 1)^3 (\lambda + 3).$$

故得 A 的特征值为 $\lambda_1 = 1$(3 重根)，$\lambda_2 = -3$.

(2) 求每个特征值对应的线性无关特征向量.

当 $\lambda_1=1$ 时，解方程 $(A-E)\boldsymbol{x}=\mathbf{0}$. 该方程组的系数矩阵

$$A-E=\begin{bmatrix}-1&1&1&-1\\1&-1&-1&1\\1&-1&-1&1\\-1&1&1&-1\end{bmatrix}\sim\begin{bmatrix}-1&1&1&-1\\0&0&0&0\\0&0&0&0\\0&0&0&0\end{bmatrix}.$$

它对应的方程为

$$-x_1+x_2+x_3-x_4=0.$$

求得一个基础解系

$$\boldsymbol{\alpha}_1=\begin{bmatrix}1\\1\\0\\0\end{bmatrix},\ \boldsymbol{\alpha}_2=\begin{bmatrix}1\\0\\1\\0\end{bmatrix},\ \boldsymbol{\alpha}_3=\begin{bmatrix}-1\\0\\0\\1\end{bmatrix}.$$

正交化得

$$\boldsymbol{\beta}_1=\boldsymbol{\alpha}_1,$$

$$\boldsymbol{\beta}_2=\boldsymbol{\alpha}_2-\frac{[\boldsymbol{\alpha}_2,\boldsymbol{\beta}_1]}{[\boldsymbol{\beta}_1,\boldsymbol{\beta}_1]}\boldsymbol{\beta}_1=\frac{1}{2}\begin{bmatrix}1\\-1\\2\\0\end{bmatrix},$$

$$\boldsymbol{\beta}_3=\boldsymbol{\alpha}_3-\frac{[\boldsymbol{\alpha}_3,\boldsymbol{\beta}_1]}{[\boldsymbol{\beta}_1,\boldsymbol{\beta}_1]}\boldsymbol{\beta}_1-\frac{[\boldsymbol{\alpha}_3,\boldsymbol{\beta}_2]}{[\boldsymbol{\beta}_2,\boldsymbol{\beta}_2]}\boldsymbol{\beta}_2=\frac{1}{3}\begin{bmatrix}-1\\1\\1\\3\end{bmatrix}.$$

把 $\boldsymbol{\beta}_1,\boldsymbol{\beta}_2,\boldsymbol{\beta}_3$ 单位化得

$$\boldsymbol{p}_1=\frac{1}{\sqrt{2}}\begin{bmatrix}1\\1\\0\\0\end{bmatrix},\quad \boldsymbol{p}_2=\frac{1}{\sqrt{6}}\begin{bmatrix}1\\-1\\2\\0\end{bmatrix},\quad \boldsymbol{p}_3=\frac{1}{\sqrt{12}}\begin{bmatrix}-1\\1\\1\\3\end{bmatrix}.$$

当 $\lambda_2=-3$ 时，解方程 $(A+3E)\boldsymbol{x}=\mathbf{0}$. 将该方程组的系数矩阵作初等变换

$$A+3E=\begin{bmatrix}3&1&1&-1\\1&3&-1&1\\1&-1&3&1\\-1&1&1&3\end{bmatrix}$$

$$\sim \begin{bmatrix} -1 & 1 & 1 & 3 \\ 0 & 1 & 0 & 1 \\ 0 & 0 & 1 & 1 \\ 0 & 0 & 0 & 0 \end{bmatrix} \sim \begin{bmatrix} -1 & 0 & 0 & 1 \\ 0 & 1 & 0 & 1 \\ 0 & 0 & 1 & 1 \\ 0 & 0 & 0 & 0 \end{bmatrix}.$$

由此得方程组的一个基础解系

$$\boldsymbol{\alpha}_4 = \begin{bmatrix} 1 \\ -1 \\ -1 \\ 1 \end{bmatrix}.$$

单位化得

$$\boldsymbol{p}_4 = \frac{1}{2}\begin{bmatrix} 1 \\ -1 \\ -1 \\ 1 \end{bmatrix}.$$

(3) 以 $\boldsymbol{p}_1, \boldsymbol{p}_2, \boldsymbol{p}_3, \boldsymbol{p}_4$ 为列向量即得所求正交矩阵

$$P = \begin{bmatrix} \frac{1}{\sqrt{2}} & \frac{1}{\sqrt{6}} & -\frac{1}{\sqrt{12}} & \frac{1}{2} \\ \frac{1}{\sqrt{2}} & -\frac{1}{\sqrt{6}} & \frac{1}{\sqrt{12}} & -\frac{1}{2} \\ 0 & \frac{2}{\sqrt{6}} & \frac{1}{\sqrt{12}} & -\frac{1}{2} \\ 0 & 0 & \frac{3}{\sqrt{12}} & \frac{1}{2} \end{bmatrix},$$

且满足

$$P^{-1}AP = P'AP = \begin{bmatrix} 1 & 0 & 0 & 0 \\ 0 & 1 & 0 & 0 \\ 0 & 0 & 1 & 0 \\ 0 & 0 & 0 & -3 \end{bmatrix}.$$

注意，定理 5.4.1 中所求的正交矩阵 P 并不唯一，矩阵 A 的相似对角形也不唯一. 如在例 1 中以 $\boldsymbol{p}_2, \boldsymbol{p}_3, \boldsymbol{p}_1$ 为列向量作矩阵 $P = [\boldsymbol{p}_2 \quad \boldsymbol{p}_3 \quad \boldsymbol{p}_1]$，则 P 为正交矩阵，且

$$P^{-1}AP = P'AP = \begin{bmatrix} 4 & 0 & 0 \\ 0 & 4 & 0 \\ 0 & 0 & 2 \end{bmatrix}.$$

例 3　已知实对称矩阵 A 的三个特征值为 $\lambda_1 = 2, \lambda_2 = \lambda_3 = 1$，且对应于 λ_2，

λ_3 的特征向量为

$$\boldsymbol{p}_2=\begin{bmatrix}1\\1\\-1\end{bmatrix},\quad \boldsymbol{p}_3=\begin{bmatrix}2\\3\\-3\end{bmatrix}.$$

(1) 求 A 的对应于 $\lambda_1=2$ 的特征向量；

(2) 求矩阵 A.

解　(1) 设 A 的对应于 $\lambda_1=2$ 的特征向量为 $\boldsymbol{p}_1=\begin{bmatrix}x_1\\x_2\\x_3\end{bmatrix}$，由 $[\boldsymbol{p}_1,\boldsymbol{p}_2]=0$，$[\boldsymbol{p}_1,\boldsymbol{p}_3]=0$，得

$$\begin{cases}x_1+x_2-x_3=0,\\2x_1+3x_2-3x_3=0.\end{cases}$$

解之得

$$\boldsymbol{p}_1=\begin{bmatrix}0\\1\\1\end{bmatrix}.$$

(2) 取

$$P=[\boldsymbol{p}_1\ \boldsymbol{p}_2\ \boldsymbol{p}_3]=\begin{bmatrix}0&1&2\\1&1&3\\1&-1&-3\end{bmatrix},$$

则

$$P^{-1}AP=\begin{bmatrix}2&0&0\\0&1&0\\0&0&1\end{bmatrix}.$$

所以

$$\begin{aligned}A&=P\begin{bmatrix}2&0&0\\0&1&0\\0&0&1\end{bmatrix}P^{-1}\\&=\begin{bmatrix}0&1&2\\1&1&3\\1&-1&-3\end{bmatrix}\begin{bmatrix}2&0&0\\0&1&0\\0&0&1\end{bmatrix}\begin{bmatrix}0&\frac{1}{2}&\frac{1}{2}\\3&-1&1\\-1&\frac{1}{2}&-\frac{1}{2}\end{bmatrix}\end{aligned}$$

$$= \begin{bmatrix} 1 & 0 & 0 \\ 0 & \frac{3}{2} & \frac{1}{2} \\ 0 & \frac{1}{2} & \frac{3}{2} \end{bmatrix}.$$

要理解并预测由差分方程 $\boldsymbol{x}_{n+1} = A\boldsymbol{x}_n$ 所描述的动态系统的长期行为或演化，关键在于掌握矩阵 A 的特征值与特征向量，下面通过一个应用实例来介绍矩阵对角化在离散动态系统模型中的应用.

例 4(教师职业转换预测问题)　在某城市有 15 万人具有本科以上学历，其中有 1.5 万人是教师，据调查，平均每年有 10% 的人从教师职业转为其他职业，又有 1% 的人从其他职业转为教师职业，试预测 10 年以后这 15 万人中还有多少人在从事教师职业.

解　用 $\boldsymbol{x}_n$ 表示第 n 年后从事教师职业和其他职业的人数，则 $\boldsymbol{x}_0 = \begin{bmatrix} 1.5 \\ 13.5 \end{bmatrix}$，用矩阵 $A = (a_{ij}) = \begin{bmatrix} 0.90 & 0.01 \\ 0.10 & 0.99 \end{bmatrix}$ 表示教师职业和其他职业间的转移情况，其中 $a_{11} = 0.90$ 表示每年 90% 的人原来是教师现在还是教师；$a_{21} = 0.10$ 表示每年有 10% 的人从教师职业转为其他职业. 显然，$\boldsymbol{x}_1 = A\boldsymbol{x}_0 = \begin{bmatrix} 0.90 & 0.01 \\ 0.10 & 0.99 \end{bmatrix}\begin{bmatrix} 1.5 \\ 13.5 \end{bmatrix} = \begin{bmatrix} 1.485 \\ 13.515 \end{bmatrix}$，即一年后，从事教师职业和其他职业的人数分别为 1.485 万和 13.515 万. 又因

$$\boldsymbol{x}_2 = A\boldsymbol{x}_1 = A^2\boldsymbol{x}_0, \cdots, \boldsymbol{x}_n = A\boldsymbol{x}_{n-1} = \cdots = A^n\boldsymbol{x}_0,$$

所以 $\boldsymbol{x}_{10} = A^{10}\boldsymbol{x}_0$，为计算 A^{10} 需先将 A 对角化.

$$|A - \lambda E| = \begin{vmatrix} 0.90-\lambda & 0.01 \\ 0.10 & 0.99-\lambda \end{vmatrix} = (\lambda - 0.9)(\lambda - 0.99) - 0.001$$
$$= \lambda^2 - 1.89\lambda + 0.890 = 0.$$

得 $\lambda_1 = 1, \lambda_2 = 0.89, \lambda_1 \neq \lambda_2$. 故 A 可对角化.

将 $\lambda_1 = 1$ 代入 $(A - \lambda E)\boldsymbol{x} = \boldsymbol{0}$，得对应特征向量 $\boldsymbol{p}_1 = \begin{bmatrix} 1 \\ 10 \end{bmatrix}$.

将 $\lambda_2 = 0.89$ 代入 $(A - \lambda E)\boldsymbol{x} = \boldsymbol{0}$ 得对应特征向量 $\boldsymbol{p}_2 = \begin{bmatrix} 1 \\ -1 \end{bmatrix}$.

令 $P = [\boldsymbol{p}_1, \boldsymbol{p}_2] = \begin{bmatrix} 1 & 1 \\ 10 & -1 \end{bmatrix}$，有

$$P^{-1}AP = \Lambda = \begin{bmatrix} 1 & 0 \\ 0 & 0.89 \end{bmatrix}, \quad A = P\Lambda P^{-1},$$

而

$$P^{-1}=\frac{1}{11}\begin{bmatrix}1 & 1\\10 & -1\end{bmatrix},$$

$$\boldsymbol{x}_{10}=P\Lambda^{10}P^{-1}\boldsymbol{x}_0=\begin{bmatrix}1 & 1\\10 & -1\end{bmatrix}\cdot\begin{bmatrix}1 & 0\\0 & 0.89^{10}\end{bmatrix}\cdot\frac{1}{11}\begin{bmatrix}1 & 1\\10 & -1\end{bmatrix}\begin{bmatrix}1.5\\13.5\end{bmatrix}$$

$$=\begin{bmatrix}1.4062\\13.5938\end{bmatrix}.$$

所以 10 年后，15 万人中约有 1.41 万人是教师，约有 13.59 万人从事其他职业.

在教师职业转换模型中. 当 $\boldsymbol{q}=\begin{bmatrix}\frac{15}{11}\\ \frac{150}{11}\end{bmatrix}$ 时，有 $A\boldsymbol{q}=\boldsymbol{q}$，这表明该系统最终有个稳定状态，即最终约有 $\frac{15}{11}$（理想值，忽略人数为正整数）万人从事教师职业，有 $\frac{150}{11}$ 万人从事其他职业.

5.5　二次型及其标准形

二次型的理论起源于化二次曲线、二次曲面的方程为标准形的问题. 我们知道在平面解析几何中，当坐标原点与曲线中心重合时，有心二次曲线的一般方程是

$$ax^2+2bxy+cy^2=d. \tag{5.9}$$

为了便于研究这个二次曲线的几何性质，可选择适当的角度 θ，作旋转变换

$$\begin{cases}x=x'\cos\theta-y'\sin\theta,\\y=x'\sin\theta+y'\cos\theta,\end{cases} \tag{5.10}$$

把方程(5.9) 化成标准方程

$$a'x'^2+c'y'^2=d.$$

(5.9) 式左边是一个二元二次齐次多项式，它只含有平方项. 我们把该问题推广到一般情况，从而建立起二次型理论. 该理论在数学和物理中都有广泛的应用，它是线性代数的重要内容之一. 其中心问题是讨论如何把一般二次齐次多项式经可逆线性变换化成平方和的形式.

5.5.1　二次型的概念

定义 5.5.1　含有 n 个变量 $x_1,x_2,\cdots,x_n$ 的二次齐次多项式

$$\begin{aligned}&f(x_1,x_2,\cdots,x_n)\\&=a_{11}x_1^2+2a_{12}x_1x_2+\cdots+2a_{1n}x_1x_n+a_{22}x_2^2+\cdots+2a_{2n}x_2x_n+\cdots+a_{nn}x_n^2\end{aligned} \tag{5.11}$$

称为关于 $x_1, x_2, \cdots, x_n$ 的 n 元**二次型**,简称为二次型.

当 a_{ij} 为复数时,称 f 为复二次型;当 a_{ij} 为实数时,称 f 为实二次型.

例如,

$$x_1^2 + x_1x_2 + 3x_1x_3 + 2x_2^2 + 4x_2x_3 + 3x_3^2$$

为实二次型;而

$$\mathrm{i}x_1x_2 + 5x_2^2 + (3+\mathrm{i})x_2x_3 + \sqrt{2}x_1x_4$$

为复二次型.我们下面讨论的二次型均为实二次型.

我们前面把(5.11)式中 $x_ix_j\,(i<j)$ 的系数写成 $2a_{ij}$,而不是简单地写成 a_{ij} 是为了以后讨论上的方便.

设由变量 $y_1, y_2, \cdots, y_n$ 到变量 $x_1, x_2, \cdots, x_n$ 的线性变换为

$$\begin{cases} x_1 = c_{11}y_1 + c_{12}y_2 + \cdots + c_{1n}y_n, \\ x_2 = c_{21}y_1 + c_{22}y_2 + \cdots + c_{2n}y_n, \\ \cdots\cdots\cdots\cdots \\ x_n = c_{n1}y_1 + c_{n2}y_2 + \cdots + c_{nn}y_n. \end{cases} \tag{5.12}$$

或写为矩阵形式

$$\boldsymbol{x} = \boldsymbol{C}\boldsymbol{y},$$

其中,

$$\boldsymbol{x} = \begin{bmatrix} x_1 \\ x_2 \\ \vdots \\ x_n \end{bmatrix}, \quad \boldsymbol{y} = \begin{bmatrix} y_1 \\ y_2 \\ \vdots \\ y_n \end{bmatrix}, \quad \boldsymbol{C} = (c_{ij})_{n\times n}.$$

不难看出,若将(5.12)式代入(5.11)式,那么得到的关于 $y_1, y_2, \cdots, y_n$ 的多项式仍为二次齐次式,由此可知,线性变换把二次型变为二次型.

5.5.2　二次型的矩阵表示

取 $a_{ji} = a_{ij}$,则

$$2a_{ij}x_ix_j = a_{ij}x_ix_j + a_{ji}x_jx_i \quad (i<j),$$

所以二次型(5.11)式可以写成

$$\begin{aligned} & f(x_1, x_2, \cdots, x_n) \\ = {} & a_{11}x_1^2 + a_{12}x_1x_2 + \cdots + a_{1n}x_1x_n + a_{21}x_2x_1 + a_{22}x_2^2 + \cdots + a_{2n}x_2x_n + \cdots + a_{n1}x_nx_1 \\ & + a_{n2}x_nx_2 + \cdots + a_{nn}x_n^2 \\ = {} & x_1(a_{11}x_1 + a_{12}x_2 + \cdots + a_{1n}x_n) + x_2(a_{21}x_1 + a_{22}x_2 + \cdots + a_{2n}x_n) + \cdots \\ & + x_n(a_{n1}x_1 + a_{n2}x_2 + \cdots + a_{nn}x_n) \end{aligned}$$

$$=\begin{bmatrix}x_1 & x_2 & \cdots & x_n\end{bmatrix}\begin{bmatrix}a_{11}x_1+a_{12}x_2+\cdots+a_{1n}x_n\\ a_{21}x_1+a_{22}x_2+\cdots+a_{2n}x_n\\ \vdots \\ a_{n1}x_1+a_{n2}x_2+\cdots+a_{nn}x_n\end{bmatrix}$$

$$=\begin{bmatrix}x_1 & x_2 & \cdots & x_n\end{bmatrix}\begin{bmatrix}a_{11} & a_{12} & \cdots & a_{1n}\\ a_{21} & a_{22} & \cdots & a_{2n}\\ \vdots & \vdots & & \vdots\\ a_{n1} & a_{n2} & \cdots & a_{nn}\end{bmatrix}\begin{bmatrix}x_1\\ x_2\\ \vdots\\ x_n\end{bmatrix}$$

$$=\boldsymbol{x}'A\boldsymbol{x},$$

其中,$\boldsymbol{x}'=\begin{bmatrix}x_1 & x_2 & \cdots & x_n\end{bmatrix}$, $A=(a_{ij})_{n\times n}$ 称为二次型(5.11)的矩阵. 显然 $A'=A$,由于 $2a_{ij}=a_{ij}+a_{ji}(a_{ij}=a_{ji})$ 写法唯一,因此二次型与它的矩阵相互唯一确定. 进而易知,二次型与实对称矩阵一一对应.

二次型(5.11)的矩阵 A 的元素满足,当 $i\neq j$ 时,$a_{ij}=a_{ji}$ 是二次型 x_ix_j 项的系数的一半;当 $i=j$ 时,a_{ii} 是 x_i^2 项的系数.

例如,二次型 $f=x_1^2-3x_2^2-4x_2x_3+x_3^2$ 的矩阵为

$$A=\begin{bmatrix}1 & 0 & 0\\ 0 & -3 & -2\\ 0 & -2 & 1\end{bmatrix}.$$

我们知道,经过线性变换二次型仍化为二次型,下面讨论经可逆线性变换后二次型的矩阵与原二次型的矩阵之间的关系.

设二次型 $f=\boldsymbol{x}'A\boldsymbol{x}$, $A'=A$,作可逆线性变换 $\boldsymbol{x}=C\boldsymbol{y}$,则

$$f=\boldsymbol{x}'A\boldsymbol{x}=(C\boldsymbol{y})'A(C\boldsymbol{y})=\boldsymbol{y}'(C'AC)\boldsymbol{y}=\boldsymbol{y}'B\boldsymbol{y},$$

其中,$B=C'AC$,因为

$$B'=(C'AC)'=C'A(C')'=C'AC=B.$$

所以 B 是对称矩阵,因而它是变换后二次型的矩阵.

定义 5.5.2 设 A,B 是两个 n 阶方阵,如果存在一个可逆矩阵 C,使得

$$B=C'AC,$$

则称 A 与 B 是**合同**的.

由此可知,可逆线性变换后的二次型的矩阵与原二次型的矩阵合同. 由于两个矩阵合同则一定等价,因而它们有相同的秩.

5.5.3 二次型的标准形

二次型中最简单的一种是只包含平方项的二次型:

$$f=\lambda_1y_1^2+\lambda_2y_2^2+\cdots+\lambda_ny_n^2. \tag{5.13}$$

如果一个二次型 $f=\boldsymbol{x}'A\boldsymbol{x}$ 经可逆线性变换 $\boldsymbol{x}=C\boldsymbol{y}$ 能化为(5.13)式的形式,

则称(5.13)式为该二次型的**标准形**. 我们研究二次型的基本任务是化二次型为标准形. 那么,任给一个实二次型是否能化为标准形呢? 答案是肯定的,下面给出化二次型为标准形的三种方法.

1. 用正交变换化二次型为标准形

定义 5.5.3　如果线性变换 $\boldsymbol{x}=C\boldsymbol{y}$ 的系数矩阵 $C=(c_{ij})_{n\times n}$ 是正交矩阵,则称它为**正交线性变换**,简称**正交变换**.

显然正交变换是可逆的.

由于实二次型与实对称矩阵有着一一对应关系,而由定理 5.4.2 知,任给实对称阵 A,总有正交阵 P,使 $P^{-1}AP=P'AP=\Lambda$ 为对角形,把此结论应用于二次型,即有下面定理.

定理 5.5.1　任给实二次型 $f=\boldsymbol{x}'A\boldsymbol{x}\ (A'=A)$,总有正交变换 $\boldsymbol{x}=P\boldsymbol{y}$,使 f 化为标准形

$$f=\lambda_1y_1^2+\lambda_2y_2^2+\cdots+\lambda_ny_n^2,$$

其中,$\lambda_1,\lambda_2,\cdots,\lambda_n$ 是矩阵 A 的特征值.

例 1　求正交变换 $\boldsymbol{x}=P\boldsymbol{y}$,把二次型

$$f=4x_1^2+3x_2^2+2x_2x_3+3x_3^2$$

化为标准形.

解　(1) 二次型的矩阵为

$$A=\begin{bmatrix}4&0&0\\0&3&1\\0&1&3\end{bmatrix}.$$

(2) 由 5.4 节例 1 知,存在正交矩阵

$$P=\begin{bmatrix}0&1&0\\\frac{1}{\sqrt{2}}&0&\frac{1}{\sqrt{2}}\\-\frac{1}{\sqrt{2}}&0&\frac{1}{\sqrt{2}}\end{bmatrix},$$

使

$$P^{-1}AP=P'AP=\begin{bmatrix}2&0&0\\0&4&0\\0&0&4\end{bmatrix}.$$

(3) 作正交变换 $\boldsymbol{x}=P\boldsymbol{y}$,则

$$f=\boldsymbol{x}'A\boldsymbol{x}=\boldsymbol{y}'P'AP\boldsymbol{y}=2y_1^2+4y_2^2+4y_3^2.$$

例 2 用正交变换 $\boldsymbol{x} = P\boldsymbol{y}$ 把二次型

$$f(x_1, x_2, x_3) = 2x_1x_2 + 2x_1x_3 + 2x_2x_3$$

化为标准形.

解 (1) 二次型 f 的矩阵为

$$A = \begin{bmatrix} 0 & 1 & 1 \\ 1 & 0 & 1 \\ 1 & 1 & 0 \end{bmatrix}.$$

(2) 求 A 的特征值.

$$|A - \lambda E| = \begin{vmatrix} -\lambda & 1 & 1 \\ 1 & -\lambda & 1 \\ 1 & 1 & -\lambda \end{vmatrix} = (2-\lambda)(\lambda+1)^2,$$

故 A 的特征值为 $\lambda_1 = \lambda_2 = -1, \lambda_3 = 2$.

(3) 对每个 λ_i,求方程组 $(A - \lambda_i E)\boldsymbol{x} = \boldsymbol{0}$ 的一个基础解系.

对 $\lambda_1 = \lambda_2 = -1$,求解方程组 $(A + E)\boldsymbol{x} = \boldsymbol{0}$,得基础解系为

$$\boldsymbol{\alpha}_1 = \begin{bmatrix} -1 \\ 0 \\ 1 \end{bmatrix}, \quad \boldsymbol{\alpha}_2 = \begin{bmatrix} -1 \\ 1 \\ 0 \end{bmatrix}.$$

先正交化,得

$$\boldsymbol{\beta}_1 = \boldsymbol{\alpha}_1 = \begin{bmatrix} -1 \\ 0 \\ 1 \end{bmatrix},$$

$$\boldsymbol{\beta}_2 = \boldsymbol{\alpha}_2 - \frac{[\boldsymbol{\alpha}_2, \boldsymbol{\beta}_1]}{[\boldsymbol{\beta}_1, \boldsymbol{\beta}_1]}\boldsymbol{\beta}_1 = \begin{bmatrix} -\frac{1}{2} \\ 1 \\ -\frac{1}{2} \end{bmatrix},$$

再单位化,得

$$\boldsymbol{p}_1 = \begin{bmatrix} -\frac{\sqrt{2}}{2} \\ 0 \\ \frac{\sqrt{2}}{2} \end{bmatrix}, \quad \boldsymbol{p}_2 = \begin{bmatrix} -\frac{\sqrt{6}}{6} \\ \frac{\sqrt{6}}{3} \\ -\frac{\sqrt{6}}{6} \end{bmatrix}.$$

对 $\lambda_3 = 2$,求解方程组 $(A - 2E)\boldsymbol{x} = \boldsymbol{0}$,得基础解系为

$$\boldsymbol{\alpha}_3 = \begin{bmatrix} 1 \\ 1 \\ 1 \end{bmatrix},$$

单位化,得

$$\boldsymbol{p}_3 = \begin{bmatrix} \frac{\sqrt{3}}{3} \\ \frac{\sqrt{3}}{3} \\ \frac{\sqrt{3}}{3} \end{bmatrix}.$$

(4) 以 $\boldsymbol{p}_1,\boldsymbol{p}_2,\boldsymbol{p}_3$ 为列向量得正交阵

$$P = \begin{bmatrix} -\frac{\sqrt{2}}{2} & -\frac{\sqrt{6}}{6} & \frac{\sqrt{3}}{3} \\ 0 & \frac{\sqrt{6}}{3} & \frac{\sqrt{3}}{3} \\ \frac{\sqrt{2}}{2} & -\frac{\sqrt{6}}{6} & \frac{\sqrt{3}}{3} \end{bmatrix},$$

作正交变换 $\boldsymbol{x} = P\boldsymbol{y}$,得标准形为

$$f = -y_1^2 - y_2^2 + 2y_3^2.$$

由以上例题可得,用正交变换化二次型为标准形的一般步骤如下:

① 写出二次型的矩阵 A;

② 求出 A 的全部互不相同的特征值 $\lambda_1, \lambda_2, \cdots, \lambda_s$;

③ 对每个 λ_i,求方程组 $(A-\lambda_i E)\boldsymbol{x} = \boldsymbol{0}$ 的一个基础解系 $\boldsymbol{\alpha}_{i1}, \boldsymbol{\alpha}_{i2}, \cdots, \boldsymbol{\alpha}_{in_i}$. 将它们正交单位化后得到标准正交向量组 $\boldsymbol{p}_{i1}, \boldsymbol{p}_{i2}, \cdots, \boldsymbol{p}_{in_i}$ ($i = 1,2,\cdots,s, n_1 + n_2 + \cdots + n_s = n$);

④ 以 ③ 中标准正交化的向量为列向量作矩阵 P,则 P 为正交阵;

⑤ 作正交变换 $\boldsymbol{x} = P\boldsymbol{y}$,则二次型即可化为标准形.

2. 用配方法化二次型为标准形

把二次型化为标准形的另一方法就是在初等代数里已熟悉的配方法,下面仅举例说明这一方法的运用过程.

例 3　化二次型

$$f = x_1^2 + 2x_1x_2 + 2x_1x_3 + 2x_2^2 + 6x_2x_3 + 5x_3^2$$

为标准形,并求出所用线性变换.

解　由于 f 中含变量 x_1 的平方项,故把含 x_1 的项归并起来,配方可得

$$f = [x_1^2 + 2(x_2 + x_3)x_1] + 2x_2^2 + 6x_2x_3 + 5x_3^2$$
$$= (x_1 + x_2 + x_3)^2 + x_2^2 + 4x_2x_3 + 4x_3^2.$$

作变换

$$\begin{cases} y_1 = x_1 + x_2 + x_3, \\ y_2 = x_2, \\ y_3 = x_3, \end{cases}$$

或

$$\begin{cases} x_1 = y_1 - y_2 - y_3, \\ x_2 = y_2, \\ x_3 = y_3, \end{cases}$$

即

$$\boldsymbol{x} = \begin{bmatrix} x_1 \\ x_2 \\ x_3 \end{bmatrix} = \begin{bmatrix} 1 & -1 & -1 \\ 0 & 1 & 0 \\ 0 & 0 & 1 \end{bmatrix} \begin{bmatrix} y_1 \\ y_2 \\ y_3 \end{bmatrix} = C_1 \boldsymbol{y},$$

则

$$f = y_1^2 + y_2^2 + 4y_2y_3 + 4y_3^2 = y_1^2 + (y_2 + 2y_3)^2.$$

作变换

$$\begin{cases} z_1 = y_1, \\ z_2 = y_2 + 2y_3, \\ z_3 = y_3, \end{cases}$$

或

$$\begin{cases} y_1 = z_1, \\ y_2 = z_2 - 2z_3, \\ y_3 = z_3, \end{cases}$$

即

$$\boldsymbol{y} = \begin{bmatrix} y_1 \\ y_2 \\ y_3 \end{bmatrix} = \begin{pmatrix} 1 & 0 & 0 \\ 0 & 1 & -2 \\ 0 & 0 & 1 \end{pmatrix} \begin{pmatrix} z_1 \\ z_2 \\ z_3 \end{pmatrix} = C_2 \boldsymbol{z},$$

则

$$f = z_1^2 + z_2^2.$$

所用线性变换为

$$\boldsymbol{x} = C_1\boldsymbol{y} = C_1(C_2\boldsymbol{z}) = (C_1C_2)\boldsymbol{z} = C\boldsymbol{z},$$

其中

$$C = C_1C_2 = \begin{bmatrix} 1 & -1 & 1 \\ 0 & 1 & -2 \\ 0 & 0 & 1 \end{bmatrix} \quad (|C| = 1 \neq 0).$$

例 4　化二次型

$$f = 2x_1x_2 + 2x_1x_3 - 6x_2x_3$$

为标准形,并求所用线性变换.

解　在 f 中不含平方项,由于含有 x_1x_2 乘积项,故令

$$\begin{cases} x_1 = y_1 + y_2, \\ x_2 = y_1 - y_2, \\ x_3 = y_3, \end{cases}$$

即

$$\boldsymbol{x} = \begin{bmatrix} x_1 \\ x_2 \\ x_3 \end{bmatrix} = \begin{bmatrix} 1 & 1 & 0 \\ 1 & -1 & 0 \\ 0 & 0 & 1 \end{bmatrix} \begin{bmatrix} y_1 \\ y_2 \\ y_3 \end{bmatrix} = C_1\boldsymbol{y},$$

则

$$f = 2y_1^2 - 2y_2^2 - 4y_1y_3 + 8y_2y_3.$$

再配方,得

$$\begin{aligned} f &= 2(y_1^2 - 2y_1y_3) - 2y_2^2 + 8y_2y_3 \\ &= 2(y_1 - y_3)^2 - 2y_3^2 - 2y_2^2 + 8y_2y_3, \end{aligned}$$

在此可对 f 右边余下的项继续配方,直到 f 的右边全都配成平方项,再作变换,这样简单明了,而不像例 3 那样繁杂,即

$$\begin{aligned} f &= 2(y_1 - y_3)^2 - 2(y_2^2 - 4y_2y_3 + 4y_3^2) + 6y_3^2 \\ &= 2(y_1 - y_3)^2 - 2(y_2 - 2y_3)^2 + 6y_3^2. \end{aligned}$$

作变换

$$\begin{cases} z_1 = y_1 - y_3, \\ z_2 = y_2 - 2y_3, \\ z_3 = y_3, \end{cases}$$

或

$$\begin{cases} y_1 = z_1 + z_3, \\ y_2 = z_2 + 2z_3, \\ y_3 = z_3, \end{cases}$$

即

$$\boldsymbol{y}=\begin{bmatrix}y_1\\y_2\\y_3\end{bmatrix}=\begin{bmatrix}1&0&1\\0&1&2\\0&0&1\end{bmatrix}\begin{bmatrix}z_1\\z_2\\z_3\end{bmatrix}=C_2\boldsymbol{z},$$

则

$$f=2z_1^2-2z_2^2+6z_3^2.$$

而 f 化为标准形所用线性变换为

$$\boldsymbol{x}=C_1\boldsymbol{y}=C_1C_2\boldsymbol{z}=(C_1C_2)\boldsymbol{z}=C\boldsymbol{z},$$

其中

$$C=C_1C_2=\begin{bmatrix}1&1&3\\1&-1&-1\\0&0&1\end{bmatrix}\quad(|C|=-2\neq 0).$$

一般地，任何二次型都可以用上面两例的方法找到可逆变换把二次型化为标准形.

3. 利用合同变换化二次型为标准形

设二次型 $f=\boldsymbol{x}'A\boldsymbol{x}$ $(A=A')$ 经可逆线性变换 $\boldsymbol{x}=C\boldsymbol{y}$ 化为标准形

$$f=\lambda_1y_1^2+\lambda_2y_2^2+\cdots+\lambda_ny_n^2.$$

标准形的矩阵为

$$\Lambda=\begin{bmatrix}\lambda_1&&&\\&\lambda_2&&\\&&\ddots&\\&&&\lambda_n\end{bmatrix}.$$

则 $\Lambda=C'AC$. 因 C 是可逆的，所以它可以表示成初等方阵之积，即

$$C=P_1P_2\cdots P_s.$$

于是

$$\Lambda=C'AC=P'_s\cdots P'_1AP_1\cdots P_s.$$

而 P'_iAP_i 相当于先对 A 作一次初等行变换，再对所得矩阵作一次同类型的初等列变换.

定义 5.5.4　以下三种变换称为矩阵的**合同变换**.

(1) 把 A 的第 i 行与第 j 行互换，再把所得矩阵的第 i 列与第 j 列互换；

(2) 用非零数 k 乘矩阵 A 的第 i 行，再用 k 乘所得矩阵的第 i 列；

(3) 把 A 的第 j 行乘以数 k 加到第 i 行，再把所得矩阵的第 j 列乘以数 k 加到第 i 列.

不难看出，任意一个对称矩阵 A，每进行一次合同变换，所得新矩阵仍为对称矩阵，而且与 A 合同.

定理 5.5.2　设二次型 $f(x_1,\cdots,x_n)$ 的矩阵为 A，作初等变换

$$\begin{bmatrix}A\\E\end{bmatrix}\xrightarrow[\text{对}E\text{作相应的初等列变换}]{\text{对}A\text{作有限次合同变换}}\begin{bmatrix}\Lambda\\C\end{bmatrix},$$

则 $\Lambda=C'AC$，其中 Λ 为对角阵.

由此可知，只要作可逆线性变换 $\boldsymbol{x}=C\boldsymbol{y}$，则

$$\begin{aligned}f&=\boldsymbol{x}'A\boldsymbol{x}=(C\boldsymbol{y})'A(C\boldsymbol{y})=\boldsymbol{y}'C'AC\boldsymbol{y}\\&=\boldsymbol{y}'\Lambda\boldsymbol{y}=\lambda_1y_1^2+\lambda_2y_2^2+\cdots+\lambda_ny_n^2.\end{aligned}$$

例 5　用合同变换化二次型

$$f=2x_1x_2+2x_1x_3-6x_2x_3$$

为标准形，并写出所用线性变换.

解　二次型矩阵为

$$A=\begin{bmatrix}0&1&1\\1&0&-3\\1&-3&0\end{bmatrix}.$$

$$\begin{bmatrix}A\\E\end{bmatrix}=\begin{bmatrix}0&1&1\\1&0&-3\\1&-3&0\\1&0&0\\0&1&0\\0&0&1\end{bmatrix}\underset{c_1+c_2}{\overset{r_1+r_2}{\sim}}\begin{bmatrix}2&1&-2\\1&0&-3\\-2&-3&0\\1&0&0\\1&1&0\\0&0&1\end{bmatrix}$$

$$\underset{c_2-\frac{1}{2}c_1}{\overset{r_2-\frac{1}{2}r_1}{\sim}}\begin{bmatrix}2&0&-2\\0&-\frac{1}{2}&-2\\-2&-2&0\\1&-\frac{1}{2}&0\\1&\frac{1}{2}&0\\0&0&1\end{bmatrix}\underset{c_3+c_1}{\overset{r_3+r_1}{\sim}}\begin{bmatrix}2&0&0\\0&-\frac{1}{2}&-2\\0&-2&-2\\1&-\frac{1}{2}&1\\1&\frac{1}{2}&1\\0&0&1\end{bmatrix}$$

$$\overset{r_3-4r_2}{\underset{c_3-4c_2}{\sim}}\begin{bmatrix}2 & 0 & 0\\ 0 & -\frac{1}{2} & 0\\ 0 & 0 & 6\\ 1 & -\frac{1}{2} & 3\\ 1 & \frac{1}{2} & -1\\ 0 & 0 & 1\end{bmatrix},$$

$$\Lambda=\begin{bmatrix}2 & 0 & 0\\ 0 & -\frac{1}{2} & 0\\ 0 & 0 & 6\end{bmatrix},\qquad C=\begin{bmatrix}1 & -\frac{1}{2} & 3\\ 1 & \frac{1}{2} & -1\\ 0 & 0 & 1\end{bmatrix}.$$

令 $\boldsymbol{x}=C\boldsymbol{y}$,则二次型 f 可化为标准形

$$f=2y_1^2-\frac{1}{2}y_2^2+6y_3^2.$$

5.5.4 惯性定理

由例4、例5可知,二次型的标准形不唯一,但标准形中系数不为零平方项的个数却是相同的.这并非偶然.一般地,设二次型 $f=\boldsymbol{x}'A\boldsymbol{x}$ $(A'=A)$ 经可逆线性变换 $\boldsymbol{x}=C\boldsymbol{y}$ 化为标准形

$$\lambda_1y_1^2+\lambda_2y_2^2+\cdots+\lambda_ry_r^2\quad(\lambda_i\neq0,i=1,2,\cdots,r),$$

则

$$C'AC=\begin{bmatrix}\lambda_1 &&&&&\\ &\lambda_2&&&&\\ &&\ddots&&&\\ &&&\lambda_r&&\\ &&&&0&\\ &&&&&\ddots\\ &&&&&&0\end{bmatrix}.$$

因此标准形中系数不为零的平方项的个数 r 为

$$r=\mathrm{R}(C'AC)=\mathrm{R}(A).$$

所以 r 是唯一确定的,与所作变换无关.

我们把二次型矩阵的秩称为**二次型的秩**.

定理 5.5.3　设实二次型 $f=\boldsymbol{x}'A\boldsymbol{x}$ 的秩为 r，有两个可逆线性变换

$$\boldsymbol{x}=C\boldsymbol{y}$$

及

$$\boldsymbol{x}=P\boldsymbol{z}$$

使

$$f=\lambda_1 y_1^2+\lambda_2 y_2^2+\cdots+\lambda_r y_r^2\quad(\lambda_i\neq 0,i=1,2,\cdots,r)$$

及

$$f=k_1 z_1^2+k_2 z_2^2+\cdots+k_r z_r^2\quad(k_i\neq 0,i=1,2,\cdots,r),$$

则 $\lambda_1,\lambda_2,\cdots,\lambda_r$ 中正数的个数与 $k_1,k_2,\cdots,k_r$ 中正数的个数相等.

这个定理称为**惯性定理**，在此不予证明.

定义 5.5.5　设实二次型 $f=\boldsymbol{x}'A\boldsymbol{x}$ 的秩为 r，若 $f=\boldsymbol{x}'A\boldsymbol{x}$ 经可逆线性变换 $\boldsymbol{x}=C\boldsymbol{y}$ 化为

$$f=y_1^2+y_2^2+\cdots+y_p^2-y_{p+1}^2-\cdots-y_{p+q}^2\quad(r=p+q),$$

则称上式为实二次型 f 的**规范标准形**，其中 p 称为正惯性指数，q 称为负惯性指数，$s=p-q$ 称为符号差.

由定理 5.5.3 可知，任何实二次型的规范标准形一定唯一.

5.6　正定二次型

在实二次型中，正定二次型占有特殊的地位，下面我们给出正定二次型的定义及常用的判别条件.

定义 5.6.1　设 $f=\boldsymbol{x}'A\boldsymbol{x}\ (A'=A)$ 为实二次型，如果对任意 n 维列向量 $\boldsymbol{x}\neq\boldsymbol{0}$，都有 $f=\boldsymbol{x}'A\boldsymbol{x}>0$，则称 $f=\boldsymbol{x}'A\boldsymbol{x}$ 为**正定二次型**，并称实对称矩阵 A 为**正定矩阵**. 若对于任意 n 维非零列向量 $\boldsymbol{x}$，$f=\boldsymbol{x}'A\boldsymbol{x}\geqslant 0$，则称 $f=\boldsymbol{x}'A\boldsymbol{x}$ 为**半正定二次型**，矩阵 A 称为**半正定矩阵**.

例如，二次型

$f_1(x_1,\cdots,x_n)=x_1^2+x_2^2+\cdots+x_n^2$ 是正定的.

$f_2(x_1,\cdots,x_n)=x_1^2+x_2^2+\cdots+x_r^2\,(r<n)$ 是半正定的.

根据定义 5.6.1 很容易判断上面例中给出的二次型的正定性. 但对于一般的实二次型用定义判断正定性往往比较困难，因此有必要寻求其他的判定方法.

定理 5.6.1　实二次型 $f=\boldsymbol{x}'A\boldsymbol{x}$ 为正定的充分必要条件是其标准形(5.13)式中 n 个系数全大于零.

证　设二次型 $f=\boldsymbol{x}'A\boldsymbol{x}$ 经可逆线性变换 $\boldsymbol{x}=C\boldsymbol{y}$ 化成标准形

$$f=\lambda_1 y_1^2+\lambda_2 y_2^2+\cdots+\lambda_n y_n^2.$$

充分性　若 $\lambda_i>0\,(i=1,2,\cdots,n)$，对于任意的 $\boldsymbol{x}\neq\boldsymbol{0}$，则有

$$\boldsymbol{y} = C^{-1}\boldsymbol{x} \neq \boldsymbol{0},$$

故

$$f(\boldsymbol{x}) = f(C\boldsymbol{y}) = \lambda_1 y_1^2 + \lambda_2 y_2^2 + \cdots + \lambda_n y_n^2 > \boldsymbol{0}.$$

即二次型 f 是正定的.

必要性 假设存在某个 $\lambda_s \leqslant 0$，取 $\boldsymbol{y} = \boldsymbol{e}_s$（单位向量），当 $\boldsymbol{x} = C\boldsymbol{e}_s \neq \boldsymbol{0}$，则有

$$f(\boldsymbol{x}) = f(C\boldsymbol{e}_s) = \lambda_s \leqslant 0.$$

上式与 f 为正定二次型矛盾. 因而 $\lambda_i > 0$（$i = 1,2,\cdots,n$）.

推论 1 实对称矩阵 A 为正定的充分必要条件是 A 的特征值全为正.

推论 2 实二次型 $f = \boldsymbol{x}'A\boldsymbol{x}$ 正定的充分必要条件是它的规范标准形为 $f = y_1^2 + y_2^2 + \cdots + y_n^2$.

推论 3 实二次型 $f = \boldsymbol{x}'A\boldsymbol{x}$ 正定的充分必要条件是它的正惯性指数为 n.

推论 4 若 A 为正定矩阵，则 $|A| > 0$.

证 因 A 正定，所以二次型 $f = \boldsymbol{x}'A\boldsymbol{x}$ 为正定二次型，经可逆线性变换 $\boldsymbol{x} = C\boldsymbol{y}$ 化为标准形

$$f = \lambda_1 y_1^2 + \lambda_2 y_2^2 + \cdots + \lambda_n y_n^2.$$

由定理 5.6.1 知，$\lambda_i > 0$（$i = 1,2,\cdots,n$），又因

$$C'AC = \Lambda = \begin{bmatrix} \lambda_1 & 0 & \cdots & 0 \\ 0 & \lambda_2 & \cdots & 0 \\ \vdots & \vdots & & \vdots \\ 0 & 0 & \cdots & \lambda_n \end{bmatrix},$$

所以 $|C'AC| = |C'||A||C| = |C|^2|A| = |\Lambda| = \lambda_1\lambda_2\cdots\lambda_n > 0$. 而 $|C| \neq 0$，故有 $|A| > 0$.

反之，结论不成立. 例如

$$A = \begin{bmatrix} -1 & 0 \\ 0 & -1 \end{bmatrix}.$$

显然 $|A| > 0$，但二次型 $f = \boldsymbol{x}'A\boldsymbol{x} = -x_1^2 - x_2^2$ 不是正定的，因而矩阵 A 不是正定的.

用行列式来判别一个矩阵（或二次型）是否正定也是一种常用的方法，设 A 为 n 阶对称矩阵，由 A 的前 k 行 k 列元素构成的 k 阶行列式

$$\begin{vmatrix} a_{11} & a_{12} & \cdots & a_{1k} \\ a_{21} & a_{22} & \cdots & a_{2k} \\ \vdots & \vdots & & \vdots \\ a_{k1} & a_{k2} & \cdots & a_{kk} \end{vmatrix} \quad (k = 1,2,\cdots,n).$$

称为矩阵 $A = (a_{ij})$ 的 k 阶**顺序主子式**.

定理 5.6.2 实二次型 $f = \boldsymbol{x}'A\boldsymbol{x}$ 正定的充分必要条件是它的矩阵 A 的所有

顺序主子式全大于零.

定理 5.6.2 的证明比较复杂,读者只需记住结论.

例 1　判断下列二次型的正定性.

(1) $f = 3x_1^2 + 4x_1x_2 + 4x_2^2 - 4x_2x_3 + 5x_3^2$;

(2) $f = -5x_1^2 + 4x_1x_2 + 4x_1x_3 - 6x_2^2 - 4x_3^2$.

解　(1) 二次型 f 的矩阵为

$$A = \begin{bmatrix} 3 & 2 & 0 \\ 2 & 4 & -2 \\ 0 & -2 & 5 \end{bmatrix}.$$

以 P_k 记它的 k 阶顺序主子式,则

$$P_1 = 3 > 0, \quad P_2 = \begin{vmatrix} 3 & 2 \\ 2 & 4 \end{vmatrix} = 8 > 0,$$

$$P_3 = |A| = 28 > 0.$$

由定理 5.6.2 知,f 是正定的.

(2) 二次型 f 的矩阵为

$$A = \begin{bmatrix} -5 & 2 & 2 \\ 2 & -6 & 0 \\ 2 & 0 & -4 \end{bmatrix}.$$

它的顺序主子式为

$$P_1 = -5 < 0, \quad P_2 = \begin{vmatrix} -5 & 2 \\ 2 & -6 \end{vmatrix} = 26 > 0,$$

$$P_3 = |A| = -80 < 0.$$

由定理 5.6.2 知,f 不是正定的.

设 $f = \boldsymbol{x}'A\boldsymbol{x}$ $(A' = A)$ 为实二次型,如果对于任意非零列向量 $\boldsymbol{x}$,都有 $f = \boldsymbol{x}'A\boldsymbol{x} < 0$,则称二次型 $f = \boldsymbol{x}'A\boldsymbol{x}$ 为**负定二次型**,并称矩阵 A 为**负定矩阵**;如果对于任意非零列向量 $\boldsymbol{x}$,都有 $f = \boldsymbol{x}'A\boldsymbol{x} \leqslant 0$,则称二次型 $f = \boldsymbol{x}'A\boldsymbol{x}$ 为**半负定二次型**,并称矩阵 A 为**半负定矩阵**;对于任意非零列向量 $\boldsymbol{x}$,$f = \boldsymbol{x}'A\boldsymbol{x}$ 的值有时为正,有时为负,则称二次型 $f = \boldsymbol{x}'A\boldsymbol{x}$ 为**不定二次型**.

例如,二次型 $f_1(x_1, \cdots, x_n) = -x_1^2 - x_2^2 - \cdots - x_n^2$ 是负定的,$f_2(x_1, \cdots, x_n) = -x_1^2 - x_2^2 - \cdots - x_r^2$ 是半负定的,$f_3(x_1, \cdots, x_n) = x_1^2 - x_2^2 - \cdots - x_n^2$ 是不定的.

对于负定二次型的判断,有下面结论.

定理 5.6.3　实二次型 $f = \boldsymbol{x}'A\boldsymbol{x}$ 负定的充分必要条件是其矩阵 A 的所有奇数阶顺序主子式小于零,偶数阶顺序主子式大于零.

由定理 5.6.3 可知,例 1 中的第二个二次型是负定的.

例 2　证明实对称矩阵 A 正定的充分必要条件为存在可逆矩阵 U 使 $A =$

$U'U$.

证 充分性 设存在可逆阵 U 使 $A = U'U$，则对任意非零实列向量 $\boldsymbol{x}$ 有 $U\boldsymbol{x} \neq \boldsymbol{0}$，从而

$$\boldsymbol{x}'A\boldsymbol{x} = \boldsymbol{x}'U'U\boldsymbol{x} = (U\boldsymbol{x})'(U\boldsymbol{x}) > 0,$$

所以二次型 $\boldsymbol{x}'A\boldsymbol{x}$ 为正定二次型，故 A 正定.

必要性 因为 A 为正定阵，所以 $f = \boldsymbol{x}'A\boldsymbol{x}$ 为正定二次型，从而存在可逆线性变换 $\boldsymbol{x} = P\boldsymbol{y}$，使 f 化为规范标准形

$$f = y_1^2 + y_2^2 + \cdots + y_n^2.$$

故 $P'AP = E$，从而得 $A = (P')^{-1}EP^{-1} = (P^{-1})'P^{-1}$.

令 $U = P^{-1}$，则 U 可逆，且 $A = U'U$.

例 3 设 $f = \boldsymbol{x}'A\boldsymbol{x}$ 是一个实二次型，若有 n 维实向量 $\boldsymbol{x}_1, \boldsymbol{x}_2$，使 $\boldsymbol{x}_1'A\boldsymbol{x}_1 > 0$，$\boldsymbol{x}_2'A\boldsymbol{x}_2 < 0$，证明必有实 n 维向量 $\boldsymbol{x}_0 \neq \boldsymbol{0}$ 使 $\boldsymbol{x}_0'A\boldsymbol{x}_0 = 0$.

证 由条件知 $f = \boldsymbol{x}'A\boldsymbol{x}$ 为不定二次型，故存在可逆线性变换 $\boldsymbol{x} = C\boldsymbol{y}$，使

$$\begin{aligned} f = \boldsymbol{x}'A\boldsymbol{x} &= (C\boldsymbol{y})'A(C\boldsymbol{y}) = \boldsymbol{y}'(C'AC)\boldsymbol{y} \\ &= y_1^2 + \cdots + y_p^2 - y_{p+1}^2 - \cdots - y_r^2, \end{aligned}$$

其中 $1 \leqslant p < r \leqslant n$. 取

$$\boldsymbol{y}_0 = \begin{bmatrix} 0 \\ \vdots \\ 0 \\ 1 \\ 1 \\ 0 \\ \vdots \\ 0 \end{bmatrix} \begin{matrix} \\ \\ \\ \leftarrow p \\ \leftarrow p+1 \\ \\ \\ \\ \end{matrix},$$

则 $\boldsymbol{x}_0 = C\boldsymbol{y}_0 \neq \boldsymbol{0}$，且使得

$$f = \boldsymbol{x}_0'A\boldsymbol{x}_0 = \boldsymbol{y}_0'(C'AC)\boldsymbol{y}_0 = 1^2 - 1^2 = 0.$$

习 题 5

1. 在 $\mathbf{R}^3$ 中求与向量 $\boldsymbol{\alpha} = (1,1,1)'$ 正交的向量的全体，并说明几何意义.

2. 已知向量 $\boldsymbol{\alpha}_1 = (1,1,1)'$ 求非零向量 $\boldsymbol{\alpha}_2, \boldsymbol{\alpha}_3$，使 $\boldsymbol{\alpha}_1, \boldsymbol{\alpha}_2, \boldsymbol{\alpha}_3$ 两两正交.

3. 求与向量 $\boldsymbol{\alpha}_1 = (1,1,-1,1)', \boldsymbol{\alpha}_2 = (1,-1,1,1)', \boldsymbol{\alpha}_3 = (1,1,1,1)'$ 都正交的单位向量.

4. 用施密特正交化方法把下列向量组正交化、单位化.

(1) $\boldsymbol{\alpha}_1 = \begin{bmatrix} 1 \\ 1 \\ 1 \end{bmatrix}, \boldsymbol{\alpha}_2 = \begin{bmatrix} 0 \\ 1 \\ 1 \end{bmatrix}, \boldsymbol{\alpha}_3 = \begin{bmatrix} 0 \\ 0 \\ 1 \end{bmatrix}$;

(2) $\boldsymbol{\alpha}_1 = \begin{bmatrix}1\\1\\0\\0\end{bmatrix}, \boldsymbol{\alpha}_2 = \begin{bmatrix}0\\1\\1\\0\end{bmatrix}, \boldsymbol{\alpha}_3 = \begin{bmatrix}1\\0\\1\\1\end{bmatrix}$.

5. 设 $\boldsymbol{\alpha}$ 为 n 维列向量，$\boldsymbol{\alpha}'\boldsymbol{\alpha} = 1$，令 $H = E - 2\boldsymbol{\alpha}\boldsymbol{\alpha}'$，求证 H 是对称的正交矩阵.

6. 证明：

(1) 两正交矩阵的积是正交矩阵；

(2) 正交矩阵的逆矩阵是正交矩阵；

(3) 若 A 是正交矩阵，P 是正交矩阵，则 $P^{-1}AP$ 也是正交矩阵.

7. 设 $\boldsymbol{\alpha}_1, \boldsymbol{\alpha}_2$ 分别是对应于 A 的不同特征值 λ_1, λ_2 的特征向量，证明 $\boldsymbol{\alpha}_1 + \boldsymbol{\alpha}_2$ 不是 A 的特征向量.

8. 求下列矩阵的特征值和特征向量.

(1) $A = \begin{bmatrix}2 & -1 & 2\\5 & -3 & 3\\-1 & 0 & -2\end{bmatrix}$；(2) $A = \begin{bmatrix}1 & 2 & 3\\2 & 1 & 3\\3 & 3 & 6\end{bmatrix}$；(3) $\begin{bmatrix}0 & 0 & 1\\0 & 1 & 0\\1 & 0 & 0\end{bmatrix}$.

9. 已知 0 是矩阵 $A = \begin{bmatrix}1 & 0 & 1\\0 & 2 & 0\\1 & 0 & a\end{bmatrix}$ 的特征值. 求 A 的特征值和特征向量.

10. 已知三阶矩阵 A 的特征值为 $1, -1, 2$. 设 $B = A^3 - 5A^2$，试求：

(1) B 的特征值；

(2) $|B|$ 及 $|A - 5E|$.

11. 已知三阶矩阵 A 的特征值为 $1, 2, -3$. 求 $|A^* + 3A + 2E|$.

12. 设三阶方阵 A 满足 $|A-E| = |A+2E| = |2A+3E| = 0$，求 $|2A^* - 3E|$.

13. A 为 n 阶方阵，$A\boldsymbol{x} = \boldsymbol{0}$ 有非零解，证明 A 必有一个特征值是零.

14. 设方阵 $A = \begin{bmatrix}1 & -2 & -4\\-2 & x & -2\\-4 & -2 & 1\end{bmatrix}$ 与 $B = \begin{bmatrix}5 & 0 & 0\\0 & y & 0\\0 & 0 & -4\end{bmatrix}$ 相似，求 x, y.

15. 设 A, B 都是 n 阶方阵，且 $|A| \neq 0$，证明 AB 与 BA 相似.

16. 判断下列实矩阵能否对角化？若能对角化则求可逆矩阵 P，使 $P^{-1}AP$ 为对角阵.

(1) $A = \begin{bmatrix}1 & 2 & 2\\2 & 1 & 2\\2 & 2 & 1\end{bmatrix}$；(2) $A = \begin{bmatrix}2 & -1 & 2\\5 & -3 & 3\\-1 & 0 & -2\end{bmatrix}$；(3) $A = \begin{bmatrix}1 & 4 & 2\\0 & -3 & 4\\0 & 4 & 3\end{bmatrix}$.

17. 已知 $\boldsymbol{p} = \begin{bmatrix}1\\1\\-1\end{bmatrix}$ 是矩阵 $A = \begin{bmatrix}2 & -1 & 2\\5 & a & 3\\-1 & b & -2\end{bmatrix}$ 的一个特征向量.

(1) 求参数 a,b 及特征向量 $\boldsymbol{p}$ 对应的特征值；

(2) 问 A 能否对角化?并说明理由.

18. 设三阶方阵 A 的特征值 $\lambda_1=1,\lambda_2=0,\lambda_3=-1$ 对应的特征向量分别为 $\boldsymbol{p}_1=\begin{bmatrix}1\\2\\2\end{bmatrix},\boldsymbol{p}_2=\begin{bmatrix}2\\-2\\1\end{bmatrix},\boldsymbol{p}_3=\begin{bmatrix}-2\\-1\\2\end{bmatrix}$,求矩阵 A.

19. 设 $A=\begin{bmatrix}1&4&2\\0&-3&4\\0&4&3\end{bmatrix}$,求 A^{100}.

20. 三阶方阵 A 有 3 个特征值 $1,0,-1$,它们对应的特征向量分别为 $\begin{bmatrix}1\\1\\0\end{bmatrix}$,$\begin{bmatrix}1\\0\\1\end{bmatrix}$,$\begin{bmatrix}0\\1\\1\end{bmatrix}$,又知三阶方阵 B 满足 $B=PAP^{-1}$,其中 $P=\begin{bmatrix}3&0&1\\0&1&-2\\1&4&0\end{bmatrix}$,求 B 的特征值及对应的特征向量.

21. 试求一个正交的相似变换矩阵,将下列对称矩阵化为对角矩阵：

(1) $\begin{bmatrix}2&-2&0\\-2&1&-2\\0&-2&0\end{bmatrix}$;(2) $\begin{bmatrix}2&2&-2\\2&5&-4\\-2&-4&5\end{bmatrix}$.

22. 将矩阵 $A=\begin{bmatrix}-1&0&2\\0&1&2\\2&2&0\end{bmatrix}$ 用两种方法对角化.

(1) 求可逆矩阵 P,使 $P^{-1}AP$ 为对角阵；

(2) 求正交阵 Q,使 $Q^{-1}AQ$ 为对角阵.

23. 设三阶对称矩阵 A 的特征值 $\lambda_1=1,\lambda_2=-1,\lambda_3=0$,对应 λ_1,λ_2 的特征向量依次为 $\boldsymbol{p}_1=\begin{bmatrix}1\\2\\2\end{bmatrix},\boldsymbol{p}_2=\begin{bmatrix}2\\1\\-2\end{bmatrix}$,求 A.

24. 设三阶实对称矩阵 A 的特征值为 $6,3,3$,特征值 6 对应的特征向量为 $\boldsymbol{p}_1=\begin{bmatrix}1\\1\\1\end{bmatrix}$,求 A.

25. 设矩阵 $A=\begin{bmatrix}1&1&a\\1&a&1\\a&1&1\end{bmatrix},\boldsymbol{\beta}=\begin{bmatrix}1\\1\\-2\end{bmatrix}$,已知线性方程组 $A\boldsymbol{x}=\boldsymbol{\beta}$ 有解但不唯

一，试求：

(1) a 的值；(2) 正交矩阵 Q，使 $Q^{-1}AQ$ 为对角阵.

26. 写出下列二次型的矩阵：

(1) $f(x,y,z)=x^2+4xy+4y^2+2xz+z^2+4yz$；

(2) $f(x_1,x_2,x_3,x_4)=x_1x_2+x_1x_3-x_1x_4+x_2x_4$；

(3) $f(x_1,x_2,x_3)=[x_1,x_2,x_3]\begin{bmatrix}0&1&-2\\3&2&-3\\2&-5&0\end{bmatrix}\begin{bmatrix}x_1\\x_2\\x_3\end{bmatrix}$.

27. 求一个正交变换 $\boldsymbol{x}=P\boldsymbol{y}$，将下列二次型化为标准形：

(1) $f=2x_1^2+3x_2^2+3x_3^2+4x_2x_3$；

(2) $f=x_1^2+x_2^2+x_3^2+x_4^2+2x_1x_2-2x_1x_4-2x_2x_3+2x_3x_4$.

28. 求一个正交变换 $\boldsymbol{x}=P\boldsymbol{y}$ 把二次曲面方程

$$3x^2+5y^2+5z^2+4xy-4xz-10yz=1$$

化为标准方程，并指出二次曲面的形状.

29. 已知二次型 $f=2x_1^2+3x_2^2+3x_3^2+2ax_2x_3(a>0)$ 经正交变换 $\boldsymbol{x}=P\boldsymbol{y}$ 化为标准形 $f=y_1^2+2y_2^2+5y_3^2$，求 a 的值及所用的正交矩阵 P.

30. 用配方法化下列二次型为标准形，并写出所用变换的矩阵：

(1) $f(x_1,x_2,x_3)=x_1^2+2x_3^2+2x_1x_3-2x_2x_3$；

(2) $f(x_1,x_2,x_3)=-4x_1x_2+2x_1x_3+2x_2x_3$.

31. 用合同变换法将二次型

$$f(x_1,x_2,x_3)=x_1^2-x_3^2+2x_1x_2+2x_2x_3$$

化为标准形.

32. 已知二次型 $f(x_1,x_2,x_3)=4x_1^2+8x_1x_2+5x_2^2+4x_2x_3+3x_3^2$，求二次型 f 的正惯性指数和符号差.

33. 判定下列二次型的正定性：

(1) $f=-2x_1^2-6x_2^2-4x_3^2+2x_1x_2+3x_1x_3$；

(2) $f=x_1^2+3x_2^2+9x_3^2+19x_4^2-2x_1x_2+4x_1x_3+2x_1x_4-6x_2x_4-12x_3x_4$；

(3) $f=x_1^2+2x_2^2+x_3^2+2x_1x_2+4x_2x_3$.

34. t 取何值时，二次型

$$f=x_1^2+x_2^2+5x_3^2+2tx_1x_2-2x_1x_3+4x_2x_3$$

是正定的.

35. 判断下面结论是否正确，并说明理由.

(1) 设 $\boldsymbol{\alpha}$ 是矩阵 A 的属于特征值 λ 的特征向量，则 $k\boldsymbol{\alpha}$ 一定是 A 的特征向量($k\in\mathbf{R}$)；

(2) 若 A 正定，则 A^{-1} 正定；

(3) 若 A、B 均为 n 阶正定矩阵，则 A 与 B 合同；

(4) 设 A 是下三角阵，当 $a_{ii} \neq a_{jj}(i \neq j, i, j = 1, 2, \cdots, n)$ 时，A 一定相似于对角阵.

36. 设 A 是 n 阶正定矩阵，证明 $|A+E|>1$.

37. 设 $A=(a_{ij})$ 为 n 阶正定阵，则

(1) $a_{ii}>0(i=1,2,\cdots,n)$；

(2) A^* 正定；

(3) A^m 正定(m 正整数)；

(4) 设多项式 $g(x)=x^m+x^{m-1}+\cdots+x+1$，则 $g(A)$ 正定；

(5) $B=P'AP$ 正定，其中 P 为 n 阶可逆矩阵.

第 6 章　线性空间与线性变换

线性空间是线性代数最基本的概念之一，它也是我们学过的向量空间概念的抽象与推广，而线性变换则是反映线性空间中向量之间最基本的线性联系，这一章中我们将简要地介绍这方面的有关概念与运算.

6.1　线性空间的概念

定义 6.1.1　设 V 是一个非空集合，$\boldsymbol{\alpha},\boldsymbol{\beta},\boldsymbol{\gamma}$ 是 V 中的元素，$\mathbf{R}$ 为实数域，在 V 中规定两种运算：一个为加法运算，记作 $\boldsymbol{\alpha}+\boldsymbol{\beta}$；另一个为数乘运算，记作 $\lambda\boldsymbol{\alpha}$. 若集合 V 对这两种运算具有封闭性(即 $\forall\boldsymbol{\alpha},\boldsymbol{\beta}\in V,\lambda\in\mathbf{R}$，则 $\boldsymbol{\alpha}+\boldsymbol{\beta}\in V,\lambda\boldsymbol{\alpha}\in V$)，且满足以下八条运算规律：

(1) $\boldsymbol{\alpha}+\boldsymbol{\beta}=\boldsymbol{\beta}+\boldsymbol{\alpha}$；

(2) $(\boldsymbol{\alpha}+\boldsymbol{\beta})+\boldsymbol{\gamma}=\boldsymbol{\alpha}+(\boldsymbol{\beta}+\boldsymbol{\gamma})$；

(3) 在 V 中存在零元素 $\mathbf{0}$，对任意 $\boldsymbol{\alpha}\in V$，都有 $\boldsymbol{\alpha}+\mathbf{0}=\boldsymbol{\alpha}$；

(4) 对任意 $\boldsymbol{\alpha}\in V$，都有 $\boldsymbol{\alpha}$ 的负元素 $\boldsymbol{\beta}\in V$，使 $\boldsymbol{\alpha}+\boldsymbol{\beta}=\mathbf{0}$；

(5) $1\boldsymbol{\alpha}=\boldsymbol{\alpha}$；

(6) $\lambda(u\boldsymbol{\alpha})=(\lambda u)\boldsymbol{\alpha}$；

(7) $(\lambda+u)\boldsymbol{\alpha}=\lambda\boldsymbol{\alpha}+u\boldsymbol{\alpha}$；

(8) $\lambda(\boldsymbol{\alpha}+\boldsymbol{\beta})=\lambda\boldsymbol{\alpha}+\lambda\boldsymbol{\beta}$.

则称 V 为(实数域 $\mathbf{R}$ 上的)**线性空间**或**向量空间**，V 中的元素不论其本来的性质如何，统称为**向量**.

显然，n 维向量空间 $\mathbf{R}^n$ 对于向量的加法与数乘是一个线性空间.

下面举几个例子.

例 1　次数不超过 n 的多项式的全体，再添上零多项式构成的集合，记作 $P[x]_n$，则 $P[x]_n$ 对于通常的多项式的加法与数乘是一线性空间.

例 2　所有 $m\times n$ 矩阵的全体，按矩阵的加法与矩阵与数的数量乘法构成一个线性空间，用 $P^{m\times n}$表示.

例 3　n 维向量的集合

$$S^n=\{(x_1,x_2,\cdots,x_n)\mid x_1,x_2,\cdots,x_n\in\mathbf{R}\}$$

对于通常的向量加法及如下定义的数乘

$$\lambda(x_1,x_2,\cdots,x_n)=(0,0,\cdots,0)$$

不构成线性空间.

证　可以验证 S^n 对运算封闭,但对任意的 $\boldsymbol{\alpha}=(x_1,x_2,\cdots,x_n)\in S^n$,有 $1\boldsymbol{\alpha}=1(x_1,x_2,\cdots,x_n)=\mathbf{0}$,不满足运算规律(5),所以 S^n 不是线性空间.

由例 3 看出,S^n 作为集合与 $\mathbf{R}^n$ 相同,但由于在其中所定义的运算不同,以致 $\mathbf{R}^n$ 构成线性空间,而 S^n 不构成线性空间. 所以规定的运算是线性空间的本质,而其中的元素是什么并不重要.

例 4　正实数的全体 $\mathbf{R}^+$,在其中定义加法及乘法运算如下:

$$a\oplus b=ab\quad(a,b\in\mathbf{R}^+),$$
$$\lambda\cdot a=a^\lambda\quad(\lambda\in\mathbf{R},a\in\mathbf{R}^+),$$

则 $\mathbf{R}^+$ 对上述运算构成线性空间.

证　首先验证运算的封闭性.

因对任意的 $a,b\in\mathbf{R}^+$,有 $a\oplus b=ab\in\mathbf{R}^+$,对任意的 $\lambda\in\mathbf{R},a\in\mathbf{R}^+$,有 $\lambda\cdot a=a^\lambda\in\mathbf{R}^+$,即 $\mathbf{R}^+$ 对两种运算封闭.

再验证运算满足定义中的(3)和(4)两条,其他 6 条留给读者自己验证.

$\mathbf{R}^+$ 中存在零向量 1,因为对任意 $a\in\mathbf{R}^+$,有 $a\oplus 1=a1=a$.

任意元素 $a\in\mathbf{R}^+$,有负元素 $a^{-1}\in\mathbf{R}^+$,使 $a\oplus a^{-1}=aa^{-1}=1$.

因此,$\mathbf{R}^+$ 对运算构成线性空间.

下面我们根据定义来认识线性空间的一些基本性质.

性质 6.1.1　线性空间 V 有唯一的一个零向量.

证　设 $\mathbf{0}_1,\mathbf{0}_2$ 是 V 的两个零向量,即对 $\forall\boldsymbol{\alpha}\in V$,有 $\boldsymbol{\alpha}+\mathbf{0}_1=\boldsymbol{\alpha},\boldsymbol{\alpha}+\mathbf{0}_2=\boldsymbol{\alpha}$,于是有

$$\mathbf{0}_2=\mathbf{0}_2+\mathbf{0}_1=\mathbf{0}_1+\mathbf{0}_2=\mathbf{0}_1.$$

所以零向量是唯一的.

性质 6.1.2　V 中任意向量有唯一的负向量.

证　设 V 中任意向量 $\boldsymbol{\alpha}$ 有两个负向量 $\boldsymbol{\beta}$ 及 $\boldsymbol{\gamma}$,则

$$\boldsymbol{\alpha}+\boldsymbol{\beta}=\mathbf{0},\quad \boldsymbol{\alpha}+\boldsymbol{\gamma}=\mathbf{0}.$$

于是

$$\boldsymbol{\gamma}=\boldsymbol{\gamma}+\mathbf{0}=\boldsymbol{\gamma}+(\boldsymbol{\alpha}+\boldsymbol{\beta})=(\boldsymbol{\gamma}+\boldsymbol{\alpha})+\boldsymbol{\beta}=0+\boldsymbol{\beta}=\boldsymbol{\beta}.$$

由于向量 $\boldsymbol{\alpha}$ 的负向量是唯一的,今后将 $\boldsymbol{\alpha}$ 的负向量记作 $-\boldsymbol{\alpha}$.

性质 6.1.3　对线性空间 V 中任意向量 $\boldsymbol{\alpha}$ 及实数 λ,有:

(1) $0\boldsymbol{\alpha}=\mathbf{0}$;

(2) $(-1)\boldsymbol{\alpha}=-\boldsymbol{\alpha}$;

(3) $\lambda\mathbf{0}=\mathbf{0}$;

(4) 如果 $\lambda\boldsymbol{\alpha}=\mathbf{0}$,则 $\lambda=0$ 或 $\boldsymbol{\alpha}=\mathbf{0}$.

证明略.

在第 2 章中,我们定义过子空间,这里给出子空间的一般定义.

定义 6.1.2　设 V 是一个线性空间,U 是 V 的一个非空子集合,如果 U 对于 V 中定义的加法和数乘运算也构成一个线性空间,则称 U 为 V 的**子空间**.

线性空间中的零向量构成子空间,称为零空间,V 自身也是 V 的子空间.

由定义知,若 U 是 V 的子空间,则 U 的零向量也是 V 的零向量,U 中向量 $\boldsymbol{\alpha}$ 的负向量也是 V 中 $\boldsymbol{\alpha}$ 的负向量. 于是有:

定理 6.1.1　线性空间 V 的非空子集 U 构成子空间的充分必要条件是:

(1) 如果 $\boldsymbol{\alpha},\boldsymbol{\beta}\in U$,则 $\boldsymbol{\alpha}+\boldsymbol{\beta}\in U$;

(2) 如果 $\boldsymbol{\alpha}\in U,\lambda\in\mathbf{R}$,则 $\lambda\boldsymbol{\alpha}\in U$.

例 5　设 $P^{n\times n}$ 为 n 阶方阵全体关于矩阵的加法与数乘构成的线性空间,记 $U=\{A|A\in P^{n\times n}$ 且 $A'=A\}$,则 U 为 $P^{n\times n}$ 的子空间.

证　显然 U 是 $P^{n\times n}$ 的非空子集,设 $A,B\in U$,则 $A'=A,B'=B$,于是

$$(A+B)'=A'+B'=A+B,\quad (\lambda A)'=\lambda A'=\lambda A,\quad \lambda\in\mathbf{R},$$

即 $A+B\in U,\lambda A\in U$,所以 U 是 $P^{n\times n}$ 的子空间.

6.2　基、坐标及其变换

除零空间外,一般线性空间都有无穷多个向量,如何把这无穷多个向量全部表达出来,它们之间的关系怎样,即线性空间的构造如何,这是一个重要问题. 另外,线性空间中的向量是广泛的,如何使它与 $\mathbf{R}^n$ 中的向量发生联系,用比较具体的数学式来表达,以便能对它进行运算,这是另一个重要问题. 本节主要讨论这两个问题.

第 2 章中讨论向量时,我们介绍了向量的线性组合、线性相关、线性无关等基本概念及其性质,这些概念和性质都可以搬到一般性空间中来,以后可以直接引用这些概念和性质.

由于维数、基与坐标是线性空间中最重要的概念,因此有必要重新叙述如下:

定义 6.2.1　在线性空间 V 中,如果有 n 个向量 $\boldsymbol{\alpha}_1,\boldsymbol{\alpha}_2,\cdots,\boldsymbol{\alpha}_n$ 满足:

(1) $\boldsymbol{\alpha}_1,\boldsymbol{\alpha}_2,\cdots,\boldsymbol{\alpha}_n$ 线性无关;

(2) V 中任意向量都可由 $\boldsymbol{\alpha}_1,\boldsymbol{\alpha}_2,\cdots,\boldsymbol{\alpha}_n$ 线性表示,

则称 $\boldsymbol{\alpha}_1,\boldsymbol{\alpha}_2,\cdots,\boldsymbol{\alpha}_n$ 为线性空间 V 的一个**基**,n 为线性空间 V 的**维数**.

维数为 n 的线性空间称为 n 维线性空间,记作 V_n. 维数为零的线性空间称为零维线性空间,显然,零维线性空间是由零向量构成的.

例如,线性空间 $\mathbf{R}^3$ 是一个 3 维线性空间,$\boldsymbol{e}_1=(1,0,0)$,$\boldsymbol{e}_2=(0,1,0)$,$\boldsymbol{e}_3=(0,0,1)$是它的一个基;系数矩阵的秩为 r 的 n 元齐次线性方程组的解空间 S 是一个 $n-r$ 维线性空间,基础解系就是它的一个基.

定义 6.2.2 设 $\boldsymbol{\alpha}_1,\boldsymbol{\alpha}_2,\cdots,\boldsymbol{\alpha}_n$ 是线性空间 V_n 的一个基,那么对任意向量 $\boldsymbol{\alpha}\in V_n$,有且仅有一组有序数 $x_1,x_2,\cdots,x_n$,使

$$\boldsymbol{\alpha}=x_1\boldsymbol{\alpha}_1+x_2\boldsymbol{\alpha}_2+\cdots+x_n\boldsymbol{\alpha}_n,$$

称有序数组 $x_1,x_2,\cdots,x_n$ 为向量 $\boldsymbol{\alpha}$ 在基 $\boldsymbol{\alpha}_1,\boldsymbol{\alpha}_2,\cdots,\boldsymbol{\alpha}_n$ 下的**坐标**,并记为 $(x_1,x_2,\cdots,x_n)'$.

上述定义把线性空间中向量 $\boldsymbol{\alpha}$ 与向量空间 $\mathbf{R}^n$ 的向量一一对应起来了.且对任意 $\boldsymbol{\alpha},\boldsymbol{\beta}\in V_n$,若

$$\boldsymbol{\alpha}=x_1\boldsymbol{\alpha}_1+x_2\boldsymbol{\alpha}_2+\cdots+x_n\boldsymbol{\alpha}_n,\quad \boldsymbol{\beta}=y_1\boldsymbol{\alpha}_1+y_2\boldsymbol{\alpha}_2+\cdots+y_n\boldsymbol{\alpha}_n,$$

因为

$$\boldsymbol{\alpha}+\boldsymbol{\beta}=(x_1+y_1)\boldsymbol{\alpha}_1+(x_2+y_2)\boldsymbol{\alpha}_2+\cdots+(x_n+y_n)\boldsymbol{\alpha}_n,$$
$$k\boldsymbol{\alpha}=(kx_1)\boldsymbol{\alpha}_1+(kx_2)\boldsymbol{\alpha}_2+\cdots+(kx_n)\boldsymbol{\alpha}_n,$$

所以 $\boldsymbol{\alpha}+\boldsymbol{\beta},k\boldsymbol{\alpha}$ 与它们在该基下的坐标有下列对应关系:

$$\boldsymbol{\alpha}+\boldsymbol{\beta}\leftrightarrow(x_1+y_1,x_2+y_2,\cdots,x_n+y_n)'=(x_1,x_2,\cdots,x_n)'+(y_1,y_2,\cdots,y_n)',$$
$$k\boldsymbol{\alpha}\leftrightarrow(kx_1,kx_2,\cdots,kx_n)'=k(x_1,x_2,\cdots,x_n)'.$$

于是线性空间 V_n 中元素的运算就转化为向量的运算,这就是我们把 V 中元素也称为向量,线性空间 V 又常常称为向量空间的原因.

例 1 正实数集合 $\mathbf{R}^+$ 关于运算:

$$a\oplus b=ab,\quad \lambda\cdot a=a^\lambda,\quad \forall a,b\in\mathbf{R}^+,\quad \lambda\in\mathbf{R}.$$

构成线性空间,求它的一个基和维数.

解 首先,取 $a\in\mathbf{R}^+$,且 $a\neq1$,若 $k\cdot a=1$(零向量),即 $a^k=1$,则必有 $k=0$,即任意一个不为 1 的正实数 a 是线性无关的.

其次,对任意 $b\in\mathbf{R}^+$,若 $b=k\cdot a=a^k$,则 $k=\log_a b$,即任意正实数 b 都可由 a 线性表示.因此,正实数 $a\neq1$ 是线性空间 $\mathbf{R}^+$ 的基,其维数为 1.

例 2 在线空间 $P[x]_2$ 中,取一组基 $1,x,x^2$,对任意 $f(x)=a_0+a_1x+a_2x^2\in P[x]_2$,则有

$$f(x)=a_0 1+a_1x+a_2x^2.$$

因此 $f(x)$ 在基 $1,x,x^2$ 下坐标为 (a_0,a_1,a_2).

若另取一组基 $1,1+x,x^2$,设 $f(x)$ 在该基下的坐标为 (b_1,b_2,b_3),则

$$f(x)=b_1 1+b_2(1+x)+b_3x^2=(b_1+b_2)1+b_2x+b_3x^2.$$

从而有

$$\begin{cases}b_1+b_2=a_0,\\ b_2=a_1,\\ b_3=a_2,\end{cases}$$

或

$$\begin{cases} b_1 = a_0 - a_1, \\ b_2 = a_1, \\ b_3 = a_2, \end{cases}$$

故

$$f(x) = (a_0 - a_1)1 + a_1(1+x) + a_2 x^2,$$

即 $f(x)$ 在基 $1, 1+x, x^2$ 下坐标为 $(a_0 - a_1, a_1, a_2)$.

由上例得知,同一元素在不同基下有不同的坐标,那么自然要问,不同的坐标之间有什么样的关系呢? 下面我们来讨论这个问题.

设 $\boldsymbol{\alpha}_1, \boldsymbol{\alpha}_2, \cdots, \boldsymbol{\alpha}_n$ 及 $\boldsymbol{\beta}_1, \boldsymbol{\beta}_2, \cdots, \boldsymbol{\beta}_n$ 是线性空间 V_n 的两个基,且

$$\begin{cases} \boldsymbol{\beta}_1 = a_{11}\boldsymbol{\alpha}_1 + a_{21}\boldsymbol{\alpha}_2 + \cdots + a_{n1}\boldsymbol{\alpha}_n, \\ \boldsymbol{\beta}_2 = a_{12}\boldsymbol{\alpha}_1 + a_{22}\boldsymbol{\alpha}_2 + \cdots + a_{n2}\boldsymbol{\alpha}_n, \\ \cdots\cdots\cdots \\ \boldsymbol{\beta}_n = a_{1n}\boldsymbol{\alpha}_1 + a_{2n}\boldsymbol{\alpha}_2 + \cdots + a_{nn}\boldsymbol{\alpha}_n. \end{cases} \tag{6.1}$$

将上式写成矩阵形式为

$$(\boldsymbol{\beta}_1, \boldsymbol{\beta}_2, \cdots, \boldsymbol{\beta}_n) = (\boldsymbol{\alpha}_1, \boldsymbol{\alpha}_2, \cdots, \boldsymbol{\alpha}_n)A, \tag{6.2}$$

其中矩阵

$$A = \begin{bmatrix} a_{11} & a_{12} & \cdots & a_{1n} \\ a_{21} & a_{22} & \cdots & a_{2n} \\ \vdots & \vdots & & \vdots \\ a_{n1} & a_{n2} & \cdots & a_{nn} \end{bmatrix}$$

称为由基 $\boldsymbol{\alpha}_1, \boldsymbol{\alpha}_2, \cdots, \boldsymbol{\alpha}_n$ 到基 $\boldsymbol{\beta}_1, \boldsymbol{\beta}_2, \cdots, \boldsymbol{\beta}_n$ 的**过渡矩阵**,而公式(6.1)或(6.2)称为基变换公式. 因 $\boldsymbol{\beta}_1, \boldsymbol{\beta}_2, \cdots, \boldsymbol{\beta}_n$ 线性无关,故过渡矩阵 A 是可逆阵.

利用由基 $\boldsymbol{\alpha}_1, \boldsymbol{\alpha}_2, \cdots, \boldsymbol{\alpha}_n$ 到基 $\boldsymbol{\beta}_1, \boldsymbol{\beta}_2, \cdots, \boldsymbol{\beta}_n$ 的过渡矩阵 A,可以得到线性空间 V_n 中任意向量 $\boldsymbol{\alpha}$ 在此两个基下的两组坐标之间的联系.

设 $\boldsymbol{\alpha} \in V_n$,在两组基下有

$$\boldsymbol{\alpha} = x_1\boldsymbol{\alpha}_1 + x_2\boldsymbol{\alpha}_2 + \cdots + x_n\boldsymbol{\alpha}_n = (\boldsymbol{\alpha}_1, \boldsymbol{\alpha}_2, \cdots, \boldsymbol{\alpha}_n)\begin{bmatrix} x_1 \\ x_2 \\ \vdots \\ x_n \end{bmatrix},$$

$$\boldsymbol{\alpha} = y_1\boldsymbol{\beta}_1 + y_2\boldsymbol{\beta}_2 + \cdots + y_n\boldsymbol{\beta}_n = (\boldsymbol{\beta}_1, \boldsymbol{\beta}_2, \cdots, \boldsymbol{\beta}_n)\begin{bmatrix} y_1 \\ y_2 \\ \vdots \\ y_n \end{bmatrix}.$$

由于在两基之间有

$$(\boldsymbol{\beta}_1,\boldsymbol{\beta}_2,\cdots,\boldsymbol{\beta}_n)=(\boldsymbol{\alpha}_1,\boldsymbol{\alpha}_2,\cdots,\boldsymbol{\alpha}_n)A,$$

由以上可得

$$\boldsymbol{\alpha}=(\boldsymbol{\alpha}_1,\boldsymbol{\alpha}_2,\cdots,\boldsymbol{\alpha}_n)\begin{bmatrix}x_1\\x_2\\\vdots\\x_n\end{bmatrix}=(\boldsymbol{\beta}_1,\boldsymbol{\beta}_2,\cdots,\boldsymbol{\beta}_n)\begin{bmatrix}y_1\\y_2\\\vdots\\y_n\end{bmatrix},$$

即

$$(\boldsymbol{\alpha}_1,\boldsymbol{\alpha}_2,\cdots,\boldsymbol{\alpha}_n)\begin{bmatrix}x_1\\x_2\\\vdots\\x_n\end{bmatrix}=(\boldsymbol{\alpha}_1,\boldsymbol{\alpha}_2,\cdots,\boldsymbol{\alpha}_n)A\begin{bmatrix}y_1\\y_2\\\vdots\\y_n\end{bmatrix},$$

由于 $\boldsymbol{\alpha}_1,\boldsymbol{\alpha}_2,\cdots,\boldsymbol{\alpha}_n$ 线性无关,则有

$$\begin{bmatrix}x_1\\x_2\\\vdots\\x_n\end{bmatrix}=A\begin{bmatrix}y_1\\y_2\\\vdots\\y_n\end{bmatrix},$$

或

$$\begin{bmatrix}y_1\\y_2\\\vdots\\y_n\end{bmatrix}=A^{-1}\begin{bmatrix}x_1\\x_2\\\vdots\\x_n\end{bmatrix} \tag{6.3}$$

称(6.3)式为线性空间 V_n 中同一向量在两个不同基下的**坐标变换公式**.

例 3 在线性空间 $\mathbf{R}^3$ 中,给定两个基

$$\boldsymbol{\alpha}_1=(1,2,1),\quad \boldsymbol{\alpha}_2=(2,3,3),\quad \boldsymbol{\alpha}_3=(3,7,1);$$
$$\boldsymbol{\beta}_1=(3,1,4),\quad \boldsymbol{\beta}_2=(5,2,1),\quad \boldsymbol{\beta}_3=(1,1,-6).$$

求 $\mathbf{R}^3$ 中向量 $\boldsymbol{\alpha}$ 在两个基下的坐标变换公式.

解 先求由 $\boldsymbol{\alpha}_1,\boldsymbol{\alpha}_2,\boldsymbol{\alpha}_3$ 到基 $\boldsymbol{\beta}_1,\boldsymbol{\beta}_2,\boldsymbol{\beta}_3$ 的过渡矩阵 A. 取 $\mathbf{R}^3$ 的一个基 $\boldsymbol{\varepsilon}_1=(1,0,0),\boldsymbol{\varepsilon}_2=(0,1,0),\boldsymbol{\varepsilon}_3=(0,0,1)$,则有

$$(\boldsymbol{\alpha}_1,\boldsymbol{\alpha}_2,\boldsymbol{\alpha}_3)=(\boldsymbol{\varepsilon}_1,\boldsymbol{\varepsilon}_2,\boldsymbol{\varepsilon}_3)\begin{bmatrix}1&2&3\\2&3&7\\1&3&1\end{bmatrix},$$

$$(\boldsymbol{\beta}_1,\boldsymbol{\beta}_2,\boldsymbol{\beta}_3)=(\boldsymbol{\varepsilon}_1,\boldsymbol{\varepsilon}_2,\boldsymbol{\varepsilon}_3)\begin{bmatrix}3&5&1\\1&2&1\\4&1&-6\end{bmatrix}$$

$$=(\boldsymbol{\alpha}_1,\boldsymbol{\alpha}_2,\boldsymbol{\alpha}_3)\begin{bmatrix}1&2&3\\2&3&7\\1&3&1\end{bmatrix}^{-1}\begin{bmatrix}3&5&1\\1&2&1\\4&1&-6\end{bmatrix}$$

$$=(\boldsymbol{\alpha}_1,\boldsymbol{\alpha}_2,\boldsymbol{\alpha}_3)\begin{bmatrix}-27&-71&-41\\9&20&0\\4&12&8\end{bmatrix},$$

即由 $\boldsymbol{\alpha}_1,\boldsymbol{\alpha}_2,\boldsymbol{\alpha}_3$ 到 $\boldsymbol{\beta}_1,\boldsymbol{\beta}_2,\boldsymbol{\beta}_3$ 的过渡矩阵为

$$A=\begin{bmatrix}-27&-71&-41\\9&20&0\\4&12&8\end{bmatrix}.$$

由(6.3)式得

$$\begin{bmatrix}x_1\\x_2\\x_3\end{bmatrix}=\begin{bmatrix}-27&-71&-41\\9&20&0\\4&12&8\end{bmatrix}\begin{bmatrix}y_1\\y_2\\y_3\end{bmatrix},$$

或

$$\begin{bmatrix}y_1\\y_2\\y_3\end{bmatrix}=\begin{bmatrix}13&19&\frac{181}{4}\\-9&-13&-\frac{63}{2}\\7&10&\frac{99}{4}\end{bmatrix}\begin{bmatrix}x_1\\x_2\\x_3\end{bmatrix}.$$

6.3　线性变换及其矩阵

6.3.1　线性变换的概念

在线性空间中,元素之间的联系就反映为线性空间的映射. 线性空间 V 到自身的映射通常称为 V 的一个变换. 这一节要讨论的线性变换就是最简单的,同时也可以认为是最基本的一种变换,它也是线性代数的一个重要研究对象.

定义 6.3.1　设 T 是线性空间 V 的一个变换,如果 T 满足:

(1) 对任意向量 $\boldsymbol{\alpha},\boldsymbol{\beta}\in V$,有 $T(\boldsymbol{\alpha}+\boldsymbol{\beta})=T(\boldsymbol{\alpha})+T(\boldsymbol{\beta})$;

(2) 对任意 $\boldsymbol{\alpha}\in V,k\in\mathbf{R}$,有 $T(k\boldsymbol{\alpha})=kT(\boldsymbol{\alpha})$,

则称 T 为 V 的一个**线性变换**.

容易验证,把线性空间 V_n 中任意向量都变为零向量的变换是一个线性变换,称为零变换. 把 V_n 中任意向量都变为自身的变换是一个线性变换,称为恒等变换或单位变换.

例 1 在线性空间 $P[x]_3$ 中.

(1) 求微商的运算 D 即 $Df(x)=f'(x)$ 是一个线性变换;

(2) 如果 $T(f(x))=1$,则 T 是变换,但不是线性变换.

例 2 在 $\mathbf{R}^n$ 中定义变换 $T(\boldsymbol{x})=A\boldsymbol{x}$,其中 A 为 n 阶方阵,$\boldsymbol{x}\in\mathbf{R}^n$,验证 T 是 $\mathbf{R}^n$ 的一个线性变换.

解 对 $\forall\,\boldsymbol{x},\boldsymbol{y}\in\mathbf{R}^n$,有

$$T(\boldsymbol{x}+\boldsymbol{y})=A(\boldsymbol{x}+\boldsymbol{y})=A\boldsymbol{x}+A\boldsymbol{y}=T(\boldsymbol{x})+T(\boldsymbol{y});$$

$$T(\lambda\boldsymbol{x})=A(\lambda\boldsymbol{x})=\lambda(A\boldsymbol{x})=\lambda T(\boldsymbol{x}),$$

所以 T 是 $\mathbf{R}^n$ 的一个线性变换.

例 3 在 $\mathbf{R}^3$ 中,对 $\forall\,\boldsymbol{\alpha}=(x_1,x_2,x_3)\in\mathbf{R}^3$,定义

$$T(x_1,x_2,x_3)=(2x_1-x_2,x_2+x_3,x_1),$$

则 T 是 $\mathbf{R}^3$ 的一个线性变换.

证 显然 T 是 $\mathbf{R}^3$ 的一个变换,任取 $\boldsymbol{\alpha}=(x_1,x_2,x_3)$,$\boldsymbol{\beta}=(y_1,y_2,y_3)\in\mathbf{R}^3$,则

$$\begin{aligned}T(\boldsymbol{\alpha}+\boldsymbol{\beta})&=T(x_1+y_1,x_2+y_2,x_3+y_3)\\&=(2(x_1+y_1)-(x_2+y_2),(x_2+y_2)+(x_3+y_3),x_1+y_1)\\&=(2(x_1-x_3)+(2y_1-y_2),(x_2+x_3)+(y_2+y_3),x_1+y_1)\\&=(2(x_1-x_2),x_2+x_3,x_1)+(2(y_1-y_2),y_2+y_3,y_1)\\&=T(\boldsymbol{\alpha})+T(\boldsymbol{\beta});\end{aligned}$$

$$\begin{aligned}T(\lambda\boldsymbol{\alpha})&=T(\lambda x_1,\lambda x_2,\lambda x_3)=(2\lambda x_1-\lambda x_2,\lambda x_2+\lambda x_3,\lambda x_1)\\&=\lambda(2x_1-x_2,x_2+x_3,x_1)=\lambda T(\boldsymbol{\alpha}),\end{aligned}$$

所以 T 是 $\mathbf{R}^3$ 的一个线性变换.

6.3.2 线性变换的性质

设 T 是线性空间 V_n 中的线性变换,则 T 具有下列性质:

性质 6.3.1 $T(\mathbf{0})=\mathbf{0}$.

证 在 $T(\lambda\boldsymbol{\alpha})=\lambda T(\boldsymbol{\alpha})$中,令 $\lambda=0$ 可得.

性质 6.3.2 $T(-\boldsymbol{\alpha})=-T(\boldsymbol{\alpha})$.

证 在 $T(\lambda\boldsymbol{\alpha})=\lambda T(\boldsymbol{\alpha})$中,令 $\lambda=-1$ 可得.

性质 6.3.3 $T(x_1\boldsymbol{\alpha}_1+x_2\boldsymbol{\alpha}_2+\cdots+x_n\boldsymbol{\alpha}_n)=x_1T(\boldsymbol{\alpha}_1)+x_2T(\boldsymbol{\alpha}_2)+\cdots+x_nT(\boldsymbol{\alpha}_2)$.

性质 6.3.4 设向量组 $\boldsymbol{\alpha}_1,\boldsymbol{\alpha}_2,\cdots,\boldsymbol{\alpha}_n$ 线性相关,则向量组 $T(\boldsymbol{\alpha}_1),T(\boldsymbol{\alpha}_2),\cdots,T(\boldsymbol{\alpha}_n)$也线性相关.

证 因 $\boldsymbol{\alpha}_1,\boldsymbol{\alpha}_2,\cdots,\boldsymbol{\alpha}_n$ 线性相关,即存在一组不全为零的数 $\lambda_1,\lambda_2,\cdots,\lambda_n$,使得

$$\lambda_1\boldsymbol{\alpha}_1+\lambda_2\boldsymbol{\alpha}_2+\cdots+\lambda_n\boldsymbol{\alpha}_n=\mathbf{0},$$

于是

$$T(\lambda_1\boldsymbol{\alpha}_1+\lambda_2\boldsymbol{\alpha}_2+\cdots+\lambda_n\boldsymbol{\alpha}_n)=T(\mathbf{0}),$$

即

$$\lambda_1 T(\boldsymbol{\alpha}_1)+\lambda_2 T(\boldsymbol{\alpha}_2)+\cdots+\lambda_n T(\boldsymbol{\alpha}_n)=\mathbf{0}.$$

而 $\lambda_1,\lambda_2,\cdots,\lambda_n$ 不全为零,因此向量组 $T(\boldsymbol{\alpha}_1),T(\boldsymbol{\alpha}_2),\cdots,T(\boldsymbol{\alpha}_n)$线性相关.

该性质的逆命题不成立,例如,零变换就是一个例子.

线性变换是一个对应规则,设 T_1 和 T_2 是 V_n 中的两个线性变换,如果对任意向量 $\boldsymbol{\alpha}\in V_n$,都有 $T_1(\boldsymbol{\alpha})=T_2(\boldsymbol{\alpha})$,则称 T_1 与 T_2 相等,记为 $T_1=T_2$.

6.3.3 线性变换的矩阵

设 T 是线性空间 V_n 中的线性变换,$\boldsymbol{\alpha}\in V_n$,如果 $\boldsymbol{\alpha}_1,\boldsymbol{\alpha}_2,\cdots,\boldsymbol{\alpha}_n$ 是 V_n 的基,由 $\boldsymbol{\alpha}=x_1\boldsymbol{\alpha}_1+x_2\boldsymbol{\alpha}_2+\cdots+x_n\boldsymbol{\alpha}_n$,有

$$T(\boldsymbol{\alpha})=x_1T(\boldsymbol{\alpha}_1)+x_2T(\boldsymbol{\alpha}_2)+\cdots+x_nT(\boldsymbol{\alpha}_n),$$

上式表明,V_n 中任意向量 $\boldsymbol{\alpha}$ 在 T 下的像 $T(\boldsymbol{\alpha})$由 $\boldsymbol{\alpha}$ 在该基下的坐标 $x_1,x_2,\cdots,x_n$ 与基的像 $T(\boldsymbol{\alpha}_1),T(\boldsymbol{\alpha}_2),\cdots,T(\boldsymbol{\alpha}_n)$完全确定. 由于 $T(\boldsymbol{\alpha}_1),T(\boldsymbol{\alpha}_2),\cdots,T(\boldsymbol{\alpha}_n)$是 V_n 中的向量,因此它们在基 $\boldsymbol{\alpha}_1,\boldsymbol{\alpha}_2,\cdots,\boldsymbol{\alpha}_n$ 下有唯一的线性表示式,可设表示式为

$$\begin{cases}T(\boldsymbol{\alpha}_1)=a_{11}\boldsymbol{\alpha}_1+a_{21}\boldsymbol{\alpha}_2+\cdots+a_{n1}\boldsymbol{\alpha}_n,\\ T(\boldsymbol{\alpha}_2)=a_{12}\boldsymbol{\alpha}_1+a_{22}\boldsymbol{\alpha}_2+\cdots+a_{n2}\boldsymbol{\alpha}_n,\\ \cdots\cdots\cdots\cdots\\ T(\boldsymbol{\alpha}_n)=a_{1n}\boldsymbol{\alpha}_1+a_{2n}\boldsymbol{\alpha}_2+\cdots+a_{nn}\boldsymbol{\alpha}_n,\end{cases}\tag{6.4}$$

上式用矩阵表示,得

$$\begin{aligned}T(\boldsymbol{\alpha}_1,\boldsymbol{\alpha}_2,\cdots,\boldsymbol{\alpha}_n)&=(T\boldsymbol{\alpha}_1,T\boldsymbol{\alpha}_2,\cdots,T\boldsymbol{\alpha}_n)\\&=(\boldsymbol{\alpha}_1,\boldsymbol{\alpha}_2,\cdots,\boldsymbol{\alpha}_n)A,\end{aligned}\tag{6.5}$$

其中

$$A=\begin{bmatrix}a_{11}&a_{12}&\cdots&a_{1n}\\a_{21}&a_{22}&\cdots&a_{2n}\\\vdots&\vdots&&\vdots\\a_{n1}&a_{n2}&\cdots&a_{nn}\end{bmatrix}.$$

由(6.5)式可知,矩阵 A 的第 j 列元素是像 $T(\boldsymbol{\alpha}_j)$在基 $\boldsymbol{\alpha}_1,\boldsymbol{\alpha}_2,\cdots,\boldsymbol{\alpha}_n$ 下的坐标,它是唯一确定的. 于是,对于 V_n 中给定的线性变换 T,当取定 V_n 的基 $\boldsymbol{\alpha}_1$,$\boldsymbol{\alpha}_2,\cdots,\boldsymbol{\alpha}_n$ 后,(6.5)式中的 n 阶矩阵 A 由线性变换 T 唯一确定.

反之,假如有 n 阶矩阵 A,由(6.5)式得到 n 个元 $T(\boldsymbol{\alpha}_1),T(\boldsymbol{\alpha}_2),\cdots,T(\boldsymbol{\alpha}_n)$. 下面定理证明由 n 个元素 $\boldsymbol{\alpha}_1,\boldsymbol{\alpha}_2,\cdots,\boldsymbol{\alpha}_n$ 的像决定的线性变换是唯一的. 因此,对于矩阵 A,我们有唯一的由(6.4)式或(6.5)式确定的线性变换. 这样,线性变换就可以用矩阵来表示了.

定理 6.3.1 设 $\boldsymbol{\alpha}_1,\boldsymbol{\alpha}_2,\cdots,\boldsymbol{\alpha}_n$ 是线性空间 V_n 的基，$\boldsymbol{\beta}_1,\boldsymbol{\beta}_2,\cdots,\boldsymbol{\beta}_n$ 是 V_n 的任意 n 个元素，则 V_n 中存在唯一一个把 $\boldsymbol{\alpha}_i$ 变成 $\boldsymbol{\beta}_i(i=1,2,\cdots,n)$ 的线性变换.

证 V_n 中任意元素 $\boldsymbol{\alpha}$ 可唯一地表示为

$$\boldsymbol{\alpha}=k_1\boldsymbol{\alpha}_1+k_2\boldsymbol{\alpha}_2+\cdots+k_n\boldsymbol{\alpha}_n,$$

作一个变换 T，使

$$T(\boldsymbol{\alpha})=k_1\boldsymbol{\beta}_1+k_2\boldsymbol{\beta}_2+\cdots+k_n\boldsymbol{\beta}_n.$$

由于 $\boldsymbol{\alpha}_i=0\boldsymbol{\alpha}_1+\cdots+1\boldsymbol{\alpha}_i+\cdots+0\boldsymbol{\alpha}_n$，由 T 的定义可得 $T(\boldsymbol{\alpha}_i)=\boldsymbol{\beta}_i(i=1,2,\cdots,n)$. 易证变换 T 为 V_n 的线性变换.

下面证明线性变换 T 是唯一的.

设 T_1 也是新求的线性变换，即 $T_1(\boldsymbol{\alpha}_i)=\boldsymbol{\beta}_i$，则

$$\begin{aligned}T_1(\boldsymbol{\alpha})&=T_1\left(\sum_{i=1}^n k_i\boldsymbol{\alpha}_i\right)=\sum_{i=1}^n T_1(k_i\boldsymbol{\alpha}_i)\\&=\sum_{i=1}^n k_iT_1(\boldsymbol{\alpha}_i)=\sum_{i=1}^n k_i\boldsymbol{\beta}_i=T(\boldsymbol{\alpha}),\end{aligned}$$

即 $\boldsymbol{\alpha}$ 在线性变换 T,T_1 下的像是相同的，所以

$$T=T_1.$$

由(6.4)式或(6.5)式确定的矩阵 A 称为线性变换 T 在基 $\boldsymbol{\alpha}_1,\boldsymbol{\alpha}_2,\cdots,\boldsymbol{\alpha}_n$ 下的矩阵.

例 4 设 T 是 $\mathbf{R}^3$ 中线性变换，对任意 $\boldsymbol{\alpha}=(x_1,x_2,x_3)\in\mathbf{R}^3$，有

$$T(x_1,x_2,x_3)=(x_1+2x_3,-x_2,2x_1+x_3).$$

取 $\mathbf{R}^3$ 的基 $\boldsymbol{\varepsilon}_1=(1,0,0),\boldsymbol{\varepsilon}_2=(0,1,0),\boldsymbol{\varepsilon}_3=(0,0,1)$.

(1) 求 T 在基 $\boldsymbol{\varepsilon}_1,\boldsymbol{\varepsilon}_2,\boldsymbol{\varepsilon}_3$ 下的矩阵；

(2) 已知向量 $\boldsymbol{\alpha}=(1,2,3)$，求像 $T(\boldsymbol{\alpha})$ 在基 $\boldsymbol{\varepsilon}_1,\boldsymbol{\varepsilon}_2,\boldsymbol{\varepsilon}_3$ 下的坐标.

解 (1)由于

$$\begin{aligned}T(\boldsymbol{\varepsilon}_1)&=T(1,0,0)=(1,0,2)=\boldsymbol{\varepsilon}_1+2\boldsymbol{\varepsilon}_3,\\T(\boldsymbol{\varepsilon}_2)&=T(0,1,0)=(0,-1,0)=-\boldsymbol{\varepsilon}_2,\\T(\boldsymbol{\varepsilon}_3)&=T(0,0,1)=(2,0,1)=2\boldsymbol{\varepsilon}_1+\boldsymbol{\varepsilon}_3,\end{aligned}$$

则

$$\begin{aligned}T(\boldsymbol{\varepsilon}_1,\boldsymbol{\varepsilon}_2,\boldsymbol{\varepsilon}_3)&=(T(\boldsymbol{\varepsilon}_1),T(\boldsymbol{\varepsilon}_2),T(\boldsymbol{\varepsilon}_3))\\&=(\boldsymbol{\varepsilon}_1,\boldsymbol{\varepsilon}_2,\boldsymbol{\varepsilon}_3)\begin{bmatrix}1&0&2\\0&-1&0\\2&0&1\end{bmatrix},\end{aligned}$$

所以 T 在基 $\boldsymbol{\varepsilon}_1,\boldsymbol{\varepsilon}_2,\boldsymbol{\varepsilon}_3$ 下的矩阵为

$$A=\begin{bmatrix}1&0&2\\0&-1&0\\2&0&1\end{bmatrix}.$$

(2) 因

$$\boldsymbol{\alpha}=(1,2,3)=\boldsymbol{\varepsilon}_1+2\boldsymbol{\varepsilon}_2+3\boldsymbol{\varepsilon}_3=(\boldsymbol{\varepsilon}_1,\boldsymbol{\varepsilon}_2,\boldsymbol{\varepsilon}_3)\begin{bmatrix}1\\2\\3\end{bmatrix},$$

所以

$$T(\boldsymbol{\alpha})=T(\boldsymbol{\varepsilon}_1,\boldsymbol{\varepsilon}_2,\boldsymbol{\varepsilon}_3)\begin{bmatrix}1\\2\\3\end{bmatrix}=(\boldsymbol{\varepsilon}_1,\boldsymbol{\varepsilon}_2,\boldsymbol{\varepsilon}_3)A\begin{bmatrix}1\\2\\3\end{bmatrix},$$

故 $T(\boldsymbol{\alpha})$在基 $\boldsymbol{\varepsilon}_1,\boldsymbol{\varepsilon}_2,\boldsymbol{\varepsilon}_3$ 下的坐标为

$$\begin{bmatrix}x_1'\\x_2'\\x_3'\end{bmatrix}=A\begin{bmatrix}1\\2\\3\end{bmatrix}=\begin{bmatrix}1&0&2\\0&-1&0\\2&0&1\end{bmatrix}\begin{bmatrix}1\\2\\3\end{bmatrix}=\begin{bmatrix}7\\-2\\5\end{bmatrix}.$$

例 5　在 $\mathbf{R}^3$ 中,试求在基 $\boldsymbol{\alpha}_1=(1,0,0),\boldsymbol{\alpha}_2=(1,1,0),\boldsymbol{\alpha}_3=(1,1,1)$下矩阵为

$$A=\begin{bmatrix}1&-1&2\\-1&0&-1\\1&2&2\end{bmatrix}$$

的线性变换 T.

解　设$\forall\boldsymbol{\alpha}=(x_1,x_2,x_3)\in\mathbf{R}^3$,则 $\boldsymbol{\alpha}=x_1\boldsymbol{\varepsilon}_1+x_2\boldsymbol{\varepsilon}_2+x_3\boldsymbol{\varepsilon}_3$,其中 $\boldsymbol{\varepsilon}_1=(1,0,0)$, $\boldsymbol{\varepsilon}_2=(0,1,0)$, $\boldsymbol{\varepsilon}_3=(0,0,1)$. 欲求线性变换 T,就是求出 $T(\boldsymbol{\alpha})$在基 $\boldsymbol{\alpha}_1,\boldsymbol{\alpha}_2,\boldsymbol{\alpha}_3$ 下的表达式. 为此,设

$$\boldsymbol{\alpha}=y_1\boldsymbol{\alpha}_1+y_2\boldsymbol{\alpha}_2+y_3\boldsymbol{\alpha}_3,$$

由于 $\boldsymbol{\alpha}_1=\boldsymbol{\varepsilon}_1,\boldsymbol{\alpha}_2=\boldsymbol{\varepsilon}_1+\boldsymbol{\varepsilon}_2,\boldsymbol{\alpha}_3=\boldsymbol{\varepsilon}_1+\boldsymbol{\varepsilon}_2+\boldsymbol{\varepsilon}_3$,于是得

$$\begin{aligned}\boldsymbol{\alpha}&=x_1\boldsymbol{\varepsilon}_1+x_2\boldsymbol{\varepsilon}_2+x_3\boldsymbol{\varepsilon}_3=y_1\boldsymbol{\alpha}_1+y_2\boldsymbol{\alpha}_2+y_3\boldsymbol{\alpha}_3\\&=(y_1+y_2+y_3)\boldsymbol{\varepsilon}_1+(y_2+y_3)\boldsymbol{\varepsilon}_2+y_3\boldsymbol{\varepsilon}_3.\end{aligned}$$

从而

$$y_1=x_1-x_2,\quad y_2=x_2-x_3,\quad y_3=x_3,$$

即

$$\begin{aligned}\boldsymbol{\alpha}&=(x_1-x_2)\boldsymbol{\alpha}_1+(x_2-x_3)\boldsymbol{\alpha}_2+x_3\boldsymbol{\alpha}_3\\&=(\boldsymbol{\alpha}_1,\boldsymbol{\alpha}_2,\boldsymbol{\alpha}_3)\begin{bmatrix}x_1-x_2\\x_2-x_3\\x_3\end{bmatrix}.\end{aligned}$$

因此

$$T(\boldsymbol{\alpha})=T(\boldsymbol{\alpha}_1,\boldsymbol{\alpha}_2,\boldsymbol{\alpha}_3)\begin{bmatrix}x_1-x_2\\x_2-x_3\\x_3\end{bmatrix}=(\boldsymbol{\alpha}_1,\boldsymbol{\alpha}_2,\boldsymbol{\alpha}_3)A\begin{bmatrix}x_1-x_2\\x_2-x_3\\x_3\end{bmatrix}$$

$$=(\boldsymbol{\alpha}_1,\boldsymbol{\alpha}_2,\boldsymbol{\alpha}_3)\begin{bmatrix}1 & -1 & 2\\ -1 & 0 & -1\\ 1 & 2 & 2\end{bmatrix}\begin{bmatrix}x_1-x_2\\ x_2-x_3\\ x_3\end{bmatrix}$$

$$=(x_1-2x_2+3x_3)\boldsymbol{\alpha}_1+(-x_1+x_2-x_3)\boldsymbol{\alpha}_2+(x_1+x_2)\boldsymbol{\alpha}_3.$$

所求线性变换为

$$T(x_1,x_2,x_3)=(x_1-2x_2+3x_3,-x_1+x_2-x_3,x_1+x_2).$$

例 6 假定 T 是 $\mathbf{R}^3$ 的投影变换，$T(a,b,c)=(a,b,0)$，取 $\boldsymbol{\varepsilon}_1=(1,0,0)$，$\boldsymbol{\varepsilon}_2=(0,1,0)$，$\boldsymbol{\varepsilon}_3=(0,0,1)$，试求：

(1) T 在基 $\boldsymbol{\varepsilon}_1,\boldsymbol{\varepsilon}_2,\boldsymbol{\varepsilon}_3$ 下的矩阵；

(2) T 在基 $\boldsymbol{\alpha}_1=\boldsymbol{\varepsilon}_1,\boldsymbol{\alpha}_2=\boldsymbol{\varepsilon}_2,\boldsymbol{\alpha}_3=\boldsymbol{\varepsilon}_1+\boldsymbol{\varepsilon}_2+\boldsymbol{\varepsilon}_3$ 下的矩阵.

解 (1)

$$T(\boldsymbol{\varepsilon}_1)=\boldsymbol{\varepsilon}_1=\boldsymbol{\varepsilon}_1+0\cdot\boldsymbol{\varepsilon}_2+0\cdot\boldsymbol{\varepsilon}_3,$$
$$T(\boldsymbol{\varepsilon}_2)=\boldsymbol{\varepsilon}_2=0\cdot\boldsymbol{\varepsilon}_1+\boldsymbol{\varepsilon}_2+0\cdot\boldsymbol{\varepsilon}_3,$$
$$T(\boldsymbol{\varepsilon}_3)=\mathbf{0}=0\cdot\boldsymbol{\varepsilon}_1+0\cdot\boldsymbol{\varepsilon}_2+0\cdot\boldsymbol{\varepsilon}_3,$$

即

$$T(\boldsymbol{\varepsilon}_1,\boldsymbol{\varepsilon}_2,\boldsymbol{\varepsilon}_3)=(\boldsymbol{\varepsilon}_1,\boldsymbol{\varepsilon}_2,\boldsymbol{\varepsilon}_3)\begin{bmatrix}1 & 0 & 0\\ 0 & 1 & 0\\ 0 & 0 & 0\end{bmatrix}.$$

(2)

$$T(\boldsymbol{\alpha}_1)=T(\boldsymbol{\varepsilon}_1)=\boldsymbol{\varepsilon}_1=\boldsymbol{\alpha}_1,$$
$$T(\boldsymbol{\alpha}_2)=T(\boldsymbol{\varepsilon}_2)=\boldsymbol{\varepsilon}_2=\boldsymbol{\alpha}_2,$$
$$T(\boldsymbol{\alpha}_3)=T(\boldsymbol{\varepsilon}_1+\boldsymbol{\varepsilon}_2+\boldsymbol{\varepsilon}_3)=T(1,1,1)$$
$$=(1,1,0)=\boldsymbol{\varepsilon}_1+\boldsymbol{\varepsilon}_2=\boldsymbol{\alpha}_1+\boldsymbol{\alpha}_2,$$

即

$$T(\boldsymbol{\alpha}_1,\boldsymbol{\alpha}_2,\boldsymbol{\alpha}_3)=(\boldsymbol{\alpha}_1,\boldsymbol{\alpha}_2,\boldsymbol{\alpha}_3)\begin{bmatrix}1 & 0 & 1\\ 0 & 1 & 1\\ 0 & 0 & 0\end{bmatrix}.$$

由此例可看出，同一线性变换在不同基下有不同的矩阵. 下面的定理给出了同一个线性变换在不同基下的矩阵之间的关系.

定理 6.3.2 设 $\boldsymbol{\alpha}_1,\boldsymbol{\alpha}_2,\cdots,\boldsymbol{\alpha}_n$ 与 $\boldsymbol{\beta}_1,\boldsymbol{\beta}_2,\cdots,\boldsymbol{\beta}_n$ 是线性空间 V_n 中的两个基，由基 $\boldsymbol{\alpha}_1,\boldsymbol{\alpha}_1,\cdots,\boldsymbol{\alpha}_n$ 到 $\boldsymbol{\beta}_1,\boldsymbol{\beta}_2,\cdots,\boldsymbol{\beta}_n$ 的过渡矩阵为 P，V_n 中线性变换 T 在两个基下矩阵分别为 A 和 B，则 $B=P^{-1}AP$.

证 按定理的假设，有

$$(\boldsymbol{\beta}_1,\boldsymbol{\beta}_2,\cdots,\boldsymbol{\beta}_n)=(\boldsymbol{\alpha}_1,\boldsymbol{\alpha}_2,\cdots,\boldsymbol{\alpha}_n)P$$

及

$$T(\boldsymbol{\alpha}_1,\boldsymbol{\alpha}_2,\cdots,\boldsymbol{\alpha}_n)=(\boldsymbol{\alpha}_1,\boldsymbol{\alpha}_2,\cdots,\boldsymbol{\alpha}_n)A,$$
$$T(\boldsymbol{\beta}_1,\boldsymbol{\beta}_2,\cdots,\boldsymbol{\beta}_n)=(\boldsymbol{\beta}_1,\boldsymbol{\beta}_2,\cdots,\boldsymbol{\beta}_n)B.$$

于是

$$T(\boldsymbol{\beta}_1,\boldsymbol{\beta}_2,\cdots,\boldsymbol{\beta}_n)=(\boldsymbol{\beta}_1,\boldsymbol{\beta}_2,\cdots,\boldsymbol{\beta}_n)B=(\boldsymbol{\alpha}_1,\boldsymbol{\alpha}_2,\cdots,\boldsymbol{\alpha}_n)PB,$$

及

$$T(\boldsymbol{\beta}_1,\boldsymbol{\beta}_2,\cdots,\boldsymbol{\beta}_n)=T(\boldsymbol{\alpha}_1,\boldsymbol{\alpha}_2,\cdots,\boldsymbol{\alpha}_n)P=(\boldsymbol{\alpha}_1,\boldsymbol{\alpha}_2,\cdots,\boldsymbol{\alpha}_n)AP.$$

从而

$$(\boldsymbol{\alpha}_1,\boldsymbol{\alpha}_2,\cdots,\boldsymbol{\alpha}_n)PB=(\boldsymbol{\alpha}_1,\boldsymbol{\alpha}_2,\cdots,\boldsymbol{\alpha}_n)AP.$$

由于 $\boldsymbol{\alpha}_1,\boldsymbol{\alpha}_2,\cdots,\boldsymbol{\alpha}_n$ 线性无关，故 $PB=AP$，即 $B=P^{-1}AP$.

这个定理表明，同一个线性变换在不同的基下的矩阵是相似的.

例 7　设 V_2 中的线性变换 T 在基 $\boldsymbol{\alpha}_1,\boldsymbol{\alpha}_2$ 下的矩阵为

$$A=\begin{bmatrix}a_{11} & a_{12}\\ a_{21} & a_{22}\end{bmatrix},$$

求 T 在基 $\boldsymbol{\alpha}_2,\boldsymbol{\alpha}_1$ 下的矩阵.

解　$(\boldsymbol{\alpha}_2,\boldsymbol{\alpha}_1)=(\boldsymbol{\alpha}_1,\boldsymbol{\alpha}_2)\begin{bmatrix}0 & 1\\ 1 & 0\end{bmatrix}$，即 $P=\begin{bmatrix}0 & 1\\ 1 & 0\end{bmatrix}$，求得 $P^{-1}=\begin{bmatrix}0 & 1\\ 1 & 0\end{bmatrix}$，于是 T 在基 $\boldsymbol{\alpha}_2,\boldsymbol{\alpha}_1$ 下的矩阵为

$$B=P^{-1}AP=\begin{bmatrix}0 & 1\\ 1 & 0\end{bmatrix}\begin{bmatrix}a_{11} & a_{12}\\ a_{21} & a_{22}\end{bmatrix}\begin{bmatrix}0 & 1\\ 1 & 0\end{bmatrix}=\begin{bmatrix}a_{22} & a_{21}\\ a_{12} & a_{11}\end{bmatrix}.$$

习　题　6

1. 验证下列集合对于所指的运算是否能构成线性空间：

(1) 次数等于 $n(n\geqslant 1)$ 的实系数多项式的集合对于多项式的加法与数乘；

(2) n 阶实对称矩阵的全体，对于矩阵的加法和实数的数乘运算；

(3) 二元实数集合 $\mathbf{R}^2=\{(a,b)\mid a,b\in\mathbf{R}\}$，对于运算

$$(a_1,b_1)\oplus(a_2,b_2)=(a_1+a_2,b_1+b_2),$$
$$k\cdot(a,b)=(ka,b).$$

2. 下列集合是否为所给线性空间的子空间：

(1) 线性空间 $\mathbf{R}^n$ 中的子集合

$$V=\{(x_1,x_2,\cdots,x_n)\mid x_1\cdot x_2=0,x_i\in\mathbf{R}\};$$

(2) 线性空间 $\mathbf{R}^{2\times 2}$ 的子集合 $V=\left\{\begin{bmatrix}a & b\\ 0 & 0\end{bmatrix}\middle| a,b\in\mathbf{R}\right\}$.

3. 证明：

$$\boldsymbol{\alpha}_1=\begin{bmatrix}1 & 1\\ 1 & 1\end{bmatrix},\quad \boldsymbol{\alpha}_2=\begin{bmatrix}0 & -1\\ 1 & 0\end{bmatrix},\quad \boldsymbol{\alpha}_3=\begin{bmatrix}1 & -1\\ 0 & 0\end{bmatrix},\quad \boldsymbol{\alpha}_4=\begin{bmatrix}1 & 0\\ 0 & 0\end{bmatrix}$$

是线性空间 $\mathbf{R}^{2\times 2}$ 的基，并求 $\boldsymbol{\beta}=\begin{bmatrix}2 & 3\\ 4 & 7\end{bmatrix}$ 在此基下的坐标.

4. 在 $\mathbf{R}^3$ 中,求向量 $\boldsymbol{\alpha}=(3,7,1)$ 在基 $\boldsymbol{\alpha}_1=(1,3,5)$,$\boldsymbol{\alpha}_2=(6,3,2)$,$\boldsymbol{\alpha}_3=(3,1,0)$ 下的坐标.

5. 在 $\mathbf{R}^3$ 中,已知向量 $\boldsymbol{\alpha}$ 在基 $\boldsymbol{\alpha}_1=(1,1,0)$,$\boldsymbol{\alpha}_2=(1,1,1)$,$\boldsymbol{\alpha}_3=(1,0,1)$ 下的坐标为 $(2,1,0)'$,向量 $\boldsymbol{\beta}$ 在基 $\boldsymbol{\beta}_1=(1,0,0)$,$\boldsymbol{\beta}_2=(0,1,-1)$,$\boldsymbol{\beta}_3=(0,1,1)$ 下的坐标为 $(0,-1,1)'$,求:

(1) 由基 $\boldsymbol{\alpha}_1,\boldsymbol{\alpha}_2,\boldsymbol{\alpha}_3$ 到基 $\boldsymbol{\beta}_1,\boldsymbol{\beta}_2,\boldsymbol{\beta}_3$ 的过渡矩阵;

(2) 向量 $\boldsymbol{\alpha}+\boldsymbol{\beta}$ 在基 $\boldsymbol{\alpha}_1,\boldsymbol{\alpha}_2,\boldsymbol{\alpha}_3$ 下的坐标.

6. 在 $\mathbf{R}^4$ 中给定两个基:

$\boldsymbol{\alpha}_1=(1,1,1,1)$,$\boldsymbol{\alpha}_2=(1,1,-1,-1)$,$\boldsymbol{\alpha}_3=(1,-1,1,-1)$,$\boldsymbol{\alpha}_4=(1,-1,-1,1)$;

$\boldsymbol{\beta}_1=(1,1,0,1)$,$\boldsymbol{\beta}_2=(2,1,3,1)$,$\boldsymbol{\beta}_3=(1,1,0,0)$,$\boldsymbol{\beta}_4=(0,1,-1,-1)$.

求:

(1) 由基 $\boldsymbol{\alpha}_1,\boldsymbol{\alpha}_2,\boldsymbol{\alpha}_3,\boldsymbol{\alpha}_4$ 到 $\boldsymbol{\beta}_1,\boldsymbol{\beta}_2,\boldsymbol{\beta}_3,\boldsymbol{\beta}_4$ 的过渡矩阵;

(2) 向量 $\boldsymbol{\alpha}_1=(1,0,0,-1)$ 在基 $\boldsymbol{\beta}_1,\boldsymbol{\beta}_2,\boldsymbol{\beta}_3,\boldsymbol{\beta}_4$ 下的坐标.

7. 判定下列变换哪些是线性的,哪些不是?

(1) 在 $\mathbf{R}^3$ 中,$T(x_1,x_2,x_3)=(x_1^2,x_2+x_3,x_3^2)$;

(2) 在 $P[x]_n$ 中,$T[f(x)]=f(x+1)$;

(3) 在 $\mathbf{R}^n$ 中,$T(\boldsymbol{\alpha})=\boldsymbol{\alpha}_0$,其中 $\boldsymbol{\alpha}_0$ 为 $\mathbf{R}^n$ 中一个固定向量.

8. 求下列线性变换在指定基下的矩阵:

(1) 在 $\mathbf{R}^3$ 中,取基 $\boldsymbol{\varepsilon}_1=(1,0,0)$,$\boldsymbol{\varepsilon}_2=(0,1,0)$,$\boldsymbol{\varepsilon}_3=(0,0,1)$,且 $T(x_1,x_2,x_3)=(2x_1-x_2,x_2+x_3,x_1)$,求 T 在基 $\boldsymbol{\varepsilon}_1,\boldsymbol{\varepsilon}_2,\boldsymbol{\varepsilon}_3$ 下的矩阵;

(2) 在 $\mathbf{R}^3$ 中,取基 $\boldsymbol{\alpha}_1=(-1,0,2)$,$\boldsymbol{\alpha}_2=(0,1,1)$,$\boldsymbol{\alpha}_3=(3,-1,0)$,且 $T(\boldsymbol{\alpha}_1)=(-5,0,3)$,$T(\boldsymbol{\alpha}_2)=(0,-1,6)$,$T(\boldsymbol{\alpha}_3)=(-5,-1,9)$,求 T 在基 $\boldsymbol{\alpha}_1,\boldsymbol{\alpha}_2,\boldsymbol{\alpha}_3$ 下的矩阵.

9. 在 $\mathbf{R}^3$ 中,设 $T(x_1,x_2,x_3)=(2x_1+x_2,2x_2+x_3,x_3)$.

(1) 证明:T 是线性变换;

(2) 求 T 在基 $\boldsymbol{\alpha}_1=(1,0,0)$,$\boldsymbol{\alpha}_2=(1,1,0)$,$\boldsymbol{\alpha}_3=(1,1,1)$ 下的矩阵;

(3) 若向量 $\boldsymbol{\alpha}$ 在基 $\boldsymbol{\alpha}_1,\boldsymbol{\alpha}_2,\boldsymbol{\alpha}_3$ 下的坐标为 $(1,2,3)$,试求 $\boldsymbol{\alpha}$ 的像 $T(\boldsymbol{\alpha})$ 在该基下的坐标.

10. 取定矩阵 $A,B\in P^{n\times n}$,对 $\forall x\in P^{n\times n}$,定义 $P^{n\times n}$ 中的变换 T 为

$$Tx=Ax+B.$$

证明:当 $B\neq 0$ 时,T 不是 $P^{n\times n}$ 的线性变换;当 $B=0$ 时,T 是 $P^{n\times n}$ 的一个线性变换.

11. 设 $V_3=\left\{\begin{bmatrix}x_1 & x_2\\ x_2 & x_3\end{bmatrix}\middle| x_1,x_2,x_3\in\mathbf{R}\right\}$，在 V_3 中取一个基：$A_1=\begin{bmatrix}1 & 0\\ 0 & 0\end{bmatrix}$，$A_2=\begin{bmatrix}0 & 1\\ 1 & 0\end{bmatrix}$，$A_3=\begin{bmatrix}0 & 0\\ 0 & 1\end{bmatrix}$，在 V_3 中定义变换 T 为

$$T(A)=\begin{bmatrix}1 & 0\\ 1 & 1\end{bmatrix}A\begin{bmatrix}1 & 1\\ 1 & 1\end{bmatrix}.$$

求 T 在基 A_1,A_2,A_3 下的矩阵.

第 7 章　矩阵理论与方法的应用

矩阵的理论与方法是线性代数的重要内容之一，它已成为处理和研究工程技术、经济活动分析等问题的有力工具. 本章主要讨论如何利用矩阵方法处理微积分中的某些问题；作为线性代数在经济活动分析中的应用，本章还将对投入产出数学模型作简单介绍.

7.1　矩阵方法在微积分中的应用

微积分中的某些内容，如果用矩阵的理论来处理，会使运算过程简化，使用起来也十分方便. 本节重点讨论矩阵方法在多元函数微分、多元函数求极值及重积分计算中的应用.

7.1.1　复合函数偏导数的矩阵表示

多元复合函数求偏导数是微积分中的重要内容，在求复合函数高阶偏导数时很容易出现运算上的错误，这是多元函数微分学中的学习难点. 如果将矩阵的方法引入其中，并把矩阵看作是能进行微分运算的形式符号，则会得到便于记忆的结论，运算过程也不易出错.

设 $z=f(u_1,u_2,\cdots,u_m)$ 为 m 元函数，其中

$$u_j = u_j(x_1,x_2,\cdots,x_n)\ (j = 1,2,\cdots,m).$$

记

$$Df(\boldsymbol{u}) = \begin{bmatrix}\frac{\partial f}{\partial u_1} & \frac{\partial f}{\partial u_2} \cdots & \frac{\partial f}{\partial u_m}\end{bmatrix}$$

为 $1\times m$ 矩阵，

$$\frac{\partial}{\partial x_i}\begin{bmatrix}u_1\\u_2\\\vdots\\u_m\end{bmatrix}=\begin{bmatrix}\frac{\partial u_1}{\partial x_i}\\\vdots\\\frac{\partial u_m}{\partial x_i}\end{bmatrix}\quad(i=1,2,\cdots,n)$$

为 $m\times 1$ 阶矩阵，则有下面结论成立.

定理 7.1.1　设函数 $u_j(x_1,x_2,\cdots,x_n)$在$(x_1,x_2,\cdots,x_n)$点对各变量 $x_i(i=1,2,\cdots,n)$的偏导数存在，函数 $z=f(u_1,u_2,\cdots,u_m)$在对应点$(u_1,u_2,\cdots,u_m)$处存在

连续偏导数，则复合函数

$$z=f[u_1(\boldsymbol{x}),u_2(\boldsymbol{x}),\cdots,u_m(\boldsymbol{x})]$$

在 $\boldsymbol{x}=(x_1,x_2,\cdots,x_n)$ 点对各 x_i 的偏导数$\frac{\partial z}{\partial x_i}$存在，且有

$$\frac{\partial z}{\partial x_i}=Df(u)\cdot\frac{\partial}{\partial x_i}\begin{bmatrix}u_1\\u_2\\\vdots\\u_m\end{bmatrix}=\begin{bmatrix}\frac{\partial f}{\partial u_1} & \cdots & \frac{\partial f}{\partial u_m}\end{bmatrix}\begin{bmatrix}\frac{\partial u_1}{\partial x_i}\\\vdots\\\frac{\partial u_m}{\partial x_i}\end{bmatrix}\quad(i=1,2,\cdots,n).$$

将微积分中一般的链式法则引入上面记号便得该定理结论. 证明过程略.

例 1　设 $u=f(yz,xz,xy)$，其中 f 具有二阶连续偏导数. 计算$\frac{\partial^2 u}{\partial x\partial z}$.

解　由定理 7.1.1 知

$$\frac{\partial u}{\partial x}=Df\cdot\frac{\partial}{\partial x}\begin{bmatrix}yz\\xz\\xy\end{bmatrix}=[f_1\quad f_2\quad f_3]\begin{bmatrix}0\\z\\y\end{bmatrix}=zf_2+yf_3.$$

于是

$$\begin{aligned}\frac{\partial^2 u}{\partial x\partial z}&=\frac{\partial}{\partial z}(zf_2+yf_3)=f_2+z\frac{\partial f_2}{\partial z}+y\frac{\partial f_3}{\partial z}\\&=f_2+z[f_{21}\quad f_{22}\quad f_{23}]\begin{bmatrix}y\\x\\0\end{bmatrix}+y[f_{31}\quad f_{32}\quad f_{33}]\begin{bmatrix}y\\x\\0\end{bmatrix}\\&=f_2+yzf_{21}+xzf_{22}+y^2f_{31}+xyf_{32}.\end{aligned}$$

在链式法则中，当中间变量有多个而自变量只有一个时，例如 $u=f(x,y,z)$，$x=x(t)$，$y=y(t)$，$z=z(t)$，则复合函数 $u=f[x(t),y(t),z(t)]$的导数为

$$\frac{\mathrm{d}u}{\mathrm{d}t}=Df(u)\cdot\begin{bmatrix}\frac{\mathrm{d}x}{\mathrm{d}t}\\\frac{\mathrm{d}y}{\mathrm{d}t}\\\frac{\mathrm{d}z}{\mathrm{d}t}\end{bmatrix}=Df(u)\cdot\mathrm{d}\boldsymbol{r}',$$

其中 $\boldsymbol{r}=[x(t)\quad y(t)\quad z(t)]$，$\mathrm{d}\boldsymbol{r}=\begin{bmatrix}\frac{\mathrm{d}x}{\mathrm{d}t} & \frac{\mathrm{d}y}{\mathrm{d}t} & \frac{\mathrm{d}z}{\mathrm{d}t}\end{bmatrix}$.

例 2　设 $u=f(x,y,t)$为可微函数，$x=a\cos t$，$y=a\sin t$，求$\frac{\mathrm{d}u}{\mathrm{d}t}$.

解

$$\frac{\mathrm{d}u}{\mathrm{d}t}=Df(u)\cdot\frac{\mathrm{d}}{\mathrm{d}t}\begin{bmatrix}x\\y\\t\end{bmatrix}=[f_x \quad f_y \quad f_t]\begin{bmatrix}-a\sin t\\a\cos t\\1\end{bmatrix}$$

$$=-af_x\sin t+af_y\cos t+f_t.$$

采用矩阵符号后,复合函数 $z=f[u_1(x),u_2(x),\cdots,u_m(x)]$, $\boldsymbol{x}=(x_1,x_2,\cdots,x_n)$的全微分可表示为

$$\mathrm{d}z=[f_1 \quad f_2 \quad \cdots \quad f_m]\begin{bmatrix}\frac{\partial u_1}{\partial x_1} & \frac{\partial u_1}{\partial x_2} & \cdots & \frac{\partial u_1}{\partial x_n}\\ \frac{\partial u_2}{\partial x_1} & \frac{\partial u_2}{\partial x_2} & \cdots & \frac{\partial u_2}{\partial x_n}\\ \vdots & \vdots & & \vdots\\ \frac{\partial u_m}{\partial x_1} & \frac{\partial u_m}{\partial x_2} & \cdots & \frac{\partial u_m}{\partial x_n}\end{bmatrix}\begin{bmatrix}\mathrm{d}x_1\\ \mathrm{d}x_2\\ \vdots\\ \mathrm{d}x_n\end{bmatrix}.$$

如果把 $u_j=u_j(x_1,x_2,\cdots,x_n)$ ($j=1,2,\cdots,m$)看作是由$(x_1,x_2,\cdots,x_n)$到$(u_1,u_2,\cdots,u_m)$的变换,则变换矩阵为

$$J=\begin{bmatrix}\frac{\partial u_1}{\partial x_1} & \frac{\partial u_1}{\partial x_2} & \cdots & \frac{\partial u_1}{\partial x_n}\\ \frac{\partial u_2}{\partial x_1} & \frac{\partial u_2}{\partial x_2} & \cdots & \frac{\partial u_2}{\partial x_n}\\ \vdots & \vdots & & \vdots\\ \frac{\partial u_m}{\partial x_1} & \frac{\partial u_m}{\partial x_2} & \cdots & \frac{\partial u_m}{\partial x_n}\end{bmatrix}.$$

令 $\mathrm{d}\boldsymbol{x}=[\mathrm{d}x_1 \quad \mathrm{d}x_2 \quad \cdots \quad \mathrm{d}x_n]$,则以上结果可简记为

$$\mathrm{d}z=Df(\boldsymbol{u})\cdot J\cdot \mathrm{d}\boldsymbol{x}'.$$

例 3 设 $u=f(u_1,u_2,u_3)$存在一阶连续偏导数,其中 $u_i=a_ix+b_iy+c_iz$ ($i=1,2,3$),求 $\mathrm{d}u$.

解 因为

$$J=\begin{bmatrix}\frac{\partial u_1}{\partial x} & \frac{\partial u_1}{\partial y} & \frac{\partial u_1}{\partial z}\\ \frac{\partial u_2}{\partial x} & \frac{\partial u_2}{\partial y} & \frac{\partial u_2}{\partial z}\\ \frac{\partial u_3}{\partial x} & \frac{\partial u_3}{\partial y} & \frac{\partial u_3}{\partial z}\end{bmatrix}=\begin{bmatrix}a_1 & b_1 & c_1\\ a_2 & b_2 & c_2\\ a_3 & b_3 & c_3\end{bmatrix},$$

故

$$\mathrm{d}u=Df(u)\cdot J\cdot \mathrm{d}\boldsymbol{x}'$$

$$=[f_1 \quad f_2 \quad f_3]\begin{bmatrix} a_1 & b_1 & c_1 \\ a_2 & b_2 & c_2 \\ a_3 & b_3 & c_3 \end{bmatrix}\begin{bmatrix} \mathrm{d}x \\ \mathrm{d}y \\ \mathrm{d}z \end{bmatrix}$$

$$=\left(\sum_{i=1}^{3} a_i f_i\right)\mathrm{d}x+\left(\sum_{i=1}^{3} b_i f_i\right)\mathrm{d}y+\left(\sum_{i=1}^{3} c_i f_i\right)\mathrm{d}z.$$

7.1.2　多元函数极值与矩阵二次型

多元函数极值的理论是微分学中应用很广泛的内容,但在一般微积分教科书(包括数学分析)中仅对二元函数取极值的充分条件进行讨论,对于两个以上变量的情形不作介绍.若将矩阵与二次型的理论、方法应用于极值研究,会发现两者之间存在着某种联系.对于一般的 n 元函数,我们有下面结论.

定理 7.1.2　设 $z=f(x_1,x_2,\cdots,x_n)$ 为 n 元函数,记 $Df=(f_1\ f_2\cdots f_n)$,$D^2f=D(Df)'$,$\boldsymbol{x}^0=(x_1^0,x_2^0,\cdots,x_n^0)$ 为定义域内的点,$a_{ij}=f_{ij}(x_1^0,x_2^0,\cdots,x_n^0)$ ($i,j=1,2,\cdots,n$),$A=(a_{ij})$ 为 n 阶对称方阵.若在 $\boldsymbol{x}^0$ 点 $Df=0$,则:

(1) 若 A 为正定矩阵,则函数在该点取极小值;

(2) 若 A 为负定矩阵,则函数在该点取极大值;

(3) 若 A 为半正(负)定阵,则函数在该点是否取极值不确定;

(4) 若 A 为不定矩阵,则函数在该点不取极值.

证　由 n 元函数的泰勒公式

$$f(x_1^0+h_1,x_2^0+h_2,\cdots,x_n^0+h_n)-f(x_1^0,x_2^0,\cdots,x_n^0)$$

$$=Df(\boldsymbol{x}^0)\cdot \boldsymbol{h}'+\frac{1}{2}\boldsymbol{h}\cdot D^2f(\boldsymbol{x}^0)\cdot \boldsymbol{h}'+\alpha,$$

其中 $\boldsymbol{h}=(h_1,h_2,\cdots,h_n)$.当 $h_i\to 0$ 时,$\alpha\to 0$ ($i=1,2,\cdots,n$).注意到在 $\boldsymbol{x}^0=(x_1^0,x_2^0,\cdots,x_n^0)$ 点 $Df=Df(\boldsymbol{x}^0)=0$,故上式符号取决于 $H\cdot D^2f(\boldsymbol{x}^0)\cdot H'$ 的符号,由于

$$D^2f(\boldsymbol{x}^0)=D(Df(\boldsymbol{x}^0)')=D(f_1\ f_2\ \cdots\ f_n)'$$

$$=\begin{bmatrix} Df_1 \\ Df_2 \\ \vdots \\ Df_n \end{bmatrix}=\begin{bmatrix} f_{11} & f_{12} & \cdots & f_{1n} \\ f_{21} & f_{22} & \cdots & f_{2n} \\ \vdots & \vdots & & \vdots \\ f_{n1} & f_{n2} & \cdots & f_{nn} \end{bmatrix}$$

$$=\begin{bmatrix} a_{11} & a_{12} & \cdots & a_{1n} \\ a_{21} & a_{22} & \cdots & a_{2n} \\ \vdots & \vdots & & \vdots \\ a_{n1} & a_{n2} & \cdots & a_{nn} \end{bmatrix}=A.$$

从而 $\boldsymbol{h}\cdot D^2f(\boldsymbol{x}^0)\cdot\boldsymbol{h}'=\boldsymbol{h}A\boldsymbol{h}'$. 这是关于 $\boldsymbol{h}=(h_1,h_2,\cdots,h_n)$ 的二次型,由二次型与极值的概念即得上述结论.

定理 7.1.2 表明多元函数在某点的极值问题可归结为在该点对矩阵 A 的正定性判断.

例 4 求函数 $u=x+\dfrac{y^2}{4x}+\dfrac{z^2}{y}+\dfrac{2}{z}$ 的极值.

解
$$Df=\left(1-\frac{y^2}{4x^2}\ \frac{y}{2x}-\frac{z^2}{y^2}\frac{2z}{y}-\frac{2}{z^2}\right),$$

令 $Df=0$,得驻点坐标 $\left(-\dfrac{1}{2},-1,-1\right)$, $\left(\dfrac{1}{2},1,1\right)$.

在 $\left(-\dfrac{1}{2},-1,-1\right)$ 点,求得

$$A=\begin{bmatrix}-4 & 2 & 0\\ 2 & -3 & 2\\ 0 & 2 & -6\end{bmatrix}.$$

容易判断矩阵 A 为负定的,故由定理 7.1.2 知函数在该点取极大值.

在 $\left(\dfrac{1}{2},1,1\right)$ 点,求得矩阵

$$A=\begin{bmatrix}4 & -2 & 0\\ -2 & 3 & -2\\ 0 & -2 & 6\end{bmatrix}.$$

而 A 为正定矩阵,故函数在 $\left(\dfrac{1}{2},1,1\right)$ 点取极小值.

例 5 设 $A=(a_{ij})$ ($i,j=1,2,3$) 为三阶正定(或负定)对称方阵,λ 为 A 的一个特征值,则 λ 为二次型函数

$$f(x_1,x_2,x_3)=\sum_{i=1}^{3}\sum_{j=1}^{3}a_{ij}x_ix_j$$

在球面 $x_1^2+x_2^2+x_3^2=1$ 上的最值.

证 由拉格朗日乘数法,取函数

$$F(x_1,x_2,x_3)=f(x_1,x_2,x_3)-\lambda(x_1^2+x_2^2+x_3^2-1).$$

令

$$\begin{cases}F_{x_1}=2(a_{11}x_1+a_{12}x_2+a_{13}x_3-\lambda x_1)=0,\\ F_{x_2}=2(a_{21}x_1+a_{22}x_2+a_{23}x_3-\lambda x_2)=0,\\ F_{x_3}=2(a_{31}x_1+a_{32}x_2+a_{33}x_3-\lambda x_3)=0.\end{cases}\tag{7.1}$$

即

$$\begin{cases}(a_{11}-\lambda)x_1+a_{12}x_2+a_{13}x_3=0,\\ a_{21}x_1+(a_{22}-\lambda)x_2+a_{23}x_3=0,\\ a_{31}x_1+a_{32}x_2+(a_{33}-\lambda)x_3=0.\end{cases}\tag{7.2}$$

由条件 $x_1^2+x_2^2+x_3^2=1$ 知，x_1,x_2,x_3 不同时为零，即(7.2)式有非零解. 故(7.2)式的系数行列式满足

$$\begin{vmatrix}a_{11}-\lambda & a_{12} & a_{13}\\ a_{21} & a_{22}-\lambda & a_{23}\\ a_{31} & a_{32} & a_{33}-\lambda\end{vmatrix}=0.\tag{7.3}$$

(7.3)式表明 λ 是矩阵 A 的特征值. 设方程(7.2)的一个非零解为 (x_1^0,x_2^0,x_3^0)，代入(7.2)式并依次用 x_1^0、x_2^0、x_3^0 乘以方程(7.2)的第一，二，三式后再相加得

$$f(x_1^0,x_2^0,x_3^0)-\lambda[(x_1^0)^2+(x_2^0)^2+(x_3^0)^2]=0.$$

注意到 (x_1^0,x_2^0,x_3^0) 在单位球面上，故

$$f(x_1^0,x_2^0,x_3^0)=\lambda.$$

容易推得 $D^2f=A$，由 A 的正定(或负定)性及定理 7.1.2 知，λ 为二次型函数 $f(x_1,x_2,x_3)$ 在单位球面上的最小(或最大)值.

此结论表明，可以通过正(或负)定二次型函数在单位球面上的最值得到对应矩阵的一个特征值.

例如，对于

$$f(x_1,x_2,x_3)=2x_1^2+3x_2^2+3x_3^2+4x_2x_3$$

在单位球面 $x_1^2+x_2^2+x_3^2=1$ 上的最小值为 $f(1,0,0)=2$，而 $\lambda=2$ 恰好是二次型矩阵

$$A=\begin{bmatrix}2 & 0 & 2\\ 0 & 3 & 0\\ 2 & 0 & 3\end{bmatrix}$$

的一个特征值.

设 $A=(a_{ij})$ 为 n 阶对称正定矩阵，$\boldsymbol{b}=(b_1,b_2,\cdots,b_n)'$ 为 n 维向量，S 为常数，定义函数

$$\begin{aligned}f(X)&=\boldsymbol{x}'A\boldsymbol{x}-2\boldsymbol{x}'\boldsymbol{b}+S\\ &=\sum_{i=1}^{n}\sum_{j=1}^{n}a_{ij}x_ix_j-2\sum_{j=1}^{n}b_jx_j+S.\end{aligned}\tag{7.4}$$

下面求(7.4)式定义的函数的最小值点. 由微分理论可知，函数 $f(\boldsymbol{x})$ 的极值点应满足条件

$$\frac{\partial}{\partial x_k}f(\boldsymbol{x})=0\quad(k=1,2,\cdots,n).\tag{7.5}$$

由于

$$\begin{aligned}\boldsymbol{x}'A\boldsymbol{x} &= \sum_{i=1}^{n}\sum_{j=1}^{n}a_{ij}x_ix_j \\ &= a_{kk}x_k^2 + \sum_{j\neq k}a_{kj}x_kx_j + \sum_{i\neq k}a_{ik}x_kx_i + (\text{不含 } x_k \text{ 的项}).\end{aligned}$$

从而

$$\begin{aligned}\frac{\partial}{\partial x_k}(\boldsymbol{x}'A\boldsymbol{x}) &= 2a_{kk}x_k + 2\sum_{j\neq k}a_{kj}x_j \\ &= 2\sum_{j=1}^{n}a_{kj}x_j \quad (k=1,2,\cdots,n).\end{aligned}$$

另有

$$\frac{\partial}{\partial x_k}(\boldsymbol{x}'\boldsymbol{b}) = b_k \quad (k=1,2,\cdots,n).$$

于是

$$\frac{\partial}{\partial x_k}f(\boldsymbol{x}) = 2\sum_{j=1}^{n}a_{kj}x_j - 2b_k \quad (k=1,2,\cdots,n). \tag{7.6}$$

令 $\frac{\partial}{\partial x_k}f(\boldsymbol{x})=0$，则 $\sum_{j=1}^{n}a_{kj}x_j = b_k$，写成矩阵形式，即

$$A\boldsymbol{x} = \boldsymbol{b}. \tag{7.7}$$

因为 A 为正定矩阵，故 A 可逆，方程(7.7)有唯一解

$$\boldsymbol{x}^* = A^{-1}\boldsymbol{b}. \tag{7.8}$$

方程(7.8)只是函数取极值的必要条件，为考察 $\boldsymbol{x}^*$ 是函数(7.4)的极小值点，任取向量 $\boldsymbol{x}$，比较 $f(\boldsymbol{x})$ 与 $f(\boldsymbol{x}^*)$ 的值，令 $\boldsymbol{y}=\boldsymbol{x}-\boldsymbol{x}^*$，即 $\boldsymbol{x}=\boldsymbol{x}^*+\boldsymbol{x}$.

$$\begin{aligned}f(\boldsymbol{x}) &= f(\boldsymbol{x}^*+\boldsymbol{y}) \\ &= (\boldsymbol{x}^*+\boldsymbol{y})'A(\boldsymbol{x}^*+\boldsymbol{y}) - 2(\boldsymbol{x}^*+\boldsymbol{y})'\boldsymbol{b} + S \\ &= \boldsymbol{x}^{*\prime}A\boldsymbol{x}^* + \boldsymbol{y}'A\boldsymbol{y} + \boldsymbol{y}'A\boldsymbol{x}^* + \boldsymbol{x}^{*\prime}A\boldsymbol{y} - 2\boldsymbol{x}^{*\prime}\boldsymbol{b} - 2\boldsymbol{y}'\boldsymbol{b} + S \\ &= (\boldsymbol{x}^{*\prime}A\boldsymbol{x}^* - 2\boldsymbol{x}^{*\prime}\boldsymbol{b} + S) + \boldsymbol{y}'A\boldsymbol{y} + (2\boldsymbol{y}'A\boldsymbol{x}^* - 2\boldsymbol{y}'\boldsymbol{b}) \\ &= f(\boldsymbol{x}^*) + \boldsymbol{y}'A\boldsymbol{y} + 2(\boldsymbol{y}'A\boldsymbol{x}^* - \boldsymbol{y}'\boldsymbol{b}).\end{aligned}$$

由于 $\boldsymbol{x}^*=A^{-1}\boldsymbol{b}$，故

$$\boldsymbol{y}'A\boldsymbol{x}^* - \boldsymbol{y}'\boldsymbol{b} = \boldsymbol{y}'AA^{-1}\boldsymbol{b} - \boldsymbol{y}'\boldsymbol{b} = \boldsymbol{y}'\boldsymbol{b} - \boldsymbol{y}'\boldsymbol{b} = 0.$$

因此得到

$$f(\boldsymbol{x}^*+\boldsymbol{y}) = f(\boldsymbol{x}^*) + \boldsymbol{y}'A\boldsymbol{y}.$$

当 $\boldsymbol{x}\neq\boldsymbol{x}^*$，即 $\boldsymbol{y}\neq\boldsymbol{0}$ 时，由 A 的正定性知 $\boldsymbol{y}'A\boldsymbol{y}>0$，$f(\boldsymbol{x})>f(\boldsymbol{x}^*)$. 故 $\boldsymbol{x}^*=A^{-1}\boldsymbol{b}$ 是函数 $f(\boldsymbol{x})$ 的最小值点，且有

$$
\begin{aligned}
f(\boldsymbol{x}^*) &= \boldsymbol{x}^{*\prime}A\boldsymbol{x}^* - 2\boldsymbol{x}^{*\prime}\boldsymbol{b} + S \\
&= \boldsymbol{b}A^{-1}AA^{-1}\boldsymbol{b} - 2\boldsymbol{b}'A^{-1}\boldsymbol{b} + S = S - \boldsymbol{b}'A^{-1}\boldsymbol{b}.
\end{aligned}
$$

另外,如果矩阵 A 是负定的,则函数

$$f(\boldsymbol{x}) = \boldsymbol{x}'A\boldsymbol{x} - 2\boldsymbol{x}'\boldsymbol{b} + S$$

有唯一的最大值点 $\boldsymbol{x}^* = A^{-1}\boldsymbol{b}$,证明留给读者作为练习.

7.1.3　重积分计算中正交变换的应用

在计算重积分和曲面积分时,常常会遇到把积分化为累次积分后计算过程繁琐的情况. 例如三重积分

$$I = \iiint\limits_{x^2+y^2+z^2\leqslant 1} \cos(x+y+z)\mathrm{d}v$$

化为三次积分

$$I = \int_{-1}^{1}\mathrm{d}x\int_{-\sqrt{1-x^2}}^{\sqrt{1-x^2}}\mathrm{d}y\int_{-\sqrt{1-x^2-y^2}}^{\sqrt{1-x^2-y^2}}\cos(x+y+z)\mathrm{d}z$$

后,计算过程很复杂. 如果把正交变换的方法引入重积分的计算中,注意到正交变换下面积、体积均为不变量,于是在不改变积分区域形状的条件下简化了被积函数,使原积分变得容易计算. 一般地有下面结论.

定理 7.1.3　设 $f(\boldsymbol{x})$为空间有界闭域 Ω 上的连续函数,在正交变换

$$\boldsymbol{y} = \begin{bmatrix} u \\ v \\ w \end{bmatrix} = \begin{bmatrix} a_{11} & a_{12} & a_{13} \\ a_{21} & a_{22} & a_{23} \\ a_{31} & a_{32} & a_{33} \end{bmatrix}\begin{bmatrix} x \\ y \\ z \end{bmatrix} = A\boldsymbol{x}$$

下 Ω 变为Ω',则有

$$\iiint\limits_{\Omega} f(\boldsymbol{x})\mathrm{d}v = \iiint\limits_{\Omega'} f(A'\boldsymbol{y})\mathrm{d}v'.$$

证　由于 $\boldsymbol{y}=A\boldsymbol{x}$,则 $\boldsymbol{x}=A^{-1}\boldsymbol{y}=A'\boldsymbol{y}$,而

$$J = \frac{\partial(x\ y\ z)}{\partial(u\ v\ w)} = |A| = \pm 1.$$

因此 $\mathrm{d}v = |J|\mathrm{d}v' = \mathrm{d}v'$. 所以

$$\iiint\limits_{\Omega} f(\boldsymbol{x})\mathrm{d}v = \iiint\limits_{\Omega'} f(A'\boldsymbol{y})|J|\mathrm{d}v' = \iiint\limits_{\Omega'} f(A'\boldsymbol{y})\mathrm{d}v'.$$

定理的结论很容易推广到多重积分和曲面积分的情形. 利用定理 7.1.3 计算积分的关键是寻找一个合适的正交变换.

例 6　计算

$$\iiint\limits_{x^2+y^2+z^2\leqslant 1} \cos(x+y+z)\mathrm{d}v.$$

解　取正交矩阵

$$A=\begin{bmatrix} \frac{1}{\sqrt{3}} & \frac{1}{\sqrt{3}} & \frac{1}{\sqrt{3}} \\ a_{21} & a_{22} & a_{23} \\ a_{31} & a_{32} & a_{33} \end{bmatrix}.$$

令 $\boldsymbol{y}=A\boldsymbol{x}$，则积分区域 Ω：$x^2+y^2+z^2\leqslant 1$ 变为 Ω'：$u^2+v^2+w^2\leqslant 1$. 且 $x+y+z=\sqrt{3}u$，于是

$$\begin{aligned}\iiint\limits_{\Omega}\cos(x+y+z)\mathrm{d}v&=\iiint\limits_{\Omega'}\cos\sqrt{3}u\mathrm{d}v'\\ &=2\int_0^1\mathrm{d}u\int_0^{2\pi}\mathrm{d}\theta\int_0^{\sqrt{1-u^2}} r\cos\sqrt{3}u\mathrm{d}r\\ &=2\pi\int_0^1(1-u^2)\cos\sqrt{3}u\mathrm{d}u\\ &=\frac{4\sqrt{3}}{9}\pi(\sin\sqrt{3}-\sqrt{3}\cos\sqrt{3}).\end{aligned}$$

本例中正交矩阵 A 只取定了第一行元素，而其余各元素不必具体写出. 显然正交矩阵 A 的选取不唯一.

例 7　设 $f(u)$为连续函数，证明

$$\iiint\limits_{\Omega} f(ax+by+cz)\mathrm{d}v=\pi\int_{-1}^{1}(1-u^2)f(ku)\mathrm{d}u,$$

其中 $k=\sqrt{a^2+b^2+c^2}$，Ω：$x^2+y^2+z^2\leqslant 1$.

证　当 $a=b=c=0$ 时，结论显然成立.

若 a,b,c 不全为零，则取正交矩阵

$$A=\begin{bmatrix} \frac{a}{k} & \frac{b}{k} & \frac{c}{k} \\ a_{21} & a_{22} & a_{23} \\ a_{31} & a_{32} & a_{33} \end{bmatrix}.$$

于是

$$\iiint\limits_{\Omega} f(ax+by+cz)\mathrm{d}v$$

$$= \iiint_{\Omega'} f(ku)\mathrm{d}v' = \int_{-1}^{1}\mathrm{d}u\int_{0}^{2\pi}\mathrm{d}\theta\int_{0}^{\sqrt{1-u^2}} rf(ku)\mathrm{d}r$$

$$= \pi\int_{-1}^{1}(1-u^2)f(ku)\mathrm{d}u.$$

7.2　投入产出数学模型

在经济活动分析中投入多少财力、物力、人力，产出多少社会财富是衡量经济效益高低的主要标志. 投入产出技术正是研究一个经济系统各部门间的“投入”与“产出”关系的数学模型. 这一方法最早是由美国著名的经济学家瓦·列昂捷夫(W. Leontief)提出来的. 目前在世界各国得到了广泛应用，是一个比较成熟的经济分析方法. 作为线性代数在经济活动分析中的应用，本节将介绍关于投入产出数学模型的最基本概念和数学处理方法以及它的简单应用.

7.2.1　投入产出数学模型的概念

任何一项经济活动都必须有一定的投入，相应地也会有一定的产出. 所谓投入是指从事一项经济活动的消耗，而产出是指从事经济活动的结果. 通过编制投入产出表，运用线性代数工具建立数学模型，从而揭示国民经济各部门、再生产各环节之间的内在联系，并据此进行经济分析、预测和安排预算计划. 投入产出法是有着广泛应用的经济数学方法，这种模型的种类很多，按计量单位的不同可分为价值型投入产出数学模型和实物型投入产出数学模型两大类. 价值型投入产出表通常采用货币单位编制. 本节中我们主要以价值型为例介绍投入产出表.

在经济活动中，每个部门一方面作为生产部门以自己的产品分配给其他部门作为投入或产出满足居民、社会的非生产消费需要，并提供积累和出口等；另一方面，作为消耗部门在生产过程中也要消耗本部门与其他部门的产品或进口物资等. 将各部门依次编号为 $1,2,\cdots,n$，把 n 个部门的产出列成一个表，如表 7.1，这种表称为投入产出表.

表 7.1

流量　　产出 投入		消耗部门	最终需求		总产出
		$1\ \ 2\cdots n$	消费 积累 出口	合计	
生产部门	1	$x_{11}\ x_{12}\cdots x_{1n}$		y_1	x_1
	2	$x_{21}\ x_{22}\cdots x_{2n}$		y_2	x_2
	$\vdots$	$\vdots\ \ \vdots\ \ \vdots$		$\vdots$	$\vdots$
	n	$x_{n1}\ x_{n2}\cdots x_{nn}$		y_n	x_n

续表

流量 产出 投入		消耗部门	最终需求		总产出
		1 2 … n	消费 积累 出口	合计	
新创价值	工 资	$v_1\ v_2 \cdots v_n$			
	纯收入	$m_1\ m_2 \cdots m_n$			
	合 计	$z_1\ z_2 \cdots z_n$			
总投入		$x_1\ x_2 \cdots x_n$			

投入产出表描述了各经济部门在某个时期的投入产出情况. 它的行表示某部门的产出;列表示某部门的投入. 例如表 7.1 中第一行 x_1 表示部门 1 的总产出水平,x_{11}为本部门的使用量,x_{1j} ($j=1,2,\cdots,n$)为部门 1 提供给部门 j 的使用量,各部门的供给最终需求(包括居民消耗、政府使用、出口和社会储备等)为 y_j($j=1,2,\cdots,n$). 这几个方面投入的总和代表了各个部门在这个时期的总产出水平.

第 1 列表示部门 1 的总投入. x_{11}为部门 1 对自身的投入,x_{i1}($i=1,2,\cdots,n$)为部门 i 对部门 1 的投入.

投入产出表中前 n 行 n 列是生产部门间的投入产出,这些投入都转化为产品,因此称这些部门为中间部门,这些数量称为中间使用. 第 $n+1$ 列的数量不能参加本期生产周转,不能转化为产品,换句话说它是消耗,故称最终需求;而第 $n+1$ 行是生产部门的净产值,也称新创造的价值或增值,它包括工资、利润、税收等,它反映"国民收入".

我们可以把投入产出表划分为 4 部分. 第一部分(即中间使用部分)是由几个物资生产部门交叉组成,反映了国民经济物资生产部门的生产技术和经济联系,这一部分是投入产出表的核心部分. 第二部分(即最终需求部分)反映了各部门的最终产品按使用价值的最终使用情况,或者说反映了国民经济中的经济联系. 第三部分(增值部分)是第一部分在竖直方向的延伸,反映了各部门的新创造价值,同时也反映出固定资产的折旧价值. 表中第四部分(空白部分)是第二部分在竖直方向的延伸,从性质上讲主要反映国民收入的再分配过程,目前对这一部分的研究还不充分,因此我们不准备去讨论它.

投入产出反映的基本平衡关系是,从左到右:

$$\text{中间需求} + \text{最终需求} = \text{总产出}. \tag{7.9}$$

从上到下:

$$\text{中间消耗} + \text{净产值} = \text{总投入}. \tag{7.10}$$

投入产出模型基本上就是上述平衡等式的线性方程体系.

由平衡关系式(7.9)得下列一组平衡关系式

$$\begin{cases} x_{11}+x_{12}+\cdots+x_{1n}+y_1=x_1, \\ x_{21}+x_{22}+\cdots+x_{2n}+y_2=x_2, \\ \cdots\cdots\cdots\cdots \\ x_{n1}+x_{n2}+\cdots+x_{nn}+y_n=x_n. \end{cases} \tag{7.11}$$

$$\sum_{j=1}^{n} x_{ij}+y_i=x_i \quad (i=1,2,\cdots,n). \tag{7.12}$$

称方程(7.11)或(7.12)为产出平衡方程组,也称为分配平衡方程组.方程可改写为以下形式

$$x_i-\sum_{j=1}^{n} x_{ij}=y_i \quad (i=1,2,\cdots,n). \tag{7.13}$$

称方程(7.13)为需求平衡方程组.

根据平衡关系式(7.10)可得下列关系式

$$\begin{cases} x_{11}+x_{21}+\cdots+x_{n1}+z_1=x_1, \\ x_{12}+x_{22}+\cdots+x_{n2}+z_2=x_2, \\ \cdots\cdots\cdots\cdots \\ x_{1n}+x_{2n}+\cdots+x_{nn}+z_n=x_n. \end{cases} \tag{7.14}$$

或简写为

$$\sum_{i=1}^{n} x_{ij}+z_j=x_j \quad (j=1,2,\cdots,n). \tag{7.15}$$

方程(7.14)或(7.15)称为**投入平衡方程组**,也称为**消耗平衡方程组**.

注意到方程(7.12)或(7.15),我们有

$$\sum_{i=1}^{n} x_{ik}+z_k=\sum_{j=1}^{n} x_{kj}+y_k=x_k \quad (k=1,2,\cdots,n).$$

但是一般地 $\sum_{i=1}^{n} x_{ik} \neq \sum_{j=1}^{n} x_{kj}$,故 $y_k \neq z_k (k=1,2,\cdots,n)$.尽管第 k 部门的总产出与总投入都是 x_k,但该部门的最终需求与净产值未必相等.

另外根据(7.11)、(7.14)两式,我们有

$$\sum_{i=1}^{n} y_i=\sum_{j=1}^{n} z_j. \tag{7.16}$$

这表明就整个国民经济来讲,用于非生产的消费、积累、储备和出口等方面产品的总价值与整个国民经济净产值的总和相等.

7.2.2 直接消耗系数

在投入产出表中,最基本的是第一部分,它反映了国民经济各部门之间的直接

消耗情况.这种直接消耗,主要是由生产技术、设备状况和组织管理水平决定的.在短期内具有相对稳定性.为研究这种性质,我们引入直接消耗系数的概念.

定义 7.2.1 第 j 部门生产单位价值所消耗第 i 部门的价值量称为第 j 部门对第 i 部门的**直接消耗系数**.记作 a_{ij} $(i,j=1,2,\cdots,n)$.

由定义立即得

$$a_{ij}=\frac{x_{ij}}{x_j}\quad(i,j=1,2,\cdots,n).\tag{7.17}$$

把投入产出表中的各个中间需求 x_{ij} 换成相应的 a_{ij} 后得到的数表称为直接消耗系数表.并称 n 阶矩阵 $A=(a_{ij})$ 为直接消耗系数矩阵.

显然,直接消耗系数 a_{ij} 的数值越大,说明部门 j 对部门 i 的联系越密切;a_{ij} 的数值越小,说明部门 j 对部门 i 的联系越松散,当 $a_{ij}=0$ 时,说明两部门间没有直接的生产与分配联系.

例 1 已知某经济系统在一个生产周期内投入产出情况如表 7.2,试求直接消耗系数矩阵.

表 7.2

产出 / 投入		中间消耗			最终需求	总产出
		1	2	3		
中间投入	1	100	25	30		400
	2	80	50	30		250
	3	40	25	60		300
净产值						
总投入		400	250	300		

解 由直接消耗系数的定义 $a_{ij}=\dfrac{x_{ij}}{x_j}$,得直接消耗系数矩阵

$$A=\begin{bmatrix}0.25 & 0.10 & 0.10\\0.20 & 0.20 & 0.10\\0.10 & 0.10 & 0.20\end{bmatrix}.$$

直接消耗系数 $a_{ij}(i,j=1,2,\cdots,n)$ 具有下面重要性质.

性质 7.2.1 $0\leqslant a_{ij}\leqslant 1(i,j=1,2,\cdots,n)$.

证 因为 $0\leqslant x_{ij}<x_j$,所以 $0\leqslant\dfrac{x_{ij}}{x_j}<1$,即

$$0\leqslant a_{ij}\leqslant 1\quad(i,j=1,2,\cdots,n).$$

性质 7.2.2　$\sum_{i=1}^{n} a_{ij} \leqslant 1 (j=1,2,\cdots,n)$.

证　由方程(7.15)知

$$\sum_{i=1}^{n} x_{ij} + z_j = x_j \quad (j=1,2,\cdots,n).$$

两端同除以 x_j,得

$$\sum_{i=1}^{n} a_{ij} + \frac{z_j}{x_j} = 1.$$

又因为 $x_j > 0, z_j > 0$,故有

$$\sum_{i=1}^{n} a_{ij} < 1 \quad (j=1,2,\cdots,n).$$

由直接消耗系数的定义有 $x_{ij} = a_{ij}x_j$,将此式代入式(7.11)得

$$\begin{cases} a_{11}x_1 + a_{12}x_2 + \cdots + a_{1n}x_n + y_1 = x_1, \\ a_{21}x_1 + a_{22}x_2 + \cdots + a_{2n}x_n + y_2 = x_2, \\ \cdots\cdots\cdots\cdots \\ a_{n1}x_1 + a_{n2}x_2 + \cdots + a_{nn}x_n + y_n = x_n. \end{cases} \tag{7.18}$$

令 $\boldsymbol{x} = (x_1\ x_2 \cdots\ x_n)'$, $\boldsymbol{y} = (y_1\ y_2 \cdots\ y_n)'$. (7.18)式可表示为

$$A\boldsymbol{x} + \boldsymbol{y} = \boldsymbol{x}$$

或

$$(E - A)\boldsymbol{x} = \boldsymbol{y}. \tag{7.19}$$

称矩阵 $E-A$ 为**列昂捷夫矩阵**.

类似地把 $x_{ij} = a_{ij}x_j$ 代入平衡方程(7.14)得到

$$\begin{cases} a_{11}x_1 + a_{21}x_1 + \cdots + a_{n1}x_1 + z_1 = x_1, \\ a_{12}x_2 + a_{22}x_2 + \cdots + a_{n2}x_2 + z_2 = x_2, \\ \cdots\cdots\cdots\cdots \\ a_{1n}x_n + a_{2n}x_n + \cdots + a_{nn}x_n + z_n = x_n. \end{cases} \tag{7.20}$$

写成矩阵形式为

$$\boldsymbol{x} = D\boldsymbol{x} + \boldsymbol{z} \quad 或 \quad (E - D)\boldsymbol{x} = \boldsymbol{z}. \tag{7.21}$$

其中 $D = \operatorname{diag}\left(\sum_{i=1}^{n} a_{i1}\ \sum_{i=1}^{n} a_{i2} \cdots\ \sum_{i=1}^{n} a_{in}\right)$, $\boldsymbol{z} = (z_1, z_2, \cdots, z_n)'$.

在方程 $\sum_{i=1}^{n} a_{ij}x_j + z_j = x_j \quad (j=1,2,\cdots,n)$ 中只有 x_j 和 z_j 两个未知数,若其中一个为已知时,可求得另一个. 当 x_j 为已知时有

$$z_j = (1 - \sum_{i=1}^{n} a_{ij}) x_j.$$

若 z_j 已知时,则

$$x_j = \frac{z_j}{1 - \sum_{i=1}^{n} a_{ij}}.$$

由方程(7.21)可得

$$\boldsymbol{x} = (E - D)^{-1}\boldsymbol{z} \quad 或 \quad \boldsymbol{z} = (E - D)\boldsymbol{x}.$$

方程(7.18)中有 n 个方程,$2n$ 个变量 $x_1, x_2, \cdots, x_n$ 与 $y_1, y_2, \cdots, y_n$. 若各部门的总产出 $x_1, x_2, \cdots, x_n$ 为已知,则可求得最终需求

$$y_i = x_i - \sum_{j=1}^{n} a_{ij} x_j \quad (i = 1, 2, \cdots, n).$$

如果各部门的最终需求 $y_1, y_2, \cdots, y_n$ 为已知,则通过求解方程组(7.18)求出各部门的总产出 $x_1, x_2, \cdots, x_n$. 或者求解方程(7.19)而得,关于方程(7.19),我们有如下结论.

定理 7.2.1 列昂捷夫矩阵 $E-A$ 是可逆的.

证 反证法. 假设 $E-A$ 不可逆,即 $|E-A|=0$,则

$$|E - A'| = |E - A| = 0,$$

从而齐次线性方程组

$$(E - A')\boldsymbol{x} = \boldsymbol{0}$$

有非零解 $x_1, x_2, \cdots, x_n$,记 $|x_k| = \max\limits_{1 \leqslant i \leqslant n}\{|x_i|\}$. 考虑第 k 个方程

$$-a_{1k}x_1 - \cdots - a_{k-1\,k}x_{k-1} + (1 - a_{kk})x_k - \cdots - a_{nk}x_n = 0.$$

或写为

$$(1 - a_{kk})x_k = a_{1k}x_1 + \cdots + a_{k-1\,k}x_{k-1} + a_{k+1\,k}x_{k+1} + \cdots + a_{nk}x_n.$$

因为 $0 \leqslant a_{ij} \leqslant 1$,于是

$$\begin{aligned} &|(1 - a_{kk})||x_k| \\ &= |a_{1k}x_1 + \cdots + a_{k-1\,k}x_{k-1} + a_{k+1\,k}x_{k+1} + \cdots + a_{nk}x_n| \\ &\leqslant a_{1k}|x_1| + \cdots + a_{k-1\,k}|x_{k-1}| + a_{k+1k}|x_{k+1}| + \cdots + a_{nk}|x_n|. \end{aligned}$$

从而(注意到 $|x_k| \neq 0$)

$$\begin{aligned} &(1 - a_{kk}) \\ &\leqslant a_{1k}\frac{|x_1|}{|x_k|} + \cdots + a_{k-1\,k}\frac{|x_{k-1}|}{|x_k|} + a_{k+1\,k}\frac{|x_{k+1}|}{|x_k|} + \cdots + a_{nk}\frac{|x_n|}{|x_k|} \\ &\leqslant a_{1k} + \cdots + a_{k-1\,k} + a_{k+1\,k} + \cdots + a_{nk}. \end{aligned}$$

即

$$1 \leqslant a_{1k} + \cdots + a_{k-1\,k} + a_{kk} + a_{k+1\,k} + \cdots + a_{nk}.$$

这与性质 7.2.2 $\sum_{i=1}^{n} a_{ij} < 1$ 相矛盾.假设不成立,因此,$E-A$ 是可逆的.

由定理 7.2.1 知,对于给定的 $\boldsymbol{y}=(y_1, y_2, \cdots, y_n)'$,方程(7.19)存在唯一解 $\boldsymbol{x}$.

例 2　设某工厂有三个车间,在某一个生产周期内各车间之间的直接消耗系数及最终需求如表 7.3,求各车间的总产值.

表 7.3

直耗系数 车间 \ 车间	Ⅰ	Ⅱ	Ⅲ	最终需求
Ⅰ	0.25	0.1	0.1	235
Ⅱ	0.2	0.2	0.1	125
Ⅲ	0.1	0.1	0.2	210

解

$$E-A=\begin{bmatrix} 0.75 & -0.1 & -0.1 \\ -0.2 & 0.8 & -0.1 \\ -0.1 & -0.1 & 0.8 \end{bmatrix},$$

容易求得

$$(E-A)^{-1}=\frac{1}{0.4455}\begin{bmatrix} 0.63 & 0.09 & 0.09 \\ 0.17 & 0.59 & 0.095 \\ 0.1 & 0.085 & 0.58 \end{bmatrix},$$

所以

$$\begin{aligned} \boldsymbol{x} &= (E-A)^{-1}\boldsymbol{y} \\ &= \frac{1}{0.4455}\begin{bmatrix} 0.63 & 0.09 & 0.09 \\ 0.17 & 0.59 & 0.095 \\ 0.1 & 0.085 & 0.58 \end{bmatrix}\begin{bmatrix} 235 \\ 125 \\ 210 \end{bmatrix} = \begin{bmatrix} 400 \\ 300 \\ 350 \end{bmatrix}, \end{aligned}$$

即三个车间的总产值分别为 400,300,350.

定理 7.2.2　方程$(E-D)\boldsymbol{x}=\boldsymbol{z}$ 的系数矩阵 $E-D$ 是可逆的.

证　因$E-D=\mathrm{diag}\left(1-\sum_{i=1}^{n} a_{i1}\ 1-\sum_{i=1}^{n} a_{i2}\ \cdots\ 1-\sum_{i=1}^{n} a_{in}\right)$. 由性质 7.2.2 知,

$1-\sum_{i=1}^{n} a_{ij} > 0\ (j=1,2,\cdots,n)$,故

$$|E-D|=\prod_{j=1}^{n}(1-\sum_{i=1}^{n}a_{ij})>0.$$

所以 $E-D$ 可逆.

7.2.3 完全消耗系数

直接消耗系数只反映各部门间的直接消耗,不能反映各部门间的间接消耗.由于在国民经济各部门之间除了发生直接联系产生直接消耗外,还存在通过其他部门发生的间接联系,从而产生间接消耗.以煤炭与电力部门为例.在采煤过程中,需要直接消耗电力,煤炭部门与电力部门直接发生联系;但在采煤的同时,还要直接消耗采煤机械、钢材、化工、木材、粮食等产品,而生产这些产品要消耗电力.因此通过机械、冶金、化工、农业等部门对电力的直接消耗,构成了煤炭部门对电力部门的一次间接消耗.同样,在生产采煤机械过程中,除了直接消耗电力外,还要消耗钢材等产品.那么生产钢材等产品中所直接消耗的电力,对采煤机械而言是一次间接消耗,而对采煤来说则是二次间接消耗.依次类推,各部门间的间接消耗形成一个无穷网络.如果能够精确地将部门间的直接消耗与间接消耗计算出来,对于了解各部门间的内在经济联系,对于搞好国民经济综合平衡具有极其重要的意义.为此我们给出如下定义.

定义 7.2.2 第 j 部门生产单位价值量直接和间接消耗的第 i 部门的价值量总和,称为第 j 部门对第 i 部门的**完全消耗系数**.记作 b_{ij} $(i,j=1,2,\cdots,n)$.由 b_{ij} 构成的 n 阶方阵 $B=(b_{ij})$ 称为各部门间的**完全消耗系数矩阵**.

对于完全消耗系数,我们有如下定理.

定理 7.2.3 第 j 部门对第 i 部门的完全消耗系数 b_{ij} 满足方程

$$b_{ij}=a_{ij}+\sum_{k=1}^{n}b_{ik}a_{kj}\quad(i,j=1,2,\cdots,n).\tag{7.22}$$

证 由条件可知,第 j 部门对第 k 部门的直接消耗系数为 a_{kj},第 k 部门对第 i 部门的完全消耗系数为 b_{ik}.于是第 j 部门生产单位产值时,通过部门 k 对部门 i 的间接消耗量为 $a_{kj}b_{ik}$,因此部门 j 通过所有 n 个部门对部门 i 的间接消耗量为 $\sum_{k=1}^{n}b_{ik}a_{kj}$.由定义 7.2.2 即得

$$b_{ij}=a_{ij}+\sum_{k=1}^{n}b_{ik}a_{kj}\quad(i,j=1,2,\cdots,n).$$

对于直接消耗系数矩阵 A 与完全消耗系数矩阵 B,有下面关系.

定理 7.2.4 设 n 个部门的直接消耗系数矩阵为 A,完全消耗系数矩阵为 B,则有

$$B=(E-A)^{-1}-E.$$

证　由定理 7.2.3 知,

$$b_{ij} = a_{ij} + \sum_{k=1}^{n} b_{ik} a_{kj} \quad (i,j = 1,2,\cdots,n).$$

将 n^2 个等式用矩阵表示为

$$B = A + BA$$

或

$$B(E - A) = A.$$

由定理 7.2.1 知$(E-A)$可逆,故

$$\begin{aligned} B &= A(E-A)^{-1} \\ &= [E-(E-A)](E-A)^{-1} = (E-A)^{-1} - E. \end{aligned}$$

定理 7.2.4 给出了用直接消耗系数矩阵计算完全消耗系数矩阵的方法.

例 3　假设某公司三个生产部门间的报告期价值型投入产出表如表 7.4.

表 7.4

投入＼产出		中间消耗 1	中间消耗 2	中间消耗 3	最终需求	总出
中间投入	1	1500	0	600	400	2500
	2	0	610	600	1840	3050
	3	250	1525	3600	625	6000

求各部门间的完全消耗系数矩阵.

解　依次用各部门的总产值去除中间消耗栏中各列,得到直接消耗系数矩阵为

$$A = \begin{bmatrix} 0.6 & 0 & 0.1 \\ 0 & 0.2 & 0.1 \\ 0.1 & 0.5 & 0.6 \end{bmatrix} = \frac{1}{10}\begin{bmatrix} 6 & 0 & 1 \\ 0 & 2 & 1 \\ 1 & 5 & 6 \end{bmatrix},$$

$$E - A = \frac{1}{10}\begin{bmatrix} 4 & 0 & -1 \\ 0 & 8 & -1 \\ -1 & -5 & 4 \end{bmatrix},$$

$$(E-A)^{-1} = \frac{1}{10}\begin{bmatrix} 27 & 5 & 8 \\ 1 & 15 & 4 \\ 8 & 20 & 32 \end{bmatrix}.$$

故所求完全消耗系数矩阵为

$$B=(E-A)^{-1}-E=\begin{bmatrix}1.7 & 0.5 & 0.8\\0.1 & 0.5 & 0.4\\0.8 & 2 & 2.2\end{bmatrix}.$$

由此例可知,完全消耗系数的值比直接消耗系数的值要大的多.

定理 7.2.5 如果第 j 部门最终需求增加 Δy_j,而其他部门的最终需求不变,那么部门总产出 $\boldsymbol{x}$ 的增量为

$$\Delta\boldsymbol{x}=\Delta y_j(\boldsymbol{b}_j+\boldsymbol{e}_j),$$

其中 $\Delta\boldsymbol{x}=(\Delta x_1\ \Delta x_2\cdots\ \Delta x_n)'$,$\boldsymbol{b}_j=(b_{1j}\ b_{2j}\cdots\ b_{nj})$,$\boldsymbol{e}_j$ 为单位坐标向量.

证 由定理 7.2.4 知 $B=(E-A)^{-1}-E$,将此关系代入方程(7.19)得

$$\boldsymbol{x}=(E-A)^{-1}\boldsymbol{y}=(B+E)\boldsymbol{y}=B\boldsymbol{y}+\boldsymbol{y},$$

由定理假设,部门最终需求增量

$$\Delta\boldsymbol{y}=(0,\cdots,0,\Delta y_j,0,\cdots,0)'=\Delta y_j\boldsymbol{e}_j,$$

于是

$$\begin{aligned}\Delta\boldsymbol{x}&=B\Delta\boldsymbol{y}+\Delta\boldsymbol{y}=B\Delta y_j\boldsymbol{e}_j+\Delta y_j\boldsymbol{e}_j\\&=\Delta y_jB\boldsymbol{e}_j+\Delta y_j\boldsymbol{e}_j=\Delta y_j(\boldsymbol{b}_j+\boldsymbol{e}_j).\end{aligned}$$

定理 7.2.5 表明,由第 j 部门最终需求的增加(其他部门的最终需求不变),引起了各部门总产值的增加. $\Delta y_j(\boldsymbol{b}_j+\boldsymbol{e}_j)$从数量上表示了各部门的增加量. 如果没有这些追加,第 j 部门要完成增加 Δy_j 最终需求的任务就不能实现.

如果定理 7.2.5 的结论用分量表示

$$\Delta x_i=\begin{cases}\Delta y_jb_{ij}, & i\neq j,\\\Delta y_jb_{ij}, & i=j\end{cases}\quad(i=1,2,\cdots,n).$$

特别地取 $\Delta y_j=1$,则有

$$\Delta x_i=\begin{cases}b_{ij}, & i\neq j,\\b_{ij}+1, & i=j\end{cases}\quad(i=1,2,\cdots,n).$$

上式的经济意义是,当第 j 部门的最终需求增加一个单位,而其他部门最终需求不变时,第 i 部门总产值的增加量为 b_{ij},当第 i 部门的最终需求增加一个单位而其他部门的最终需求不变时,第 i 部门总产值的增加量为 $b_{ij}+1$.

若令

$$c_{ij}=\begin{cases}b_{ij}, & i\neq j,\\b_{ij}+1, & i=j\end{cases}\quad(i,j=1,2,\cdots,n).$$

用矩阵表示为

$$C=B+E,$$

将 $B=(E-A)^{-1}-E$ 代入上式,则

$$C=(E-A)^{-1}.$$

习惯上,我们称 c_{ij} 为部门 j 对部门 i 的**完全需要系数**. 矩阵 C 称为**完全需要系数矩阵**. 在经济活动分析中,只要知道了直接消耗系数矩阵 A,那么完全需要系数矩阵 C 便被唯一确定.

例 4　利用例 1 中的数据,求完全消耗系数矩阵 B.

解　由例 1 知直接消耗系数矩阵

$$A=\begin{bmatrix}0.25 & 0.10 & 0.10\\ 0.20 & 0.20 & 0.10\\ 0.10 & 0.10 & 0.20\end{bmatrix}.$$

于是有

$$E-A=\begin{bmatrix}0.75 & -0.10 & -0.10\\ -0.20 & 0.80 & -0.10\\ -0.10 & -0.10 & 0.80\end{bmatrix}.$$

$$(E-A)^{-1}=\begin{bmatrix}1.4141 & 0.2020 & 0.2020\\ 0.3817 & 1.3244 & 0.2132\\ 0.2245 & 0.1908 & 1.3019\end{bmatrix}.$$

最后得完全消耗系数矩阵

$$B=(E-A)^{-1}-E=\begin{bmatrix}0.4141 & 0.2020 & 0.2020\\ 0.3817 & 0.3244 & 0.2132\\ 0.2245 & 0.1908 & 0.3019\end{bmatrix}.$$

7.2.4　投入产出数学模型的简单应用

投入产出法来源于一个经济系统各部门生产和消耗的实际统计资料. 它同时描述了当时各部门之间的投入与产出协调关系,反映了产品供应与需求的平衡关系,因而在实际中有广泛应用. 在经济分析方面可以用于结构分析,还可以用于编制经济计划和进行经济调整等. 下面仅就投入产出法在编制经济计划和计划调整方面的应用作一介绍.

编制计划的一种作法是先规定各部门计划期的总产量,然后计算出各部门的最终需求;另一种作法是确定计划期各部门的最终需求,然后再计算出各部门的总产出. 后一种作法符合以社会需求决定社会产品的原则,同时也有利于调整各部门产品的结构比例,是一种较合理的作法. 下面我们来看一实例.

例 5　给定价值型投入产出表 7.5,预先确定计划期各部门最终需求如表7.6.

根据投入产出表中的数据,算出报告期的直接消耗系数矩阵 A. 假定计划期同报告期的直接消耗系数是相同的,因此把 A 作为计划期的直接消耗系数矩阵. 再按公式 $X=(E-A)^{-1}Y$ 算出总产出向量 X.

表 7.5 (单位:万元)

		中间需求						消费	积累	合计	总产出
		1	2	3	4	5	6				
中间投入	1	20	10	35	5	15	5	110	40	150	240
	2	0	0	65	0	0	10	60	25	85	160
	3	30	20	90	10	15	10	225	80	305	480
	4	10	10	25	5	5	5	15	5	20	80
	5	10	15	25	5	5	5	17	8	25	90
	6	5	20	15	5	5	5	10	5	15	70

表 7.6 (单位:万元)

部门	1	2	3	4	5	6
消费	115	62	240	15	18	11
积累	50	28	100	7	10	6
合计	165	90	340	22	28	17

解 通过数值计算得到

$$A=\begin{bmatrix} 0.083 & 0.063 & 0.073 & 0.063 & 0.167 & 0.071 \\ 0.00 & 0.00 & 0.135 & 0.00 & 0.00 & 0.143 \\ 0.125 & 0.125 & 0.188 & 0.125 & 0.167 & 0.143 \\ 0.042 & 0.063 & 0.052 & 0.063 & 0.056 & 0.071 \\ 0.042 & 0.094 & 0.052 & 0.063 & 0.056 & 0.071 \\ 0.021 & 0.125 & 0.031 & 0.063 & 0.056 & 0.071 \end{bmatrix}.$$

$$(E-A)^{-1}=\begin{bmatrix} 1.132 & 0.142 & 0.155 & 0.124 & 0.245 & 0.160 \\ 0.036 & 1.060 & 0.194 & 0.046 & 0.055 & 0.203 \\ 0.215 & 0.263 & 1.341 & 0.234 & 0.307 & 0.305 \\ 0.073 & 0.114 & 0.108 & 1.102 & 0.105 & 0.132 \\ 0.074 & 0.147 & 0.114 & 0.104 & 1.107 & 0.138 \\ 0.074 & 0.172 & 0.088 & 0.098 & 0.097 & 1.135 \end{bmatrix}.$$

由 $X=(E-A)^{-1}Y$ 得出总产出向量

$$\boldsymbol{x}=(264.568\ 173.303\ 534.014\ 88.453\ 99.830\ 77.322)'.$$

这样得到各部门在计划期的总产出依次是(万元)：

$$264.568, 173.303, 534.014, 88.453, 99.830, 77.322.$$

如果各部都能完成计划期的上述总产出值，那么就能保证完成各部门最终需求的计划任务.

在求出了各部门总产出 $x_i(i=1,2,\cdots,6)$之后，根据公式 $x_{ij}=a_{ij}x_j(i,j=1,2,\cdots,6)$ 可计算各部门间应提多少中间需求 x_{ij}. 具体数值如表 7.7.

表 7.7

部门	1	2	3	4	5	6	合计
1	21.96	10.92	38.98	5.57	16.64	5.49	99.56
2	0.00	0.00	72.09	0.00	0.00	11.06	83.15
3	33.07	21.66	100.39	11.06	16.67	11.06	193.91
4	11.11	10.09	27.77	5.57	5.59	5.49	66.46
5	11.11	16.29	27.77	5.57	5.59	5.49	71.82
6	5.56	21.66	16.55	5.57	5.59	5.49	60.42
合计	82.81	81.45	283.55	33.35	50.08	44.08	

再根据公式 $z_j=x_j-\sum_{i=1}^{6}x_{ij}\quad(j=1,2,\cdots,6)$. 可以计算出各部门的净产值 z_j.

$$\boldsymbol{z}=(181.76, 91.85, 250.46, 55.10, 49.75, 33.24)'.$$

在此基础上，结合实际情形，把各部门净产值的构成进行分配，如表 7.8.

表 7.8 (单位：万元)

部门	1	2	3	4	5	6
工资	130.00	58.00	140.00	33.00	32.00	22.00
社会收入	51.76	33.85	110.46	22.10	17.75	11.24
合计	181.76	91.85	250.46	55.10	49.75	33.24

这样，我们就可以编制出计划期的投入产出表. 同时还可以计算出计划期各部门增长的百分比以及各部门总产出占全部总产出的比例.

另外，在计划期内由于各种原因的影响，有时会发生某些部门的总产出或最终需求要超出(或达不到)原计划的水平，这时需要及时地调整原计划以保持国民经济各部门间的协调发展. 投入产出法提供了进行这种调整的方便的计算方法.

由于完全消耗系数反映了生产一个单位产品对各部门产品消耗的数量，所以把某部门新增加(或减少)的数量乘以完全消耗系数矩阵相应的列就得到各部门对该部门应增加(或减少)的中间投入. 如例 5 中假定部门 3 的最终需求增加 20 万元,各部门应增加多少?

矩阵 $(E-A)^{-1}$的数值前面已算出,由于 $B=(E-A)^{-1}-E$,得

$$B=\begin{bmatrix}0.132 & 0.142 & 0.155 & 0.124 & 0.245 & 0.160\\0.036 & 0.060 & 0.194 & 0.046 & 0.055 & 0.203\\0.215 & 0.236 & 0.341 & 0.234 & 0.307 & 0.305\\0.073 & 0.114 & 0.108 & 0.102 & 0.105 & 0.132\\0.074 & 0.147 & 0.114 & 0.104 & 0.107 & 0.138\\0.074 & 0.172 & 0.088 & 0.098 & 0.097 & 0.135\end{bmatrix}.$$

用 20 乘以矩阵 B 的第 3 列得向量

$$(3,10,3.88,6.82,2.16,2.28,1.76)'.$$

计算结果表明,由于部门 3 最终需求增加 20 万元,那么部门 1,2,4,5,6 的总产出依次应增加 3.10 万元,3.88 万元,2.16 万元,2.28 万元,1.76 万元. 而部门 3 应增加 26.82 万元.

如果有几个部门的最终需求需要调整,可仿照上述方法分别求出各部门应追加的中间需求,然后把同一部门应追加的中间需求和新增加的最终需求累加起来,就可以求出各部门应增加(或减少)的总产出数量.

习 题 7

1. 设 $u=f(x,xy,xyz)$具有二阶连续偏导数,试利用矩阵表示法求 $\frac{\partial u}{\partial y},\frac{\partial^2 u}{\partial y^2}$.

2. 设 $z=f(u,x,y)$, $u=\varphi(x,y)$满足复合函数求导条件,用矩阵方法求 $\frac{\partial u}{\partial x},\frac{\partial z}{\partial y}$.

3. 给定对称矩阵 A 及向量 $\boldsymbol{b}$

$$A=\begin{bmatrix}1 & 0 & 0\\0 & 1 & -2\\0 & -2 & 5\end{bmatrix},\boldsymbol{b}=\begin{bmatrix}2\\-1\\3\end{bmatrix},$$

试求函数

$$f(\boldsymbol{x})=\boldsymbol{x}'A\boldsymbol{x}-\boldsymbol{x}'\boldsymbol{b}$$

的最小值点与最小值.

4. 已知 A 是 n 阶负定矩阵,$\boldsymbol{b}$ 是 n 维向量,S 是已知常数,函数

$$f(\boldsymbol{x})=\boldsymbol{x}'A\boldsymbol{x}-2\boldsymbol{x}'\boldsymbol{b}+S.$$

证明 $\boldsymbol{x}^*=A^{-1}\boldsymbol{b}$ 是 $f(\boldsymbol{x})$唯一的最大值点.

5. 已知一个经济系统在一个生产周期内的生产和分配如下表(价值型)：

部门间流量 / 消耗部门 / 生产部门	1	2	3	最终需求	总产出
1	60	190	30		600
2	90	1520	180		3800
3	30	95	60		600

试求：(1) 各部门的最终需求；

(2) 各部门的净产值；

(3) 直接消耗系数矩阵.

6. 已知某个经济系统在一个生产周期内的直接消耗系数矩阵为

$$\begin{bmatrix}0.2 & 0.2 & 0.2\\ 0.1 & 0.2 & 0.2\\ 0.1 & 0.1 & 0.1\end{bmatrix},$$

最终需求向量 $\boldsymbol{y}=(75,125,225)'$,试求：

(1) 各部门的总产出向量 $\boldsymbol{x}=(x_1,x_2,x_3)'$；

(2) 求各部门间的流量 x_{ij} $(i,j=1,2,3)$,及净产值向量 $\boldsymbol{z}=(z_1,z_2,z_3)'$；

(3) 列出投入产出表.

7. 已知直接消耗系数矩阵

$$A=\begin{bmatrix}0.3 & 0.1 & 0.2\\ 0.1 & 0.4 & 0.3\\ 0.3 & 0.2 & 0.3\end{bmatrix}.$$

试求完全消耗系数矩阵 B.

8. 已知某经济系统在一个生产周期内的直接消耗系数矩阵 A 与最终需求向量 $\boldsymbol{y}$ 如下：

$$A=\begin{bmatrix}0.2 & 0.1 & 0.2\\ 0.1 & 0.2 & 0.2\\ 0.1 & 0.1 & 0.1\end{bmatrix},\quad \boldsymbol{y}=\begin{bmatrix}75\\ 120\\ 225\end{bmatrix}.$$

(1) 编制投入产出表；

(2) 如果部门 1 最终需求增加 25,部门 3 最终需求减少 25,试确定各部门总产出的改变量.

部分习题参考答案

习 题 1

1. (1) -4;(2) $-2(x^3+y^3)$;(3) $(a-b)(b-c)(c-a)$.

2. (1) $M_{12}=\begin{vmatrix} a_{21} & a_{23} \\ a_{31} & a_{33} \end{vmatrix}$, $M_{31}=\begin{vmatrix} a_{12} & a_{13} \\ a_{22} & a_{23} \end{vmatrix}$, $M_{33}=\begin{vmatrix} a_{11} & a_{12} \\ a_{21} & a_{22} \end{vmatrix}$; $A_{12}=-M_{12}$, $A_{31}=M_{31}$, $A_{33}=M_{33}$.

(2) $M_{12}=\begin{vmatrix} a_{21} & a_{23} & a_{24} \\ a_{31} & a_{33} & a_{34} \\ a_{41} & a_{43} & a_{44} \end{vmatrix}$, $M_{31}=\begin{vmatrix} a_{12} & a_{13} & a_{14} \\ a_{22} & a_{23} & a_{24} \\ a_{42} & a_{43} & a_{44} \end{vmatrix}$, $M_{33}=\begin{vmatrix} a_{11} & a_{12} & a_{14} \\ a_{21} & a_{22} & a_{24} \\ a_{41} & a_{42} & a_{44} \end{vmatrix}$;
$A_{12}=-M_{12}$, $A_{31}=M_{31}$, $A_{33}=M_{33}$.

3. (1)0; (2)0; (3)-14; (4)$a_{11}a_{22}-a_{21}a_{12}$.

5. -1.

6. 正号.

7. $x=-7$.

8. -3.

9. (1)$\dfrac{1}{60}$; (2) 90; (3) 48; (4) $(ax-by)(cu-dw)$; (5) x^4;
(6) $a^{n-1}(a^2-1)$; (7) $a_1a_2\cdots a_n\left(1+\sum\limits_{i=1}^{n}\dfrac{1}{a_i}\right)$; (8) 0; (9) $n+1$;
(10) $(-1)^{n-1}(n-1)2^{n-2}$; (11) $a(x+a)^n$.

10. (1) $x=2, y=0, z=-2$;
(2) $x_1=3, x_2=-4, x_3=-1, x_4=1$;
(3) $x_1=x_2=x_3=x_4=1$;
(4) $x_1=4, x_2=-14, x_3=-4, x_4=7, x_5=13$;
(5) $x_k=\dfrac{(b-a_1)\cdots(b-a_{k-1})(b-a_{k+1})\cdots(b-a_n)}{(a_k-a_1)\cdots(a_k-a_{k-1})(a_k-a_{k+1})\cdots(a_k-a_n)}$.

11. $\dfrac{195}{2}$.

12. 93.5 亿元.

13. $\lambda=0$ 或 1.

14. **提示** $D=(a^2+1)^2\neq 0$.

习 题 2

1. (1) $\begin{bmatrix}1&0&-1&-1\\0&1&-4&-1\\0&0&0&0\end{bmatrix}$; (2) $\begin{bmatrix}1&3&0&0&0\\0&0&1&0&0\\0&0&0&1&0\\0&0&0&0&1\end{bmatrix}$.

2. $(1,1,-1),(0,4,2)$.

3. (1) $\left(-\dfrac{7}{3},-\dfrac{5}{3},-4,-6\right)$; (2) -8; (3) 1 或 $-\dfrac{1}{2}$; (4) 7; (5) 4.

4. (1) 正确; (2) 错误; (3) 错误; (4) 错误; (5) 错误; (6) 错误; (7) 正确; (8) 正确.

5. (1) C; (2) A; (3) D; (4) B; (5) A.

6. (1) 线性无关; (2) 线性相关; (3) $a=-1$ 或 $a=-2$ 时线性相关,否则线性无关.

8. (1) 2; (2) 3; (3) 2.

9. $\lambda=3$ 时,$\mathrm{R}(A)=2$;$\lambda\neq 3$ 时,$\mathrm{R}(A)=3$.

10. $a=15,b=5$.

12. (1) $t\neq 5$ 时,$\mathrm{R}(\boldsymbol{\alpha}_1,\boldsymbol{\alpha}_2,\boldsymbol{\alpha}_3)=3$,向量组线性无关;

(2) $t=5$ 时,$\mathrm{R}(\boldsymbol{\alpha}_1,\boldsymbol{\alpha}_2,\boldsymbol{\alpha}_3)=2$,向量组线性相关,$\boldsymbol{\alpha}_1,\boldsymbol{\alpha}_2$;$\boldsymbol{\alpha}_1,\boldsymbol{\alpha}_3$ 分别可作为向量组的最大无关组.

13. (1) $\mathrm{R}(\boldsymbol{\alpha}_1,\boldsymbol{\alpha}_2,\boldsymbol{\alpha}_3,\boldsymbol{\alpha}_4)=2$,$\boldsymbol{\alpha}_1,\boldsymbol{\alpha}_2$ 为一最大无关组时,$\boldsymbol{\alpha}_3=-\boldsymbol{\alpha}_1+2\boldsymbol{\alpha}_2$,$\boldsymbol{\alpha}_4=-2\boldsymbol{\alpha}_1+3\boldsymbol{\alpha}_2$;

(2) $\mathrm{R}(\boldsymbol{\beta}_1,\boldsymbol{\beta}_2,\boldsymbol{\beta}_3)=3$, 向量组线性无关;

(3) $\mathrm{R}(\boldsymbol{\gamma}_1,\boldsymbol{\gamma}_2,\boldsymbol{\gamma}_3)=2$,$\boldsymbol{\gamma}_1,\boldsymbol{\gamma}_2$ 为一最大无关组时,$\boldsymbol{\gamma}_3=-\dfrac{11}{9}\boldsymbol{\gamma}_1+\dfrac{5}{9}\boldsymbol{\gamma}_2$;

(4) $\mathrm{R}(\boldsymbol{\alpha},\boldsymbol{\beta},\boldsymbol{\gamma},\boldsymbol{\delta})=3$,$\boldsymbol{\alpha},\boldsymbol{\beta},\boldsymbol{\delta}$ 为一最大无关组时,$\boldsymbol{\gamma}=2\boldsymbol{\alpha}-\boldsymbol{\beta}$.

15. (2) $(2,1,1,2)=\dfrac{1}{4}(0,1,2,3)+\dfrac{1}{2}(3,0,1,2)+\dfrac{1}{4}(2,3,0,1)$,

$(0,-2,1,1)=\dfrac{1}{4}(0,1,2,3)+\dfrac{1}{2}(3,0,1,2)-\dfrac{3}{4}(2,3,0,1)$,

$(4,4,1,3)=\dfrac{1}{4}(0,1,2,3)+\dfrac{1}{2}(3,0,1,2)+\dfrac{5}{4}(2,3,0,1)$.

16. (2) 向量 $\boldsymbol{\beta}_1$ 在基 $\boldsymbol{\alpha}_1,\boldsymbol{\alpha}_2$ 下的坐标为$(-1,3)$,$\boldsymbol{\beta}_2$ 在基 $\boldsymbol{\alpha}_1,\boldsymbol{\alpha}_2$ 下的坐标为$(1,-1)$.

习 题 3

1. $\begin{cases} x_1=-6z_1+3z_2, \\ x_2=12z_1-6z_2+9z_3, \\ x_3=-10z_1-6z_2+16z_3. \end{cases}$

2. $3AB-2A=\begin{bmatrix} 1 & -2 & 22 \\ -5 & -2 & 20 \\ 7 & 14 & -2 \end{bmatrix}, A'B=\begin{bmatrix} 1 & 0 & 8 \\ -1 & 0 & 6 \\ 3 & 4 & 0 \end{bmatrix}$.

3. (1)2; (2) $\begin{bmatrix} -2 & 4 \\ -1 & 2 \\ -3 & 6 \end{bmatrix}$; (3) $\begin{bmatrix} 1 & 5 & -5 \\ 3 & 10 & 0 \\ 2 & 9 & -7 \end{bmatrix}$; (4) $\begin{bmatrix} 2 & 0 \\ 0 & 3 \end{bmatrix}$;

(5) $\begin{bmatrix} 6 & -7 & 9 \\ 20 & -5 & -7 \end{bmatrix}$; (6) $a_{11}x_1^2+a_{22}x_2^2+a_{33}x_3^2+2a_{12}x_1x_2+2a_{13}x_1x_3+2a_{23}x_2x_3$;

(7) $\begin{bmatrix} \cos n\theta & -\sin n\theta \\ \sin n\theta & \cos n\theta \end{bmatrix}$; (8) $\begin{bmatrix} \lambda_1^k & & & \\ & \lambda_2^k & & \\ & & \ddots & \\ & & & \lambda_n^k \end{bmatrix}$; (9) $\lambda^{n-2}\begin{bmatrix} \lambda^2 & n\lambda & \frac{n(n-1)}{2} \\ 0 & \lambda^2 & n\lambda \\ 0 & 0 & \lambda^2 \end{bmatrix}$.

4. 均不成立.

5. (1) 取 $A=\begin{bmatrix} 1 & 1 \\ -1 & -1 \end{bmatrix}\neq 0$,而 $A^2=O$;

(2) 取 $A=\begin{bmatrix} 1 & 0 \\ 0 & 0 \end{bmatrix}$,而 $A^2=A$,但 $A\neq O, A\neq E$;

(3) 取 $A=\begin{bmatrix} 1 & 0 \\ 0 & 0 \end{bmatrix}, X=\begin{bmatrix} 1 & 0 \\ 0 & 0 \end{bmatrix}, Y=\begin{bmatrix} 1 & 0 \\ 0 & 1 \end{bmatrix}$. 而 $AX=AY$,且 $A\neq O$,但 $X\neq Y$.

6. (1) $\begin{bmatrix} 6 & -3 \\ -9 & 9 \end{bmatrix}$.

11. (1) $\begin{bmatrix} \lambda & k \\ 0 & \lambda \end{bmatrix}$,$\lambda, k$ 为任意数;

(2) $\begin{bmatrix} \lambda & k & l \\ 0 & \lambda & k \\ 0 & 0 & \lambda \end{bmatrix}$,$\lambda, k, l$ 为任意数;

(3) $\begin{bmatrix} \lambda & k & l \\ 0 & \lambda & k \\ 0 & 0 & \lambda \end{bmatrix}$,$\lambda, k, l$ 为任意数.

12. (1) $\begin{bmatrix} -2 & 1 \\ \frac{3}{2} & -\frac{1}{2} \end{bmatrix}$; (2) $\begin{bmatrix} \cos\theta & \sin\theta \\ -\sin\theta & \cos\theta \end{bmatrix}$; (3) $\frac{1}{9}\begin{bmatrix} 1 & 2 & 2 \\ 2 & 1 & -2 \\ 2 & -2 & 1 \end{bmatrix}$;

(4) $\begin{bmatrix} -8 & 29 & -11 \\ -5 & 18 & -7 \\ 1 & -3 & 1 \end{bmatrix}$； (5) $\frac{1}{4}\begin{bmatrix} 1 & 1 & 1 & 1 \\ 1 & 1 & -1 & -1 \\ 1 & -1 & 1 & -1 \\ 1 & -1 & -1 & 1 \end{bmatrix}$；

(6) $\begin{bmatrix} 22 & -6 & -26 & 17 \\ -17 & 5 & 20 & -13 \\ -1 & 0 & 2 & -1 \\ 4 & -1 & -5 & 3 \end{bmatrix}$； (7) $\begin{bmatrix} \frac{1}{a_1} & 0 & \cdots & 0 \\ 0 & \frac{1}{a_2} & \cdots & 0 \\ \vdots & \vdots & & \vdots \\ 0 & 0 & \cdots & \frac{1}{a_n} \end{bmatrix}$；

(8) $-\frac{1}{a(n+a)}\begin{bmatrix} 1-n-a & 1 & 1 & \cdots & 1 \\ 1 & 1-n-a & 1 & \cdots & 1 \\ 1 & 1 & 1-n-a & \cdots & 1 \\ \vdots & \vdots & \vdots & & \vdots \\ 1 & 1 & 1 & \cdots & 1-n-a \end{bmatrix}$.

15. (1) $\begin{bmatrix} -1 \\ 2 \end{bmatrix}$； (2) $\begin{bmatrix} 3 & -2 \\ 5 & -4 \end{bmatrix}$； (3) $\begin{bmatrix} 1 & 2 \\ 3 & 4 \end{bmatrix}$； (4) $\begin{bmatrix} 6 & 4 & 5 \\ 2 & 1 & 2 \\ 3 & 3 & 3 \end{bmatrix}$；

(5) $\begin{bmatrix} 1 & 2 & 3 \\ 4 & 5 & 6 \\ 7 & 8 & 9 \end{bmatrix}$； (6) $\begin{bmatrix} 1 & 1 & 1 \\ 1 & 2 & 3 \\ 2 & 3 & 1 \end{bmatrix}$.

16. $\frac{1}{9}\begin{bmatrix} 11 & 4 & 4 \\ 4 & 11 & -4 \\ 4 & -4 & 11 \end{bmatrix}$.

17. $-12\frac{1}{6}$.

18. $-\frac{3}{8}$.

20. $A-3E$.

21. $(A+B)^{-1}A$.

23. $|A^8|=10^{16}$；$A^4=\begin{bmatrix} 5^4 & 0 & 0 & 0 \\ 0 & 5^4 & 0 & 0 \\ 0 & 0 & 2^4 & 0 \\ 0 & 0 & 2^6 & 2^4 \end{bmatrix}$.

25. $\begin{bmatrix} O & B^{-1} \\ A^{-1} & O \end{bmatrix}$.

习　题　4

1. (1) A； (2) C； (3) D.

2. (1) $\boldsymbol{\xi}_1=\begin{pmatrix}2\\-2\\1\\0\end{pmatrix},\boldsymbol{\xi}_2=\begin{pmatrix}\frac{5}{3}\\-\frac{4}{3}\\0\\1\end{pmatrix}$；

(2) $\boldsymbol{\xi}_1=\begin{pmatrix}-1\\1\\0\\0\\0\end{pmatrix},\boldsymbol{\xi}_2=\begin{pmatrix}-1\\0\\-1\\0\\1\end{pmatrix}$；

(3) $\boldsymbol{\xi}_1=\begin{pmatrix}1\\1\\0\\0\end{pmatrix},\boldsymbol{\xi}_2=\begin{pmatrix}1\\0\\2\\1\end{pmatrix}$；

(4) $\boldsymbol{\xi}_1=(-1,1,1,0,0)',\boldsymbol{\xi}_2=(7/2,5/2,0,1,3)'$.

3. (1) 无解；

(2) $\begin{pmatrix}x_1\\x_2\\x_3\end{pmatrix}=\begin{pmatrix}-1\\2\\0\end{pmatrix}+k\begin{pmatrix}-2\\1\\1\end{pmatrix}$；

(3) $\begin{pmatrix}x_1\\x_2\\x_3\\x_4\end{pmatrix}=k_1\begin{pmatrix}2\\1\\0\\-1\end{pmatrix}+k_2\begin{pmatrix}-1/3\\0\\1\\-2/3\end{pmatrix}+\begin{pmatrix}-1/3\\0\\0\\4/3\end{pmatrix}$；

(4) $\begin{pmatrix}x\\y\\z\\w\end{pmatrix}=k_1\begin{pmatrix}1\\0\\2\\0\end{pmatrix}+k_2\begin{pmatrix}0\\1\\1\\0\end{pmatrix}+\begin{pmatrix}0\\0\\-1\\0\end{pmatrix}$.

4. (1) $\lambda=1$，$\begin{pmatrix}x_1\\x_2\\x_3\end{pmatrix}=\begin{pmatrix}1\\-1\\0\end{pmatrix}+k\begin{pmatrix}-1\\2\\1\end{pmatrix}$；

(2) $b\neq0$，且 $a\neq1$ 时，有唯一解；$b=0$，a 为任意值时无解；$a=1,b=\frac{1}{2}$时，有无穷多解；$a=1,b\neq\frac{1}{2}$时，无解.

5. $k_1\neq2$ 时，$R(A)=R(\overline{A})=4$，方程组有唯一解，$k_1=2,k_2\neq1$ 时，方程组无解；$k_1=2,k_2=1$ 时，方程组有无穷多解

$$\begin{pmatrix}x_1\\x_2\\x_3\\x_4\end{pmatrix}=\begin{pmatrix}-8\\3\\0\\2\end{pmatrix}+k\begin{pmatrix}0\\-2\\1\\0\end{pmatrix}.$$

6. $\begin{pmatrix}x_1\\x_2\\x_3\\x_4\\x_5\end{pmatrix}=\begin{pmatrix}a_1+a_2+a_3+a_4\\a_2+a_3+a_4\\a_3+a_4\\a_4\\0\end{pmatrix}+k\begin{pmatrix}1\\1\\1\\1\\1\end{pmatrix}.$

7. (1) $\lambda\neq1,-2$；　(2) $\lambda=-2$；　(3) $\lambda=1$.

8. $\boldsymbol{x}=\begin{pmatrix}1\\-1\\2\\0\end{pmatrix}+k\begin{pmatrix}1\\2\\1\\-1\end{pmatrix}$ 或 $\boldsymbol{x}=\boldsymbol{\eta}_1+k(\boldsymbol{\eta}_2-\boldsymbol{\eta}_1)$.

9. $\sum\limits_{i=1}^{s}c_i=1$.

16. $\boldsymbol{\xi}_1=\begin{pmatrix}-1\\1\\0\\\vdots\\0\end{pmatrix},\boldsymbol{\xi}_2=\begin{pmatrix}-1\\0\\1\\\vdots\\0\end{pmatrix},\cdots,\boldsymbol{\xi}_{n-1}=\begin{pmatrix}-1\\0\\0\\\vdots\\0\\1\end{pmatrix},\boldsymbol{\xi}_n=\begin{pmatrix}1\\1\\1\\\vdots\\1\end{pmatrix}.$

18. (1) $b\neq0$，且 $b+\sum\limits_{i=1}^{n}a_i\neq0$ 时，方程组仅有零解；

(2) $b+\sum\limits_{i=1}^{n}a_i=0$ 时，有非零解，基础解系为

$$\boldsymbol{\xi}=\begin{pmatrix}1\\1\\\vdots\\1\end{pmatrix};$$

(3) $b=0$ 时(必有 $b+\sum\limits_{i=1}^{n}a_i\neq 0$),有非零解,基础解系为

$$\boldsymbol{\xi}_1=\begin{pmatrix}-\frac{a_2}{a_1}\\1\\0\\\vdots\\0\end{pmatrix},\boldsymbol{\xi}_2=\begin{pmatrix}-\frac{a_3}{a_1}\\0\\1\\\vdots\\0\end{pmatrix},\cdots,\boldsymbol{\xi}_{n-1}=\begin{pmatrix}-\frac{a_n}{a_1}\\0\\0\\\vdots\\1\end{pmatrix}.$$

习　题　5

1. $V=\{(-k_1-k_2,k_1,k_2)'\mid k_1,k_2\in\mathbf{R}\}$,表示过原点与向量 $\boldsymbol{\alpha}$ 垂直的一个平面.

2. $\boldsymbol{\alpha}_2=\begin{bmatrix}1\\0\\-1\end{bmatrix},\boldsymbol{\alpha}_3=\begin{bmatrix}-\frac{1}{2}\\1\\-\frac{1}{2}\end{bmatrix}$.

3. $\boldsymbol{e}=\pm\frac{1}{\sqrt{2}}(1,0,0,-1)'$.

4. (1) $\boldsymbol{\beta}_1=\begin{bmatrix}1\\1\\1\end{bmatrix},\boldsymbol{\beta}_2=\frac{1}{3}\begin{bmatrix}-2\\1\\1\end{bmatrix},\boldsymbol{\beta}_3=\frac{1}{2}\begin{bmatrix}0\\-1\\1\end{bmatrix}$,

$\boldsymbol{e}_1=\frac{1}{\sqrt{3}}\begin{bmatrix}1\\1\\1\end{bmatrix},\boldsymbol{e}_2=\frac{1}{\sqrt{6}}\begin{bmatrix}-2\\1\\1\end{bmatrix},\boldsymbol{e}_3=\frac{1}{\sqrt{2}}\begin{bmatrix}0\\-1\\1\end{bmatrix}$;

(2) $\boldsymbol{\beta}_1=\begin{bmatrix}1\\1\\0\\0\end{bmatrix},\boldsymbol{\beta}_2=\frac{1}{2}\begin{bmatrix}-1\\1\\2\\0\end{bmatrix},\boldsymbol{\beta}_3=\frac{1}{3}\begin{bmatrix}2\\-2\\2\\3\end{bmatrix}$,

$$e_1=\frac{1}{\sqrt{2}}\begin{bmatrix}1\\1\\0\\0\end{bmatrix},e_2=\frac{1}{\sqrt{6}}\begin{bmatrix}-1\\1\\2\\0\end{bmatrix},e_3=\frac{1}{\sqrt{21}}\begin{bmatrix}2\\-2\\2\\3\end{bmatrix}.$$

8. (1) 对应于 $\lambda=-1$ 的全部特征向量为 $k\begin{bmatrix}1\\1\\-1\end{bmatrix}(k\neq0)$，$\lambda=-1$ 为三重特征根；

(2) $\lambda_1=-1,\lambda_2=9,\lambda_3=0$.

对应于 $\lambda_1=-1$ 的全部特征向量为 $k_1\begin{bmatrix}1\\-1\\0\end{bmatrix}(k_1\neq0)$，对应于 $\lambda_2=9$ 的全部特征向量为 $k_2\begin{bmatrix}1\\1\\2\end{bmatrix}(k_2\neq0)$，对应于 $\lambda_3=0$ 的全部特征向量为 $k_3\begin{bmatrix}1\\1\\-1\end{bmatrix}(k_3\neq0)$；

(3) $\lambda_1=-1,\lambda_2=\lambda_3=1$.

对应于 $\lambda_1=-1$ 的全部特征向量为 $k_1\begin{bmatrix}1\\0\\-1\end{bmatrix}(k_1\neq0)$，对应于 $\lambda_2=1$ 的全部特征向量为 $k_2\begin{bmatrix}0\\1\\0\end{bmatrix}+k_3\begin{bmatrix}1\\0\\1\end{bmatrix}$($k_2,k_3$ 不同时为 0).

9. $a=1,\lambda_1=\lambda_2=2,\lambda_3=0$.

对应于 $\lambda=2$ 的特征向量为 $k_1\begin{bmatrix}0\\1\\0\end{bmatrix}+k_2\begin{bmatrix}1\\0\\1\end{bmatrix}$($k_1,k_2$ 不全为 0). 对应于 $\lambda=0$ 的特征向量为 $k_3\begin{bmatrix}1\\0\\-1\end{bmatrix}(k_3\neq0)$.

10. (1) $\lambda_1=-4,\lambda_2=-6,\lambda_3=-12$；

(2) $|B|=-288,|A-5E|=-72$.

11. $|A^*+3A+2E|=25$.

12. $|2A^*-3E|=126$.

14. $x=4,y=5$.

16. (1) $P=\begin{bmatrix}-1 & -1 & 1\\ 1 & 0 & 1\\ 0 & 1 & 1\end{bmatrix}, P^{-1}AP=\begin{bmatrix}-1 & 0 & 0\\ 0 & -1 & 0\\ 0 & 0 & 5\end{bmatrix}$;

(2) A 不能对角化；

(3) $P=\begin{bmatrix}1 & 2 & 1\\ 0 & 1 & -2\\ 0 & 2 & 1\end{bmatrix}, P^{-1}AP=\begin{bmatrix}1 & 0 & 0\\ 0 & 5 & 0\\ 0 & 0 & -5\end{bmatrix}$.

17. (1) $\lambda_1=-1, a=-3, b=0$;

(2) A 不能对角化.

18. $A=\begin{bmatrix}-\frac{1}{3} & 0 & \frac{2}{3}\\ 0 & \frac{1}{3} & \frac{2}{3}\\ \frac{2}{3} & \frac{2}{3} & 0\end{bmatrix}$.

19. $A^{100}=\begin{bmatrix}1 & 0 & 5^{100}-1\\ 0 & 5^{100} & 0\\ 0 & 0 & 5^{100}\end{bmatrix}$.

20. $\lambda_1=1, \lambda_2=0, \lambda_3=-1$.

属于 $\lambda_1=1$ 的特征向量 $\begin{bmatrix}3\\ 1\\ 5\end{bmatrix}$，属于 $\lambda_2=0$ 的特征向量为 $\begin{bmatrix}4\\ -2\\ 1\end{bmatrix}$，属于 $\lambda_3=-1$ 的特征向量为 $\begin{bmatrix}1\\ -1\\ 4\end{bmatrix}$.

21. (1) $P=\frac{1}{3}\begin{bmatrix}1 & 2 & 2\\ 2 & 1 & -2\\ 2 & -2 & 1\end{bmatrix}, P^{-1}AP=\begin{bmatrix}-2 & 0 & 0\\ 0 & 1 & 0\\ 0 & 0 & 4\end{bmatrix}$;

(2) $P=\frac{1}{3\sqrt{2}}\begin{bmatrix}\sqrt{2} & 0 & 4\\ 2\sqrt{2} & 3 & -1\\ -2\sqrt{2} & 3 & 1\end{bmatrix}, P^{-1}AP=\begin{bmatrix}10 & 0 & 0\\ 0 & 1 & 0\\ 0 & 0 & 1\end{bmatrix}$.

22. (1) $P=\begin{bmatrix}1 & 2 & 2\\ 2 & -2 & 1\\ 2 & 1 & -2\end{bmatrix}, P^{-1}AP=\begin{bmatrix}3 & 0 & 0\\ 0 & 0 & 0\\ 0 & 0 & -3\end{bmatrix}$;

(2) $Q=\begin{bmatrix} \frac{1}{3} & \frac{2}{3} & \frac{2}{3} \\ \frac{2}{3} & -\frac{2}{3} & \frac{1}{3} \\ \frac{2}{3} & \frac{1}{3} & -\frac{2}{3} \end{bmatrix}$，$Q^{-1}AQ=\begin{bmatrix} 3 & 0 & 0 \\ 0 & 0 & 0 \\ 0 & 0 & -3 \end{bmatrix}$.

23. $A=\frac{1}{3}\begin{bmatrix} -1 & 0 & 2 \\ 0 & 1 & 2 \\ 2 & 2 & 0 \end{bmatrix}$.

24. $A=\begin{bmatrix} 4 & 1 & 1 \\ 1 & 4 & 1 \\ 1 & 1 & 4 \end{bmatrix}$.

25. (1) $a=-2$；

(2) $Q=\begin{bmatrix} \frac{1}{\sqrt{2}} & \frac{1}{\sqrt{6}} & \frac{1}{\sqrt{3}} \\ 0 & -\frac{2}{\sqrt{6}} & \frac{1}{\sqrt{3}} \\ -\frac{1}{\sqrt{2}} & \frac{1}{\sqrt{6}} & \frac{1}{\sqrt{3}} \end{bmatrix}$，$Q^{-1}AQ=\begin{bmatrix} 3 & 0 & 0 \\ 0 & -3 & 0 \\ 0 & 0 & 0 \end{bmatrix}$.

26. (1) $\begin{bmatrix} 1 & 2 & 1 \\ 2 & 4 & 2 \\ 1 & 2 & 1 \end{bmatrix}$；(2) $\begin{bmatrix} 0 & \frac{1}{2} & \frac{1}{2} & -\frac{1}{2} \\ \frac{1}{2} & 0 & 0 & \frac{1}{2} \\ \frac{1}{2} & 0 & 0 & 0 \\ -\frac{1}{2} & \frac{1}{2} & 0 & 0 \end{bmatrix}$；(3) $\begin{bmatrix} 0 & 2 & 0 \\ 2 & 2 & -4 \\ 0 & -4 & 0 \end{bmatrix}$.

27. (1) $\begin{bmatrix} x_1 \\ x_2 \\ x_3 \end{bmatrix}=\begin{bmatrix} 1 & 0 & 0 \\ 0 & \frac{1}{\sqrt{2}} & -\frac{1}{\sqrt{2}} \\ 0 & \frac{1}{\sqrt{2}} & \frac{1}{\sqrt{2}} \end{bmatrix}\begin{bmatrix} y_1 \\ y_2 \\ y_3 \end{bmatrix}$，$f=2y_1^2+5y_2^2+y_3^2$；

(2) $\begin{bmatrix}x_1\\x_2\\x_3\\x_4\end{bmatrix}=\begin{bmatrix}\frac{1}{2}&\frac{1}{2}&\frac{1}{\sqrt{2}}&0\\-\frac{1}{2}&\frac{1}{2}&0&\frac{1}{\sqrt{2}}\\-\frac{1}{2}&-\frac{1}{2}&\frac{1}{\sqrt{2}}&0\\\frac{1}{2}&-\frac{1}{2}&0&\frac{1}{\sqrt{2}}\end{bmatrix}\begin{bmatrix}y_1\\y_2\\y_3\\y_4\end{bmatrix}$，$f=-y_1^2+3y_2^2+y_3^2+y_4^2$.

28. $\begin{bmatrix}x\\y\\z\end{bmatrix}=\begin{bmatrix}\frac{1}{3\sqrt{2}}&\frac{1}{3}&0\\-\frac{1}{3\sqrt{2}}&\frac{2}{3}&\frac{1}{\sqrt{2}}\\\frac{1}{3\sqrt{2}}&-\frac{2}{3}&\frac{1}{\sqrt{2}}\end{bmatrix}\begin{bmatrix}\mu\\\nu\\\omega\end{bmatrix}$，$2u^2+11\nu^2=1$，椭圆柱面.

29. $a=2, P=\begin{bmatrix}0&1&0\\\frac{1}{\sqrt{2}}&0&\frac{1}{\sqrt{2}}\\-\frac{1}{\sqrt{2}}&0&\frac{1}{\sqrt{2}}\end{bmatrix}$.

30. (1) $\begin{bmatrix}x_1\\x_2\\x_3\end{bmatrix}=\begin{bmatrix}1&1&-1\\0&0&1\\0&-1&1\end{bmatrix}\begin{bmatrix}y_1\\y_2\\y_3\end{bmatrix}$，$f=y_1^2+y_2^2-y_3^2$；

(2) $\begin{bmatrix}x_1\\x_2\\x_3\end{bmatrix}=\begin{bmatrix}1&1&\frac{1}{2}\\1&-1&\frac{1}{2}\\0&0&1\end{bmatrix}\begin{bmatrix}z_1\\z_2\\z_3\end{bmatrix}$，$f=-4z_1^2+4z_2^2+z_3^2$.

31. $\begin{bmatrix}x_1\\x_2\\x_3\end{bmatrix}=\begin{bmatrix}1&-1&-1\\0&1&1\\0&0&1\end{bmatrix}\begin{bmatrix}y_1\\y_2\\y_3\end{bmatrix}$，$f=y_1^2-y_2^2$.

32. $f=4z_1^2+z_2^2-z_3^2$，正惯性指数 $P=2$，符号差 $S=1$.

33. (1) 负定；(2) 正定；(3) 非正定非负定.

34. 当 $-\frac{4}{5}<t<0$ 时，二次型正定.

35. (1) 错，$k\neq0$ 时，是；$k=0$ 时，不是；(2) 对；(3) 对；(4) 对.

习　题　6

1. (1) 不构成线性空间； (2) 构成线性空间； (3) 不构成线性空间.

2. (1) 不是子空间； (2)是子空间.

3. 所求坐标为$(7,-3,7,-12)'$.

4. 所求坐标为$(33,-82,154)$.

5. (1) $A=\begin{bmatrix}1 & 1 & -1\\ -1 & 0 & 2\\ 1 & -1 & -1\end{bmatrix}$；(2) $(0,3,0)'$.

6. (1) 过渡矩阵为$A=\dfrac{1}{4}\begin{bmatrix}3 & 7 & 2 & -1\\ 1 & -1 & 2 & 3\\ -1 & 3 & 0 & -1\\ 1 & -1 & 0 & -1\end{bmatrix}$；

(2) 坐标为$\left(-2,-\dfrac{1}{2},4,-\dfrac{3}{2}\right)'$.

7. (1) 不是； (2)是； (3)当$\boldsymbol{\alpha}_0=\mathbf{0}$时，是；当$\boldsymbol{\alpha}_0\neq\mathbf{0}$时，不是.

8. (1) $\begin{bmatrix}2 & -1 & 0\\ 0 & 1 & 1\\ 1 & 0 & 0\end{bmatrix}$；(2) $\begin{bmatrix}2 & 3 & 5\\ 1 & 0 & -1\\ -1 & 1 & 0\end{bmatrix}$.

9. (2) $\begin{bmatrix}2 & 1 & 0\\ 0 & 2 & 2\\ 0 & 0 & 1\end{bmatrix}$；(3)坐标为$(4,10,3)'$.

11. $\begin{bmatrix}1 & 0 & 0\\ 1 & 1 & 0\\ 1 & 2 & 1\end{bmatrix}$.

习　题　7

1. $\dfrac{\partial u}{\partial y}=xf_2+xzf_3,\dfrac{\partial^2 u}{\partial y^2}=x^2f_{22}+2x^2zf_{23}+x^2z^2f_{33}$.

2. $\dfrac{\partial z}{\partial x}=f_u\dfrac{\partial u}{\partial x}+f_x,\dfrac{\partial z}{\partial y}=f_u\dfrac{\partial u}{\partial y}+f_y$.

3. $\boldsymbol{x}^*=A^{-1}\boldsymbol{b}=(2\ 5\ 1)';f(\boldsymbol{x}^*)=0$.

5. (1) $\boldsymbol{y}=(320\ 2010\ 415)'$；

(2) $\boldsymbol{z}=(420\ 1995\ 330)$；

(3) $A=\begin{bmatrix}0.1 & 0.05 & 0.05\\ 0.15 & 0.4 & 0.3\\ 0.05 & 0.025 & 0.1\end{bmatrix}$.

6. $(E-A)^{-1}=\begin{bmatrix}1.32 & 0.21 & 0.39\\ 0.21 & 1.32 & 0.34\\ 0.17 & 0.17 & 1.19\end{bmatrix}$.

(1) $\boldsymbol{x}=\begin{bmatrix}213.00\\ 257.25\\ 301.75\end{bmatrix}$;

(2) $(x_{ij})=\begin{bmatrix}42.6 & 25.7 & 60.4\\ 21.3 & 51.5 & 60.4\\ 21.3 & 25.7 & 30.2\end{bmatrix}$, $\boldsymbol{z}=(127.8\ 154.4\ 150.9)$.

7. $C=\begin{bmatrix}0.837 & 0.561 & 0.765\\ 0.816 & 1.194 & 1.174\\ 1.020 & 0.867 & 1.092\end{bmatrix}$.

附录　全国硕士研究生入学考试线性代数试题选

（2010～2015 年）

一、选择题

1.（2010 数学一）　设 A 是 $m\times n$ 矩阵，B 是 $n\times m$ 矩阵，且 $AB=E$，其中 E 为 m 阶单位矩阵，则__________.

A. $\mathrm{R}(A)=\mathrm{R}(B)=m$　　B. $\mathrm{R}(A)=m,\mathrm{R}(B)=n$

C. $\mathrm{R}(A)=n,\mathrm{R}(B)=m$　　D. $\mathrm{R}(A)=\mathrm{R}(B)=n$

2.（2010 数学一、数学三）　设 A 是 4 阶实对称矩阵，且 $A^2+A=O$，若 $\mathrm{R}(A)=3$，则 A 相似于__________.

A. $\begin{pmatrix}1&&&\\&1&&\\&&1&\\&&&0\end{pmatrix}$　　B. $\begin{pmatrix}1&&&\\&1&&\\&&-1&\\&&&0\end{pmatrix}$

C. $\begin{pmatrix}1&&&\\&-1&&\\&&-1&\\&&&0\end{pmatrix}$　　D. $\begin{pmatrix}-1&&&\\&-1&&\\&&-1&\\&&&0\end{pmatrix}$

3.（2010 数学二）　设 y_1,y_2 是一阶线性非齐次微分方程 $y'+p(x)y=q(x)$ 的两个特解，若常数 λ,μ 使 $\lambda y_1+\mu y_2$ 是该方程的解，$\lambda y_1-\mu y_2$ 是该方程对应的齐次方程的解，则__________.

A. $\lambda=\dfrac{1}{2},\mu=\dfrac{1}{2}$　　B. $\lambda=-\dfrac{1}{2},\mu=-\dfrac{1}{2}$

C. $\lambda=\dfrac{2}{3},\mu=\dfrac{1}{3}$　　D. $\lambda=\dfrac{2}{3},\mu=\dfrac{2}{3}$

4.（2010 数学二）　设向量组Ⅰ：$\boldsymbol{\alpha}_1,\boldsymbol{\alpha}_2,\cdots,\boldsymbol{\alpha}_r$ 可由向量组Ⅱ：$\boldsymbol{\beta}_1,\boldsymbol{\beta}_2,\cdots,\boldsymbol{\beta}_s$ 线性表示，下列命题正确的是__________.

A. 若向量组Ⅰ线性无关，则 $r\leqslant s$　　B. 若向量组Ⅰ线性相关，则 $r>s$

C. 若向量组Ⅱ线性无关，则 $r\leqslant s$　　D. 若向量组Ⅱ线性相关，则 $r>s$

5.（2011 数学一、数学二、数学三）　设 A 为三阶矩阵，将 A 的第二列加到第一列得到矩阵 B，再交换 B 的第二行与第三行得到单位矩阵，记 $P_1=\begin{bmatrix}1&0&0\\1&1&0\\0&0&1\end{bmatrix}$，$P_2=\begin{bmatrix}1&0&0\\0&0&1\\0&1&0\end{bmatrix}$，则 $A=$__________.

A. P_1P_2　　B. $P_1^{-1}P_2$　　C. P_2P_1　　D. $P_2P_1^{-1}$

6.（2011 数学一、数学二）　设 $A=(\boldsymbol{\alpha}_1,\boldsymbol{\alpha}_2,\boldsymbol{\alpha}_3,\boldsymbol{\alpha}_4)$，若 $(1,0,1,0)'$ 是方程 $A\boldsymbol{x}=\boldsymbol{0}$ 的一个基础解系，则 $A^*\boldsymbol{x}=\boldsymbol{0}$ 的基础解系可为__________.

A. $\boldsymbol{\alpha}_1,\boldsymbol{\alpha}_2$　　B. $\boldsymbol{\alpha}_1,\boldsymbol{\alpha}_3$　　C. $\boldsymbol{\alpha}_1,\boldsymbol{\alpha}_2,\boldsymbol{\alpha}_3$　　D. $\boldsymbol{\alpha}_2,\boldsymbol{\alpha}_3,\boldsymbol{\alpha}_4$

7.（2011 数学三）　设 A 为 4×3 矩阵，$\boldsymbol{\eta}_1,\boldsymbol{\eta}_2,\boldsymbol{\eta}_3$ 是非齐次线性方程组 $A\boldsymbol{x}=\boldsymbol{\beta}$ 的三个线性无关的解，k_1,k_2 为任意实数，则 $A\boldsymbol{x}=\boldsymbol{\beta}$ 的解为__________.

A. $\dfrac{\boldsymbol{\eta}_2+\boldsymbol{\eta}_3}{2}+k_1(\boldsymbol{\eta}_2-\boldsymbol{\eta}_1)$

B. $\dfrac{\boldsymbol{\eta}_2-\boldsymbol{\eta}_3}{2}+k_2(\boldsymbol{\eta}_2-\boldsymbol{\eta}_1)$

C $\dfrac{\boldsymbol{\eta}_2+\boldsymbol{\eta}_3}{2}+k_1(\boldsymbol{\eta}_3-\boldsymbol{\eta}_1)+k_2(\boldsymbol{\eta}_2-\boldsymbol{\eta}_1)$

D. $\dfrac{\boldsymbol{\eta}_2-\boldsymbol{\eta}_3}{2}+k_1(\boldsymbol{\eta}_3-\boldsymbol{\eta}_1)+k_2(\boldsymbol{\eta}_2-\boldsymbol{\eta}_1)$

8.（2012 数学一、数学二、数学三）　设 $\boldsymbol{\alpha}_1=\begin{pmatrix}0\\0\\c_1\end{pmatrix}$，$\boldsymbol{\alpha}_2=\begin{pmatrix}0\\1\\c_2\end{pmatrix}$，$\boldsymbol{\alpha}_3=\begin{pmatrix}1\\-1\\c_3\end{pmatrix}$，$\boldsymbol{\alpha}_4=\begin{pmatrix}-1\\1\\c_4\end{pmatrix}$，其中 c_1,c_2,c_3,c_4 为任意常数，则下列向量组线性相关的是__________.

A. $\boldsymbol{\alpha}_1,\boldsymbol{\alpha}_2,\boldsymbol{\alpha}_3$　　B. $\boldsymbol{\alpha}_1,\boldsymbol{\alpha}_2,\boldsymbol{\alpha}_4$

C. $\boldsymbol{\alpha}_1,\boldsymbol{\alpha}_3,\boldsymbol{\alpha}_4$　　D. $\boldsymbol{\alpha}_2,\boldsymbol{\alpha}_3,\boldsymbol{\alpha}_4$

9.（2012 数学一、数学二、数学三）　设 A 为 3 阶矩阵，P 为 3 阶可逆矩阵，且 $P^{-1}AP=\begin{pmatrix}1&&\\&1&\\&&2\end{pmatrix}$，$P=(\boldsymbol{\alpha}_1,\boldsymbol{\alpha}_2,\boldsymbol{\alpha}_3)$，$Q=(\boldsymbol{\alpha}_1+\boldsymbol{\alpha}_2,\boldsymbol{\alpha}_2,\boldsymbol{\alpha}_3)$，则 $Q^{-1}AQ$ $=$__________.

A. $\begin{pmatrix}1&&\\&2&\\&&1\end{pmatrix}$　　B. $\begin{pmatrix}1&&\\&1&\\&&2\end{pmatrix}$　　C. $\begin{pmatrix}2&&\\&1&\\&&2\end{pmatrix}$　　D. $\begin{pmatrix}2&&\\&2&\\&&1\end{pmatrix}$

10.（2013 数学一、数学二、数学三）　设 A,B,C 均为 n 阶矩阵，若 $AB=C$，且 B 可逆，则__________.

A. 矩阵 C 的行向量组与 A 的行向量组等价

B. 矩阵 C 的列向量组与 A 的列向量组等价

C. 矩阵 C 的行向量组与 B 的行向量组等价

D. 矩阵 C 的列向量组与 B 的列向量组等价

11.（2013 数学一、数学二、数学三）　矩阵 $\begin{pmatrix}1 & a & 1\\ a & b & a\\ 1 & a & 1\end{pmatrix}$ 与 $\begin{pmatrix}2 & 0 & 0\\ 0 & b & 0\\ 0 & 0 & 0\end{pmatrix}$ 相似的充要条件为__________.

A. $a=0,b=2$

B. $a=0,b$ 为任意常数

C. $a=2,b=0$

D. $a=2,b$ 为任意常数

12.（2014 数学一、数学二、数学三）　行列式 $\begin{vmatrix}0 & a & b & 0\\ a & 0 & 0 & b\\ 0 & c & d & 0\\ c & 0 & 0 & d\end{vmatrix}=$__________.

A. $(ad-bc)^2$　　B. $-(ad-bc)^2$　　C. $a^2d^2-b^2c^2$　　D. $b^2c^2-a^2d^2$

13.（2014 数学一、数学二、数学三）　设 $\boldsymbol{\alpha}_1,\boldsymbol{\alpha}_2,\boldsymbol{\alpha}_3$ 是 3 维向量，则对任意常数 k,l，向量组 $\boldsymbol{\alpha}_1+k\boldsymbol{\alpha}_3,\boldsymbol{\alpha}_2+l\boldsymbol{\alpha}_3$ 线性无关是向量组 $\boldsymbol{\alpha}_1,\boldsymbol{\alpha}_2,\boldsymbol{\alpha}_3$ 线性无关的__________.

A. 必要非充分条件　　B. 充分非必要条件

C. 充分必要条件　　D. 既非充分又非必要条件

14.（2015 年数学一、数学二、数学三）　设矩阵 $A=\begin{pmatrix}1 & 1 & 1\\ 1 & 2 & a\\ 1 & 4 & a^2\end{pmatrix}$，$b=\begin{pmatrix}1\\ d\\ d^2\end{pmatrix}$，若集合 $\Omega=\{1,2\}$，则线性方程组 $A\boldsymbol{x}=\boldsymbol{b}$ 有无穷多解的充分必要条件为__________.

A. $a\notin\Omega,d\notin\Omega$　　B. $a\notin\Omega,d\in\Omega$

C. $a\in\Omega,d\notin\Omega$　　D. $a\in\Omega,d\in\Omega$

15.（2015 年数学一、数学二、数学三）　设二次型 $f(x_1,x_2,x_3)$ 在正交变换 $\boldsymbol{x}=\boldsymbol{P}\boldsymbol{y}$ 下的标准形为 $2y_1^2+y_2^2-y_3^2$. 其中 $P=(\boldsymbol{e}_1,\boldsymbol{e}_2,\boldsymbol{e}_3)$. 若 $Q=(\boldsymbol{e}_1,-\boldsymbol{e}_3,\boldsymbol{e}_2)$，则 $f(x_1,x_2,x_3)$ 在正交变换下 $\boldsymbol{x}=\boldsymbol{Q}\boldsymbol{y}$ 的标准形为__________.

A. $2y_1^2-2y_2^2+y_3^2$　　B. $2y_1^2+y_2^2-y_3^2$

C. $2y_1^2-y_2^2-y_3^2$　　　　D. $2y_1^2+y_2^2+y_3^2$

二、填空题

1.（2010 数学一）　设 $\boldsymbol{\alpha}_1=\begin{pmatrix}1\\2\\-1\\0\end{pmatrix}$，$\boldsymbol{\alpha}_2=\begin{pmatrix}1\\1\\0\\2\end{pmatrix}$，$\boldsymbol{\alpha}_3=\begin{pmatrix}2\\1\\1\\a\end{pmatrix}$，若由 $\boldsymbol{\alpha}_1,\boldsymbol{\alpha}_2,\boldsymbol{\alpha}_3$ 构成的向量组的秩为 2，则 $a=$__________.

2.（2010 数学二）　3 阶常系数线性齐次微分方程 $y'''-2y''+y'-2y=0$ 的通解 $y=$__________.

3.（2010 数学三）　设 A,B 为 3 阶矩阵，$|A|=3$，$|B|=2$，$|A^{-1}+B|=2$，则 $|A+B^{-1}|=$__________.

4.（2011 数学一）　若二次曲面的方程 $x^2+3y^2+z^2+2axy+2xz+2yz=4$，经过正交变换化为 $y_1^2+4z_1^2=4$，则 $a=$__________.

5.（2011 数学二）　二次型 $f(x_1,x_2,x_3)=x_1^2+3x_2^2+x_3^2+2x_1x_2+2x_1x_3+2x_2x_3$，则 f 的正惯性指数为__________.

6.（2011 数学三）　设二次型 $f(x_1,x_2,x_3)=\boldsymbol{x}'A\boldsymbol{x}$ 的秩为 1，A 中行元素之和为 3，则 f 在正交变换 $\boldsymbol{x}=\boldsymbol{Q}\boldsymbol{y}$ 下的标准形为__________.

7.（2012 数学一、数学二）　设 $\boldsymbol{x}$ 为三维单位向量，E 为三阶单位矩阵，则矩阵 $E-\boldsymbol{x}\boldsymbol{x}'$ 的秩为__________.

8.（2012 数学二、数学三）　设 A 为 3 阶矩阵，$|A|=3$，A^* 为 A 的伴随矩阵，若交换 A 的第一行与第二行得到矩阵 B，则 $|BA^*|=$__________.

9.（2013 数学一、数学二、数学三）　设 $A=(a_{ij})$ 是 3 阶非零矩阵，$|A|$ 为 A 的行列式，A_{ij} 为 a_{ij} 的代数余子式，若 $a_{ij}+A_{ij}=0\ (i,j=1,2,3)$，则 $|A|=$__________.

10.（2014 数学一、数学二、数学三）　设二次型 $f(x_1,x_2,x_3)=x_1^2-x_2+2ax_1x_3+4x_2x_3$ 的负惯性指数是 1，则 a 的取值范围__________.

11.（2015 年数学一）　n 阶行列式 $\begin{vmatrix}2&0&\cdots&0&2\\-1&2&\cdots&0&2\\\vdots&\vdots&&\vdots&\vdots\\0&0&\cdots&2&2\\0&0&\cdots&-1&2\end{vmatrix}=$__________.

12.（2015 年数学二、数学三）　设 3 阶矩阵 A 的特征值为 $2,-2,1$，$B=A^2-A+E$，其中 E 为 3 阶单位矩阵，则行列式 $|B|=$__________.

三、计算与证明题

1. (2010 数学一)　设 $A=\begin{pmatrix}\lambda & 1 & 1\\ 0 & \lambda-1 & 0\\ 1 & 1 & \lambda\end{pmatrix}$, $\boldsymbol{b}=\begin{pmatrix}a\\1\\1\end{pmatrix}$, 已知线性方程组 $A\boldsymbol{x}=\boldsymbol{b}$ 存在两个不同解.

(1) 求 λ, a;

(2) 求 $A\boldsymbol{x}=\boldsymbol{b}$ 的通解.

2. (2010 数学一)　已知二次型 $f(x_1,x_2,x_3)=\boldsymbol{x}'A\boldsymbol{x}$ 在正交变换 $\boldsymbol{x}=Q\boldsymbol{y}$ 下的标准型为 $y_1^2+y_2^2$, 且 Q 的第三列为 $\left(\frac{\sqrt{2}}{2},0,\frac{\sqrt{2}}{2}\right)'$.

(1) 求矩阵 A;

(2) 证明 $A+E$ 为正定矩阵, 其中 E 为 3 阶单位矩阵.

3. (2010 数学二)　设 $A=\begin{pmatrix}\lambda & 1 & 1\\ 0 & \lambda-1 & 0\\ 1 & 1 & \lambda\end{pmatrix}$, $b=\begin{pmatrix}a\\1\\1\end{pmatrix}$. 已知线性方程组 $A\boldsymbol{x}=\boldsymbol{b}$ 存在 2 个不同的解.

(1)求 λ, a;

(2)求方程组 $A\boldsymbol{x}=\boldsymbol{b}$ 的通解.

4. (2010 数学三)　设 $A=\begin{pmatrix}0 & -1 & 4\\ -1 & 3 & a\\ 4 & a & 0\end{pmatrix}$, 正交矩阵 Q 使得 $Q'AQ$ 为对角矩阵, 若 Q 的第一列为 $\frac{1}{\sqrt{6}}(1,2,1)'$, 求 a, Q.

5. (2011 数学一、数学二、数学三)　设向量组 $\boldsymbol{\alpha}_1=(1,0,1)'$, $\boldsymbol{\alpha}_2=(0,1,1)'$, $\boldsymbol{\alpha}_3=(1,3,5)'$, 不能由向量组 $\boldsymbol{\beta}_1=(1,1,1)'$, $\boldsymbol{\beta}_2=(1,2,3)'$, $\boldsymbol{\beta}_3=(3,4,a)'$ 线性表出.

(1) 求 a 的值;

(2) 将 $\boldsymbol{\beta}_1,\boldsymbol{\beta}_2,\boldsymbol{\beta}_3$ 由 $\boldsymbol{\alpha}_1,\boldsymbol{\alpha}_2,\boldsymbol{\alpha}_3$ 线性表出.

6. (2011 数学一、数学二、数学三)　A 为三阶实对称矩阵, $\mathrm{R}(A)=2$ 且

$$A\begin{bmatrix}1 & 1\\ 0 & 0\\ -1 & 1\end{bmatrix}=\begin{bmatrix}-1 & 1\\ 0 & 0\\ 1 & 1\end{bmatrix}.$$

(1) 求 A 的特征值与特征向量;

(2) 求矩阵 A.

7.（2012 数学一、数学二、数学三）　设 $A=\begin{pmatrix}1&a&0&0\\0&1&a&0\\0&0&1&a\\a&0&0&1\end{pmatrix}$，$\boldsymbol{b}=\begin{pmatrix}1\\-1\\0\\0\end{pmatrix}$.

(1) 求 $|A|$；

(2) 已知线性方程组 $A\boldsymbol{x}=\boldsymbol{b}$ 有无穷多解，求 a，并求 $A\boldsymbol{x}=\boldsymbol{b}$ 的通解.

8.（2012 数学一、数学三）　三阶矩阵 $A=\begin{pmatrix}1&0&1\\0&1&1\\-1&0&a\end{pmatrix}$，$A'$ 为矩阵 A 的转置，已知 $\mathrm{R}(A'A)=2$，且二次型 $f=\boldsymbol{x}'A'A\boldsymbol{x}$.

(1) 求 a；

(2) 求二次型对应的二次型矩阵，并将二次型化为标准形，写出正交变换过程.

9.（2012 数学二）　设 $A=\begin{pmatrix}1&0&1\\0&1&1\\-1&0&a\\0&a&-1\end{pmatrix}$，二次型 $f(x_1,x_2,x_3)=\boldsymbol{x}'(A'A)\boldsymbol{x}$ 的秩为 2.

(1) 求实数 a 的值；

(2) 求正交变换 $\boldsymbol{x}=Q\boldsymbol{y}$ 将 f 化为标准形.

10.（2013 数学一、数学二、数学三）　设 $A=\begin{pmatrix}1&a\\1&0\end{pmatrix}$，$B=\begin{pmatrix}0&1\\1&b\end{pmatrix}$，当 a,b 为何值时，存在矩阵 C 使得 $AC-CA=B$. 并求所有矩阵 C.

11.（2013 数学一、数学二、数学三）　设二次型 $f(x_1,x_2,x_3)=2(a_1x_1+a_2x_2+a_3x_3)^2+(b_1x_1+b_2x_2+b_3x_3)^2$. 记 $\boldsymbol{\alpha}=\begin{pmatrix}a_1\\a_2\\a_3\end{pmatrix}$，$\boldsymbol{\beta}=\begin{pmatrix}b_1\\b_2\\b_3\end{pmatrix}$.

(1) 证明二次型 f 对应的矩阵为 $2\boldsymbol{\alpha}\boldsymbol{\alpha}'+\boldsymbol{\beta}\boldsymbol{\beta}'$；

(2)若 $\boldsymbol{\alpha},\boldsymbol{\beta}$ 正交且为单位向量，证明 f 在正交交换下的标准型为 $2y_1^2+y_2^2$.

12.（2014 数学一、数学二、数学三）　设 $A=\begin{pmatrix}1&-2&3&-4\\0&1&-1&1\\1&2&0&-3\end{pmatrix}$，$E$ 为 3 阶单位矩阵.

(1) 求方程组 $A\boldsymbol{x}=\boldsymbol{0}$ 的一个基础解系；

(2) 求满足 $AB=E$ 的所有矩阵 B.

13.（2014 数学一、数学二、数学三）　证明 n 阶矩阵 $\begin{pmatrix} 1 & 1 & \cdots & 1 \\ 1 & 1 & \cdots & 1 \\ \vdots & \vdots & & \vdots \\ 1 & 1 & \cdots & 1 \end{pmatrix}$ 与

$\begin{pmatrix} 0 & \cdots & 0 & 1 \\ 0 & \cdots & 0 & 2 \\ \vdots & & \vdots & \vdots \\ 0 & \cdots & 0 & n \end{pmatrix}$ 相似.

14.（2015 年数学一）　设向量组 $\boldsymbol{\alpha}_1,\boldsymbol{\alpha}_2,\boldsymbol{\alpha}_3$ 为 $\mathbf{R}^3$ 的一个基，$\boldsymbol{\beta}_1=2\boldsymbol{\alpha}_1+2k\boldsymbol{\alpha}_3$，$\boldsymbol{\beta}_2=2\boldsymbol{\alpha}_2$，$\boldsymbol{\beta}_3=\boldsymbol{\alpha}_1+(k+1)\boldsymbol{\alpha}_3$.

(1) 证明向量组 $\boldsymbol{\beta}_1,\boldsymbol{\beta}_2,\boldsymbol{\beta}_3$ 为 $\mathbf{R}^3$ 的一个基；

(2) 当 k 为何值时，存在非零向量 $\boldsymbol{\xi}$ 在基 $\boldsymbol{\alpha}_1,\boldsymbol{\alpha}_2,\boldsymbol{\alpha}_3$ 与基 $\boldsymbol{\beta}_1,\boldsymbol{\beta}_2,\boldsymbol{\beta}_3$ 下的坐标相同，并求所有的 $\boldsymbol{\xi}$.

15.（2015 年数学二、数学三）　设矩阵 $A=\begin{pmatrix} a & 1 & 0 \\ 1 & a & -1 \\ 0 & 1 & a \end{pmatrix}$，且 $A^3=O$.

(1) 求 a 的值；

(2) 若矩阵 X 满足 $X-XA^2-AX+AXA^2=E$，其中 E 为 3 阶单位矩阵，求 X.

16.（2015 年数学一、数学二、数学三）　设矩阵 $A=\begin{pmatrix} 0 & 2 & -3 \\ -1 & 3 & -3 \\ 1 & -2 & a \end{pmatrix}$ 相似于矩阵 $B=\begin{pmatrix} 1 & -2 & 0 \\ 0 & b & 0 \\ 0 & 3 & 1 \end{pmatrix}$.

(1) 求 a,b 的值；

(2) 求可逆矩阵 P，使 $P^{-1}AP$ 为对角矩阵.